TRAKTOREN

Von den 60er Jahren bis heute

Genehmigte Sonderausgabe für Verlagsgruppe Weltbild GmbH,
Steinerne Furt, 86167 Augsburg

Verantwortlich für den Inhalt: Udo Paulitz, Robert Baxner

Lektorat: Philipp Prinzing, Tobias Büscher

Fotonachweis:
Titelbild: Udo Paulitz
Innenteil: Archiv Udo Paulitz: Seite 4 bis 179; AGCO: 187, 188 or, 188 u, 189, 199, 197, 216, 217 u, 233, 235 or, 235 u, 258, 259 beide, 260 l, 261, 262, 264 beide, 265 beide, 282 o, 283 beide, 284, 285 alle, 286 beide, 287 beide, 288/289, 289 r, 290 beide, 291 alle, 320, 321 beide, 322 beide, 323 alle, 324 beide, 325 beide, 326 beide, 327; Antonio Carraro: 251 beide Argo: 311, 312/313, 314, 328, 329 beide, 330, 331, 332, 3339; Case New Holland: 181, 182 u, 183, 192, 201, 204, 205 o, 206 u, 207 beide, 222, 223 beide, 236 beide, 246 o, 246 Mitte, 252, 253 beide, 254 beide, 255 beide, 256, 257 beide, 334 beide, 335 beide, 336 beide, 337, 338 beide, 339, 340 beide, 341, 346 beide, 347 beide, 348, 349 alle; Claas: 266, 267 beide, 268/269, 270 beide, 271 beide, 272 alle, 273, 274; Joost J. Bakker: 184 beide, 185 o, 186 o, 200, 227 o, 231 o, 242/243, 244/245; Robert Baxner: 187 u, 188 ol, 190 beide, 194, 195, 198, 199, 217 ol, 217 or, 220 o, 224, 225, 241, 277 o, 344 u; JCB: 292, 293 beide; John Deere: 193, 227 u, 229 o, 230 beide, 231 u, 294, 295 beide, 296, 297 beide, 298 beide, 299 o, 300, 301, 302, 303 beide, 304/305, 306 beide, 307 beide, 308 beide, 309 beide, 310 beide; Kuhn: 228 o, 228 Mitte, 232 beide, 238 l, 238/239, 240 beide, 277 u, 298 u; Kverneland: 191 beide; Lindner: 318 beide, 319 beide; Achim Lueckemeyer/Pixelio: 208; Nico Mickley/Pixelio: 221; Pöttinger: 246 u; Same Deutz-Fahr: 186 u, 210, 211 o, 212/213, 214 beide, 237, 275 beide, 276 beide, 278, 279 beide, 280/281, 315, 342, 343 o, 344, 345; Stihl024/Pixelio: 282 u; tutto62/Pixelio: 218/219; Robert Scarth: 234, 235 ol; Gabi Schoenemann/Pixelio: 211 u, 220 u; Väderstad: 182 o, 203, 205 u, 206 o, 209, 226, 228/229 u; Valtra: 247, 248 beide, 249, 350, 351, 352; Wleiter: 215

Herzlichen Dank an alle Personen und Unternehmen für die freundliche Unterstützung bei der Bildbeschaffung.

Lithographie, Satz und Gestaltung:
Grafikbüro Schumacher, Königswinter

Gesamtherstellung: HEEL Verlag

2013 2012
Die letzte Jahreszahl gibt die aktuelle Lizenzausgabe an

Printed in Italy

ISBN 978-3-8289-0937-3

Udo Paulitz / Robert Baxner

TRAKTOREN

Von den 60er Jahren bis heute

Weltbild

Güldner
VIE
07194

6230
JOHN DEERE

Inhalt

Schlüter
SU
TV 1500

Vorwort

Das vorliegende Buch beschreibt die Traktormodelle von den frühen 1960ern bis ins erste Jahrzehnt des neuen Jahrtausends. Zu Beginn des Betrachtungszeitraumes hatte sich der stürmische Schlepperboom bereits merklich abgekühlt. Im Jahr 1960 wurden auf dem Inlandsmarkt zwar immer noch 88.864 Traktoren neu zugelassen, die heranziehenden dunklen Wolken aber waren unübersehbar. Der bisher schier unerschöpflich scheinende Nachholbedarf an Traktoren hatte den Höhepunkt erreicht und stand am Beginn einer Talfahrt. Denn mittlerweile hatten fast alle bäuerlichen Betriebe, selbst die kleinsten, einen Ackerschlepper. Die Zulassungszahlen gingen merklich zurück, der Markt war weitgehend gesättigt. Zumindest die westdeutsche Landwirtschaft war dem erklärten Ziel der Vollmotorisierung schon sehr nahe gekommen. Diese Entwicklung ging natürlich an der Schlepperbranche nicht spurlos vorüber. Bereits 1960 hatte sich die vormals große Zahl der Hersteller stark gelichtet, was vor allem kleinere Anbieter betraf. Der Wettbewerb war härter geworden, die Kundschaft wählerischer. Immer weniger Betriebe konnten vor allem bei den stetig steigenden Entwicklungskosten einer immer anspruchsvolleren Technik finanziell mithalten. Denn mit dem Zusammenschrauben fremdbezogener Baukomponenten war es schon lange nicht mehr getan. Bald gerieten sogar namhafte Hersteller in wirtschaftliche Turbulenzen. Auch die folgenden Jahre brachten für die Branche nicht die ersehnte Trendwende. Ganz im Gegenteil - die Talfahrt ging bei rückläufiger Nachfrage weiter. Es kam zu Fusionen und weiteren Produktionseinstellungen. 1970 gab es kaum mehr als eine Handvoll deutscher Hersteller. Leider war auch das nicht der Endpunkt. Zehn Jahre später hatte sich das Inlandsmarktvolumen auf vorläufig rund 45.000 neu zugelassene Traktoren im Zeitraum von 20 Jahren exakt halbiert. Der technische Fortschritt hingegen war stürmisch nach oben verlaufen. So war die Traktorgeneration der späten 1950er Jahre mit den 20 Jahre später angebotenen Modellen kaum noch zu vergleichen - und dies nicht nur bei der Motorleistung. Die Maschinen waren größer, stärker, vor allem leistungsfähiger, insgesamt technisch aufwändiger, zugleich aber auch teurer geworden. Was heutige Schmalspurschlepper an Motorleistung erbringen, entspricht oft Leistungswerten, die vor 50 Jahren nur Großtraktoren vorweisen konnten. Der PS-Hunger der Landwirtschaft hat seine Ursache im Rationalisierungsdruck. Immer weniger Betriebe bewirtschaften immer größere Flächen und arbeiten mit immer anspruchsvolleren Maschinen. Der Innovationsdrang sorgt dafür, dass neue Baureihen immer schneller auf den Markt kommen. Während sich ein Modell früher oft mehr als zehn Jahre im Angebot eines Herstellers befand, sind es heute oft nur noch drei Jahre.

Auch wenn die jüngere Traktorgeschichte also nicht weniger stürmisch verlief als die Anfangszeit, kann die Landtechnikbranche heute im Großen und Ganzen zuversichtlich in die Zukunft schauen. Dies hängt damit zusammen, dass die Rolle der Landwirtschaft nicht mehr nur in der Nahrungsmittelproduktion liegt, sondern zunehmend auch im Bereich der nachwachsenden Rohstoffe. Die modernen Traktoren spielen bei der Erfüllung dieser Aufgabe eine wichtige Rolle

Dieses Buch zeigt eine bunte Palette ausgewählter Traktoren aller Leistungsbereiche. Leider konnten nicht alle Modelle und Firmen aufgenommen werden, wohl aber die wichtigsten. Herzlich danken möchten wir an dieser Stelle allen Traktorbesitzern für Geduld und Entgegenkommen, ihre Fahrzeuge in eine vorteilhafte Fotoposition gefahren zu haben, und die freundliche Unterstützung diverser Hersteller. Sie haben damit zum Gelingen des vorliegenden Werkes entscheidend mit beigetragen. Dank gebührt auch dem Verlag, die Herausgabe dieses Buches in dieser ansprechenden Form zu ermöglichen. Verlag und Autoren wünschen Ihnen angenehme Stunden beim Schmökern und viel Spaß beim Ausflug in die faszinierende Welt der Traktoren.

Der Kleintraktor hat ausgedient

Die deutsche Schlepperbranche um 1960

Als sich das erste Jahrzehnt der Wiederaufbaujahre in der Bundesrepublik Deutschland dem Ende zu neigte, hatte ein Wandel in der deutschen Schlepperbranche eingesetzt, der auch damals noch als lange nicht abgeschlossen angesehen werden konnte. Nachdem man die überaus schweren Nachkriegsjahre einigermaßen überwunden hatte und zu einer gewissen Normalität zurückgekehrt war, waren fast alle Bauern eifrig bestrebt, ihre Pferde auszuspannen und auf Ackerschlepper umzusteigen. Neben Arbeitserleichterung und Zeitersparnis war hierfür vor allem die Kostenfrage ausschlaggebend. Zugtiere als Lebewesen benötigten auch dann Futter, wenn sie sich nicht im Einsatz, sondern im Stall befanden. Bei einem Traktor hingegen fielen Betriebskosten nur dann an, wenn er tatsächlich eingesetzt wurde. Der Scheppermarkt war in der ersten Hälfte der 1950er Jahre uneingeschränkt aufnahmefähig. Eine heute kaum noch vorstellbare Motorisierungswelle erfasste die Landwirtschaft, wobei die Anbieter größte Mühe hatten, der stürmischen Nachfrage nach Schleppern nachzukommen. Schneller als erwartet kam es zur Trendwende. Nachdem die Neuzulassungen auf dem Inlandsmarkt der Bundesrepublik im Jahr 1955 mit 99.341 erstzugelassenen Traktoren ihren Höchststand und die magische Zahl 100.000 fast erreicht hatten, war das Volumen des Absatzmarktes binnen fünf Jahren bereits auf 88.864 Fahrzeuge gesunken. Der Markt zeigte sich zunehmend gesättigt. Denn im Jahr 1960 war die Landwirtschaft von dem vorgegebenen Ziel der Vollmechanisierung nicht mehr sehr weit entfernt. Von 1950 bis 1960 war die Zahl der vorhandenen Schlepper von 178.000 auf rund 855.000 angestiegen.
Währenddessen hatte sich das Bild der Traktoren sehr gewandelt. Waren die frühen Schlepper in erster Linie robuste und relativ schwere Zugmaschinen, hatte seither die Technik vermehrt Einzug gehalten. Mit drei oder vier Gängen, Zapfwel-

le, Riemenscheibe und Mähwerk war es nicht mehr getan. Die Traktoren waren komplizierter, technisch anspruchsvoller und damit auch vielseitig einsetzbar geworden. Kurz, es waren Universalmaschinen, mit denen alle auf einem Hof anfallenden Arbeiten im Verhältnis zu ihrer Leistungsklasse erledigt werden konnten. Zahlreiche technische Errungenschaften wie die zum erfolgreichen Arbeiten mit gezogenen Mähdreschern und Vollerntemaschinen notwendige Motorzapfwelle, Dreipunkthydraulik, Achsdruckverstärkung, die Fernbedienung des Traktors ohne Aufsitzen zu müssen, eine Getriebetechnik mit immer zahlreicheren Abstufungen bis hin zur Einmannbedienung, um dem steigenden Arbeitskräftemangel in der Landwirtschaft entgegenzuwirken, prägten den Schlepperbau zum Ende des Jahrzehnts. Letzteres war durch die immer prekärer werdende Lage auf dem bäuerlichen Arbeitsmarkt notwendig geworden. Es fehlte an Arbeitskräften allerorten, denn zwischen 1950 und 1960 hatten rund 35 % der in der Landwirtschaft beschäftigten Arbeitskräfte – hierbei handelte es sich immerhin um 1,3 Millionen – dieser den Rücken gekehrt und waren in gewerbliche Berufe abgewandert. Dies waren nicht nur Landarbeiter, die den durchaus verständlichen Verlockungen einer geregelten Arbeitszeit, höheren Löhnen und freien Wochenenden, sprich eines besseren Lebensstandards in den Städten nicht widerstehen konnten. Es waren auch viele Jungbauern darunter, die die harte und zeitaufwändige bäuerliche Arbeit an den Nagel hängten und den väterlichen Betrieb aufgaben. Landflucht war der damals geläufige Begriff hierfür. Die damit dem Bauern fehlende Arbeitskraft musste notgedrungen mit einem vermehrten motorischen Einsatz kompensiert werden. Auf die Möglichkeit der Einmannbedienung konnte der Landwirt nicht mehr verzichten. Dieser Strukturwandel bewirkte, dass immer mehr kleine Höfe verschwanden. Mit dem Resultat, dass die einstmals für die Nachkriegsmotorisierung so wichtigen Kleinschlepper um 15 PS mittlerweile eine immer geringere Rolle spielten. Damit die Landwirte die von der Landmaschinenindustrie immer zahlreicher angebotenen Anbau- und Zapfwellengeräte auch nutzen konnten, wurde der Ruf nach höheren Schlepperleistungen beständig stärker. Diese lag zum damaligen Zeitpunkt zwischen 30 und 35 PS – bei weiter zunehmender Tendenz. Hinzu kam eine große Verunsicherung der Landwirte, wie sich die deutsche Mitgliedschaft in der EWG auf ihre Bereiche auswirken würde. Nach den Vorstellungen des Agrarkommissars war von einer weiteren Reduzierung der Betriebe bei gleichzeitiger Vergrößerung der Anbauflächen sowie Spezialisierung und Rationalisierung die Rede.

Die Traktorbranche musste sich auf die neuen Gegebenheiten und Herausforderungen einstellen. Diesen gerecht zu werden, waren auf Dauer immer weniger Anbieter in der Lage. Im Laufe der Jahre blieben fast alle – mit wenigen Ausnahmen – auf der Strecke. Die in den Verkaufslisten der Hersteller beinahe unübersehbare Modellvielfalt reduzierte sich deutlich. Eine größere Zahl der etwa 60 im Jahr 1950 vorhandenen Traktorproduzenten hatten sich zehn Jahre später bereits wieder vom Markt zurückgezogen. Allen voran zahlreiche Kleinhersteller und Konfektionäre, die ihre überwiegend aus eingekauften Fremdteilen bestehenden Fahrzeuge mehr oder weniger nur zusammenschraubten. Bei zunehmend anspruchsvollerer Technik ließ ihnen der Markt kaum eine Chance. Fast immer fehlte es an Kapital und/oder an der ungenügenden Verkaufsorganisation. Aber auch größere Hersteller taten sich zunehmend schwer, die hohen Entwicklungskosten für die immer komplizierter werdenden Baukomponenten aufzubringen. Zumal die ausländische Konkurrenz auf den Plan trat und sich mit preisgünstigen Großserienprodukten zunehmend stärker bemerkbar machte. Rationalisierung und Kostensenkung war das Gebot der Stunde. Kooperationen – wie anfangs erfolgreich zwischen den Firmen Fahr und Güldner praktiziert – wurden zwar von vielen Herstellern angestrebt, scheiterten aber überwiegend. So gerieten auch vermehrt größere Hersteller in Turbulenzen und mussten aus verschiedenen Gründen den Rückzug aus der Branche antreten. Der aufgrund einer verfehlten Produktpolitik in wirtschaftliche Schwierigkeiten geratene und im Jahr 1955 von dem amerikanischen Landmaschinenkonzern Deere & Company übernommene einstige Marktführer Heinrich Lanz in Mannheim war das bekannteste Beispiel hierfür. Lanz sollte nicht der einzige große Anbieter bleiben, denn so bekannte Hersteller wie MAN, Porsche und Hanomag kränkelten schon seit geraumer Zeit, was auf Dauer nichts Gutes verhieß.

Deutz

OBEN

Mit einem bereits zu Kriegszeiten entwickelten luftgekühlten Motor hatten die Kölner Deutz-Werke Anfang der 1950er Jahre eine neue Phase in der Geschichte des Traktorenbaus eingeleitet. Der ab 1950 gebaute kleine 15-PS-Deutz-Schlepper F 1 L 514 war der Anfang einer aus vier sinnvoll abgestuften Traktormodellen bestehenden Reihe, deren stärkstes Mitglied ein Vierzylinder mit 60 PS war. Es waren außerordentlich erfolgreiche Traktoren, die sich oft modifiziert und leistungsgesteigert erstaunlich lange am Markt behaupten konnten. Dazu gehörte Ende der 1950er Jahre auch der seit 1958 angebotene starke Dreizylinder F 3 L 514/7. Bei dieser Bauvariante hatte man die Leistung des axialluftgekühlten Wirbelkammer-Diesels mit 3990 ccm Rauminhalt durch Drehzahlerhöhung auf 1800 Touren von 45 auf 50 PS gesteigert. Das A-23-Schubradschaltgetriebe mit 7/1 Gängen bezog man von der Zahnradfabrik Friedrichshafen. Die Höchstgeschwindigkeit des Schleppers betrug 20 km/h. In der Schnellgangausführung NSK waren maximal 28,5 km/h die Spitze. Hier abgebildet ist ein Fahrzeug von 1961 in der Ausführung NKF, wobei das Kürzel für Motorzapfwelle und Doppelkupplung steht. Es war ein typisches Fahrzeug für Groß- und Lohndreschbetriebe. Besonders für den Einsatz vor schweren zapfwellengetriebenen Anhängegeräten, wie z. B. Mähdreschern und Vollerntemaschinen, war es genau die richtige Investition. Nicht ohne Grund war der Mähdrescherspezialist Claas aus Harsewinkel von diesem Schlepper so angetan, dass man ihn zum Standardfahrzeug für Werbeaufnahmen des Claas Super-Anhängemähdreschers machte. Der in den Listen des Jahres 1959 für 15.820.- DM angebotene Traktor konnte eine Anhängelast von mehr als 25 t im fünften Gang in Bewegung setzen und blieb bis 1964 im Deutz-Verkaufsprogramm.

OBEN

Seit 1962 wurde das Deutz-Modell F 3 L 514/7 durch ein verändertes Kühlerlüftungsgitter optisch an das Modellprogramm der D-Serie angeglichen. Kurz darauf erhielt der Dreizylindermotor des damals schon zu den Veteranen im Deutz-Bauprogramm zählenden Traktors eine letzte Leistungsspritze von zwei zusätzlichen Pferdestärken verpasst. Jetzt konnte er 52 PS mobilisieren – 1951 waren es noch 40 PS gewesen. Bis 1964 wurden von diesem Urgestein, in allen Ausführungen, genau 15.762 Einheiten gefertigt. Dieses Bild zeigt einen mit Windschutzscheibe und Dach ausgerüsteten Traktor aus dem Jahr 1962.

LINKS

Im Jahr 1960 ging der Deutz-Schlepper D 25.2 in Serie. Besser war an diesem 20-PS-Traktor zunächst das neu entwickelte Deutz-Triebwerk T 25, das vier Vorwärtsgänge und ein zweistufiges Vorgelege aufwies, wodurch sich die Zahl der Vorwärtsgänge auf acht, die der Rückwärtsgänge auf zwei erhöhte. Neu war auch die gegen Mehrpreis erhältliche Regelhydraulik, die nach dem Deutz-Transfermatic-System arbeitete und über eine Hubkraft von 970 kg verfügte. Auch dieser Traktor spielte in dem stark nachgefragten Marktsegment in den frühen 1960er Jahren eine große Rolle. Diese Aussage wird durch die Tatsache erhärtet, dass Deutz von sämtlichen Zweizylinderschleppern im Leistungsbereich von 20 bis 25 PS von 1958 bis 1964 insgesamt 95.842 Einheiten produzierte und auch verkaufen konnte. Zum Ende seiner Bauzeit gelangte noch der weiterentwickelte F 2 L 812-Wirbelkammer-Diesel mit 22 PS zur Verwendung. Abgebildet ist ein Traktor aus dem Jahr 1962.

RECHTS

Der 1962 vorgestellte D 40 L blieb bis 1964 im Programm und erzielte während dieser kurzen Zeitspanne eine Stückzahl von 33.535 Fahrzeugen. Diesen außerordentlichen Erfolg hatte das Modell einer zu seiner Zeit geradezu idealen Abstimmung zwischen Preis, Gewicht und Motorleistung zu verdanken. Im Gegensatz zum relativ schweren D 40 hatte der D 40 L mit nur 1450 kg einen Gewichtsvorteil von rund 300 kg. Der D 40 L wurde damit in den frühen 1960er Jahren zum meistverkauften Schlepper seiner Klasse. Serienmäßig war der 35 PS starke, mit dem 8/2-Gang Deutz-T-35-Getriebe ausgerüstete Traktor mit einer unabhängigen Zapfwelle mit Doppelkupplung bestückt. Zum Sonderzubehör zählte die nach dem Deutz-Transfermatic-System arbeitende Dreipunktregelhydraulik mit 1425 kg Hubkraft an der Zugschiene, der Baas-Frontlader der Größe 2 mit 450 kg Nutzlast sowie das Allwetterverdeck M 214 von Fritzmeier. Mit seinem zweckmäßigen und reichhaltigen Zubehör war es ein Allroundtalent für praktisch alle Arbeiten mittlerer bis größerer Bauernhöfe.

LINKS

Mit den Modellen D 30 und D 30 S erweiterten die Deutz-Werke mit zwei weiteren Typen die erfolgreiche D-Schlepperfamilie. Beide Fahrzeuge verfügten über den Zweizylinder-Diesel mit 1700 ccm Hubvolumen aus der FL-712-Reihe, der 28 PS bei 2300/min abgab. Sie unterschieden sich dadurch, dass beim D 30 S eine Motorzapfwelle mit Doppelkupplung serienmäßig vorhanden war. Die beiden Typen ersetzten das Modell D 25.1 S, nachdem das neu entwickelte, in eine langsame und schnelle Schaltgruppe unterteilte Deutz T-25-Getriebe mit 8/2 Gängen verfügbar war. Der D 30 war eine sehr beliebte Universalmaschine für mittelgroße Höfe, wobei der mit einer unabhängigen Zapfwelle ausgerüstete D 30 S zusätzlich vor leichteren gezogenen Mähdreschern, Vollerntemaschinen, mittelschweren Feldhäckslern und anderen zapfwellengetriebenen Anhängegeräten eingesetzt werden konnte. Der mit dem Aggregat der FL 712-Motorreihe ausgerüstete D 30 blieb mit großem Erfolg bis 1963 im Programm. 1964 kamen die D 30-Traktoren – im Vorgriff auf das Nachfolgemodell D 3005 – bereits in den Genuss eines verbesserten Motors aus der FL 812-Serie. Diese Aufnahme zeigt einen 1962 gebauten D 30 S mit Fritzmeier-Allwetterverdeck Typ M 210 und Mähwerk.

OBEN

Mit dem 1960 vorgestellten 46 PS starken Vierzylindermodell D 50 brachten die Deutz-Werke einen leistungsstarken Zug- und Arbeitsschlepper auf den Markt. Bei diesem serienmäßig mit Motorzapfwelle ausgerüsteten, ansonsten sehr brauchbaren und soliden Traktor war das noch aus dem Zweizylinder F 2 L 514/6 stammende 7/3-Getriebe der hauptsächlichste Schwachpunkt. 1962 entschloss sich Deutz, das reichlich schwache und an der Grenze seiner Belastbarkeit angelangte Getriebe durch das hochmoderne bolzengeschaltete ZF-Gruppengetriebe des Typs A 216 mit 8/4-Gangstufen zu ersetzen. Damit war es möglich, die Motorleistung des jetzt als D 50.1 S bezeichneten Traktors auf 52 PS bei einer auf 2300 Touren gesteigerten Drehzahl anzuheben. Das luftgekühlte Antriebsaggregat F 4 L 712 hatte ein Hubvolumen von 3400 ccm und damit kleinere Zylindereinheiten und deutlich geringere Massen zu bewegen, als die Deutz-Motoren der frühen 1950er Jahre. Außerdem wurde die nun ebenfalls von ZF bezogene Hydraulikanlage auf 1650 kg Hubkraft wesentlich verstärkt. Diese arbeitete als Regelhydraulik nach dem Transfermatic-System, bei dem das Gerätegewicht und ein Teil des Zugwiderstandes als zusätzliche Belastung auf die Hinterachse des Schleppers übertragen wurde. Daneben wurde die einmal vom Fahrer vorgewählte Arbeitstiefe des Geräts automatisch eingehalten. Auch die Nutzlast des Frontladers war auf 750 kg verstärkt worden. Den mit Standardgetriebe 20 km/h schnellen Traktor gab es auch in einer Schnellgangausführung bis maximal 29,2 km/h. Für kurze Zeit wurde auch hier noch der verbesserte Vierzylinder aus der neuen FL 812-Motorenreihe eingebaut. Der abgebildete mit Fritzmeier-Allwetterverdeck M 210 ausgerüstete D 50.1 S entstand im Jahr 1964, seinem letzten Fertigungsjahr.

Eicher

OBEN

Die Eicher-Traktorenwerke waren erst kurz vor Kriegsbeginn in die Traktorbranche eingestiegen. 1947 gelang es den Brüdern Eicher, mit dem Modell ED 16/I den ersten luftgekühlten Dieseltraktor der Welt, sozusagen mit einer Nasenlänge Vorsprung vor anderen Mitbewerbern, auf den Markt zu bringen. Bereits dieser Motor wies die für alle späteren Eicher-Aggregate typischen Merkmale der Radialluftkühlung, Tunnelbauweise und Direkteinspritzung auf. In den 1950er Jahren wurde der mittelständische Betrieb von dem stürmischen Aufwärtstrend der Wirtschaftswunderjahre mitgerissen, der die Kapazitäten dieses Familienunternehmens bis an die äußersten Grenzen des Möglichen beanspruchte und zu ständigen Erweiterungen zwang. Gleichzeitig hatte man den Inlandsmarktanteil von 3 % im Jahr 1950 bis auf 8,8 % im Jahr 1960 steigern können. Mit 7.845 neu zugelassenen Schleppern lag man damit auf dem 5. Rang in der Statistik. Diese mühsam erarbeitete Position gelang es durch die folgende, zur Legende gewordene Raubtier-Baureihe nachhaltig zu untermauern. Mit den Modellen Panther und Tiger stellten die Eicher-Werke im Jahre 1958 die ersten beiden Mitglieder dieser neuen Schleppergeneration vor. Die Traktoren erhielten ein zeitlos modernes Blechkleid in bauchiger Form, das in Verbindung mit der niedrigen Bauweise und dem Kühlerschutzgitter kraftvoll und aggressiv zugleich – wie eben eine sprungbereite Raubkatze – auf den Betrachter wirkte. Im Panther, als dem kleineren von beiden, wirkte der Zweizylinder-Direkteinspritzdiesel EDK 2 a, der aus 1700 ccm Rauminhalt eine Leistung von 19 PS bei 2000/min erzeugen konnte. Das 6/1-Triebwerk des Baumusters A 5/6 bezog Eicher von der Zahnradfabrik Friedrichshafen. Der Panther erwies sich als ein unkomplizierter und robuster Traktor der unteren Mittelklasse, der mit einem günstigen Verhältnis von Motorleistung und Eigengewicht aufwarten konnte. Hier ein gut restauriertes Exemplar mit Fritzmeier-Verdeck.

OBEN

Neben dem Panther war der als EM 200 geführte Dieselschlepper Tiger das zweite Mitglied der Ende des Jahres 1958 von Eicher vorgestellten neuen Raubtierbaureihe. Auch der Tiger war in der mittleren Leistungsklasse angesiedelt, für die Ende der 1950er Jahre am Markt eine besonders starke Nachfrage bestand. Mit 25 PS war er der stärkere von beiden und auch in technischer Hinsicht das innovativere Fahrzeug. Ähnlich wie beim Panther fand auch hier ein neuer Zweizylinder-Direkteinspritzmotor aus der EDK-Reihe Verwendung, nur mit dem Unterschied, dass dieser mit 1963 ccm ein größeres Hubvolumen besaß. Das verwendete, gerade erst auf den Markt gekommene Stiftschaltgetriebe aus der ZF-Serie A 200 – in diesem Fall das 8/4-Gang-Baumuster A 208 – war eine besondere technische Überraschung. Bezüglich Schaltbarkeit und Abstufung setzte es neue Maßstäbe, wie auch der Tiger durch sein Äußeres, dessen niedrige, langgestreckte Bauform weit in die Zukunft wies. 1962 wurde der Tiger überarbeitet. Dabei wurde seine Leistung auf 28 PS gesteigert und jetzt eine Regelhydraulik mit 1000 kg Hubkraft installiert. Das ZF-Getriebe war nun auch in einer schnellen Variante bis 28,1 km/h lieferbar. Im September 1968 endete sein Bau nach Fertigung von 15.292 Einheiten. Abgebildet ist ein 1962 gebauter Tiger mit Frontladerkonsolen.

OBEN

Seit Dezember 1959 rundete der unter der Werksbezeichnung EM 100 geführte 15-PS-Schlepper Leopard das Verkaufsangebot der Eicher-Werke nach unten ab. Der mit dem radialluftgekühlten Direkteinspritz-Diesel EDK 1 ausgerüstete Traktor besaß das von der Zahnradfabrik Friedrichshafen dazugekaufte 6/2-Gruppentriebwerk A 4. Seine große Boden- und Baufreiheit ermöglichte auch den Anbau von Zwischenachsgeräten, sodass die kleine Raubkatze auch als Tragschlepper verwendet werden konnte. Somit bestanden Geräteanbaumöglichkeiten vorn, in der Mitte und hinten. Serienmäßig war der Leopard mit einer Getriebezapfwelle ausgerüstet. Den 430-kg-Dreipunktkraftheber, Riemenscheibe und Mähwerk gab es auf Wunsch gegen Aufpreis. Der Leopard war ohne Zweifel ein einfacher, zuverlässiger und robuster Schlepper entweder für Kleinbetriebe oder als Zweitschlepper für größere Höfe. Es war daher keineswegs auf konstruktive Schwächen zurück zu führen, dass sich sein Verkauf nicht wie vorgesehen entwickelte. Die Zeit der Kleinschlepper lief zu Beginn der 1960er Jahre unweigerlich ab. Die zurückgehende Nachfrage in dieser Leistungsklasse ließ mögliche Weiterentwicklungen als nicht sinnvoll erscheinen. Daher beschränkte sich Eicher nur noch auf geringe, im Zuge der Modellpflege durchzuführende Verbesserungen. Immerhin konnte sich der Leopard bis 1966 mit 5371 verkauften Einheiten im Verkaufsprogramm halten. Ein Nachfolgemodell gab es nicht.

UNTEN

Die wichtigste Neuvorstellung des Jahres 1959 war bei Eicher das mit einem EDK-Dreizylindermotor bestückte Modell EM 300 Königstiger. Dieser in der mittlerweile klassischen Bauform der Raubtierklasse ausgeführte Traktor war mit zunächst 35 PS ein Repräsentant einer Leistungsstufe, die im Schlepperbau der beginnenden 1960er Jahre immer bedeutsamer wurde. Der Königstiger war ein Blockbauschlepper mit einer trotz seiner tiefen Schwerpunktlage großen Bodenfreiheit und einem günstigen Eigengewicht von 1720 kg. Der wie alle anderen Eicher-Motoren mit jeweils einem separaten Gebläse pro Zylinder versehene radialluftgekühlte Diesel hatte ein Hubvolumen von 2944 ccm und erzeugte seine Maximalleistung bei 2000/min. Als Triebwerk gelangte auch hier ein solches aus der ZF-Bauserie A 200 zur Verwendung, dessen 8/4-Gangstufen in die Schaltgruppen Ackergänge, Straßengänge und Rückwärtsgänge unterteilt war. Serienmäßig besaß der Königstiger eine unabhängige Zapfwelle mit Doppelkupplung; der Dreipunkt-Blockkraftheber war hingegen aufpreispflichtig. Nahezu unverzichtbar war auch der in der Baugröße 2 lieferbare Frontlader mit 500 kg Nutzlast. 1962 wurde auch der Königstiger grundlegend überarbeitet. Neben einem verbesserten Triebwerk mit gleicher Gangzahl, das es nun auch in einer schnelleren Bauausführung gab, stieg die Motorleistung im folgenden Jahr auf 38 PS und 1965 sogar auf 40 PS. Die auf Wunsch erhältliche Regelhydraulik mit Oberlenkerregelung wurde auf 1200 kg Hubkraft verstärkt. Der bis 1968 gebaute Königstiger war mit insgesamt 19.422 produzierten Einheiten ungemein erfolgreich. Hier ist ein Fahrzeug mit Umsturzbügel zu sehen.

Fahr

OBEN

Den auch im Landmaschinenbau stark engagierten Fahr-Werken war nach Kriegsende auch im Traktorenbau ein guter Neuanfang gelungen. Mit dem bereits 1950 ziemlich vollständigen Schleppersortiment konnte man den fünften Rang in der inländischen Zulassungsstatistik belegen. Auch 1955 hatte man sich mit Platz sechs kaum verschlechtert; es war mit 6,3 % der gleiche Marktanteil wie fünf Jahre zuvor, allerdings bei beachtlichen 6253 Neuzulassungen. Von den negativen Auswirkungen des zunehmend gesättigten Schleppermarktes blieb auch Fahr nicht verschont. Langsam aber stetig ging es bergab, woran auch die Synergieeffekte des 1958 mit Güldner geschlossenen Kooperationsvertrages wenig ändern konnten. Nach wie vor bot Fahr ein umfangreiches, gut abgestimmtes Verkaufsprogramm in allen Leistungsklassen, wozu als Beispiel auch der bis Mitte des Jahres 1959 gebaute, mit dem axialluftgekühlten Zweizylinder-Wirbel(Wälz)kammer-Diesel des Typs 2 LD von Güldner ausgerüstete Allzweckschlepper D 130 AH zählte. Dieser 17-PS-Traktor hatte 1305 ccm Hubraum, erzeugte seine Leistung bei 2000 Touren und konnte mit 464 mm Bodenfreiheit aufwarten. Zur Verwendung kam das 10/2-Getriebe F 5 B aus eigener Fertigung, das in jeweils fünf Acker- und Straßengänge aufgeteilt war. Der werksseitig mit einer Getriebezapfwelle ausgerüstete Traktor eignete sich mit seinen 8-32er-Hinterrädern besonders gut für Hackfrucht- und Pflegearbeiten. Hier ein tadellos restauriertes Fahrzeug aus dem Jahr 1958.

OBEN UND UNTEN

Im Mai 1958 hatten die Fahr-Werke den neuen Dieselschlepper D 177 auf die Räder gestellt. Leichte Bauweise bei möglichst langem Radstand lauteten die konstruktiven Vorgaben für dieses gleichzeitig stärkste Modell der Europa-Reihe. So bestach dieses Fahrzeug durch seine lange, tiefe Bauform und die runde, im hinteren Bereich abfallende Haubengestaltung. Da die Sitzmulde vor der Hinterachse positioniert war, konnte der Schlepperfahrer bequem seitlich aufsteigen und auf den als Reitsitz ausgebildeten Arbeitsplatz gelangen. In Ermangelung eines Güldner-Motors war Fahr auf der Suche nach einem geeigneten Antriebsaggregat bei Daimler-Benz fündig geworden. Man entschied sich zum Einbau des Vierzylinder-Vorkammer-Diesels OM 636 mit 34 PS, der nicht nur im Unimog, sondern auch im Pkw-Bau seine Bewährungsprobe bestanden hatte. Lediglich die recht hohe Drehzahl von 3000 Touren war für einen Schleppermotor als gewisser Nachteil anzusehen. Aufgrund des hohen technischen Entwicklungsstandes entschied man sich für das ZF-Getriebe A 208 mit 8/4 Gängen und Gruppenschaltung. War die Höchstgeschwindigkeit des D 177 auf 19,6 km/h begrenzt, änderte sich diese ab 1959, als die mit 27,3 km/h wesentlich schnellere Bauvariante D 177 S auf den Markt kam. Dieses außerordentlich gut verkäufliche Modell bildete gleichzeitig den krönenden Abschluss des Fahr-Schlepperbaus. Obwohl diese Sparte bei Fahr stets gut ausgelastet war, hatte die Umstellung auf die Europa-Reihe mehr Geld verschlungen, als sich in kurzer Zeit mit den neuen Schleppern wieder erwirtschaften ließ. Eine daraufhin eingegangene Minderheitsbeteiligung von 25 % des Aktienkapitals durch Deutz aber hatte zur Folge, dass Fahr den Schlepperbau im Sommer 1961 beenden musste. Für Fahr blieb danach nur noch der Bau von Erntemaschinen übrig. Die obere Aufnahme dieser Seite zeigt ein Fahrzeug mit Windschutzscheibe und Dach.

Fendt

OBEN

Mit dem ersten eigenhändig ausgetüftelten Grasmäher nahm 1928 die Geschichte der Fendt-Werke in Martkoberdorf ihren Anfang. Als treffende Bezeichnung für dieses Gefährt fand sich der Name Dieselross, der Robustheit und Stärke vermitteln sollte. Auch nach Kriegsende setzte ein unter diesem einprägsamen Qualitätsbegriff geführtes Bauprogramm die Traditionen des Unternehmens fort. Im Zuge des Traktorbooms begann ein unaufhaltsamer Aufstieg, der 1950 mit einem Marktanteil von 9,6 % und dem vierten Rang in der westdeutschen Zulassungsstatistik seinen Anfang nahm. 1960 hatte man die Marktposition weiter gefestigt und war auf Platz drei und 10,8 % Marktanteil vorgestoßen – und das bei fast dreimal soviel produzierten Traktoren wie zehn Jahre zuvor. Fendt gehörte damit zu den eindeutigen Gewinnern dieser Branche, was nicht nur seinem marktgerechten, gut auf die Bedürfnisse der Landwirte abgestimmten Verkaufsangebot, sondern auch seinem guten Ruf zu verdanken war. Schon ein Jahr darauf war die Auslieferung des 100.000. Schleppers fällig. Zu den Dauerbrennern der 1950er Jahre gehörte das bis 1959 in den Listen geführte Modell F 28 P. Angetrieben von einem wassergekühlten Zweizylinder-Wirbelkammer-Diesel von MWM zählte dieser 28 PS starke Traktor eindeutig zur damaligen oberen Mittelklasse. Mit seinem 5/1-Schubradschaltgetriebe A 15 von ZF und einem Gewicht von 1720 kg war es ein typischer Zugschlepper seiner Zeit, von dem innerhalb von fast acht Jahren 6906 Exemplare die Werkstore verlassen hatten.

OBEN

Mit den wasser- und luftgekühlten Schleppern des Typs Farmer 1 bereicherten die Marktoberdorfer Fendt-Werke seit 1958 das Angebot auf dem hartumkämpften Markt der Mittelklassetraktoren. Mit diesem „modernen Dieselross“, so die Prospektwerbung, sprach Fendt die in der Bundesrepublik damals noch stark vertretene Gruppe der mittelgroßen Familienbetriebe an, die über eine Bearbeitungsfläche von rund 20 Hektar verfügten. Angetrieben wurden beide Bauvarianten durch Zweizylinder-MWM-Motoren mit 25 PS und 2200 Touren, wobei das luftgekühlte Aggregat als Direkteinspritzer, die wassergekühlte Ausführung hingegen als Wirbelkammer-Diesel arbeitete. Die Antriebseinheiten waren jeweils mit einem 6/2-Schaltgetriebe verblockt. In beiden Fällen stand eine reichhaltige Grund- und Sonderausrüstung zur Verfügung, die kaum Wünsche offen ließ und speziell auf die vorgenannte Betriebsgröße abgestimmt war. Diese reichte über den Baas-Frontlader, Dreipunkthydraulik mit Hydrodruckeinrichtung (RDV) bis hin zur Motorzapfwelle, durch die mit nicht allzu schweren gezogenen Mähdreschern und Vollerntern gearbeitet werden konnte. Mit 8456 bis zum Jahr 1961 gefertigten Einheiten gehörten die Farmer 1-Modelle zu den Hauptstützen des Unternehmensumsatzes der frühen 1960er Jahre.

RECHTS

Nach der Vorstellung der ersten neuen „ff“-Schlepper von Fendt ging der Ausbau des Verkaufsprogramms auch in den folgenden Jahren zügig weiter. Besonders dringend musste die bis dahin noch unbelegte Leistungslücke um 35 PS geschlossen werden, in der sich schon einige potente Mitbewerber wie die Hanomag, Eicher, IHC, Fahr und Deutz zunehmend breit gemacht hatten. Da Gefahr bestand, Marktanteile einzubüßen, war bei Fendt dringender Handlungsbedarf. Auf der DLG-Messe des Jahres 1960 in Köln war es dann so weit: Auf dem Fendt-Stand befand sich unter der Bezeichnung Farmer 2 auch ein Mittelklassetraktor mit 34 PS Motorleistung. Für den Antrieb war ein nach dem neuen Gleichdruck-Vorkammer-Verbrennungsverfahren arbeitender wassergekühlter Dreizylinder-Diesel von MWM zuständig, der mit 2600/min arbeitete und mit dem ZF-Halbsynchron-Gruppenschaltgetriebe A 210 mit 8/4 Gangstufen verblockt war. Dieses Getriebe gab es auch in einer schnellen Variante, das für die Fortbewegung des 1805 kg schweren Traktors bis maximal 28 km/h sorgte. Serienmäßig waren bei einem Fahrzeug dieser Größenordnung eine kupplungsunabhängige, mit zwei Drehzahlen ausgerüstete Motorzapfwelle sowie ein Dreipunkt-Blockkraftheber mit 1100 kg Hubkraft an der Zugschiene vorhanden. Das Fendt-Hydro-Drucksystem ermöglichte eine zusätzliche Belastung der Hinterachse bei angebauten Arbeitsgeräten. Gegen Aufpreis gab es den Baas-Frontlader, Allwetterverdeck, Seilwinde und sogar eine Druckluftbremsanlage. Im Laufe seiner langen Bauzeit wurde die Motorleistung des Farmer 2 den steigenden Ansprüchen angepasst und bis auf 38 PS in seinem letzten Fertigungsjahr 1967 gesteigert. Mit genau 20.002 Einheiten, die bis dahin vom Band rollten, war dieser bei den Bauern beliebte Schlepper ein außergewöhnlich guter wirtschaftlicher Erfolg für den Hersteller. Diese Abbildung zeigt ein mit Frontlader, Frontballast und Umsturzbügel ausgerüstetes Exemplar.

Güldner

OBEN

Die Aschaffenburger Güldner-Werke hatten seit den frühen 1950er Jahren ihre Produktpalette zügig ausgebaut. Die damals stark nachgefragten Kleinschlepper spielten im Angebot eine tragende Rolle. Hierzu gehörte auch das seit 1959 angebotene Modell A 2 K „Spessart“ mit 15 PS. Dieser Tragschlepper besaß ein 6/2-Gang-Schaltgetriebe von ZF und war mit einem hauseigenen axialluftgekühlten Zweizylinder-Wirbel-(Wälz)kammer-Diesel des Typs 2 LKN bestückt. Die beachtliche Bodenfreiheit, das geringe Eigengewicht von 890 kg sowie die hervorragende Wendigkeit machten diesen Kleinschlepper vor allem für Kulturarbeiten sehr interessant. Neben dem rückwärtigen Anbauraum bestand auch die Möglichkeit, Arbeitsgeräte zwischen den Achsen anzubringen. Dieser sehr beliebte, auf Einmannbedienung ausgerichtete Schlepper war vor allem für den Kleinlandwirt, aber auch als Zweit- und Pflegeschlepper in größeren Betrieben von Interesse. Bis 1965 hielt er sich verhältnismäßig lange im Verkaufsprogramm und fand sogar noch in dem nur gering veränderten Modell G 15 einen Nachfolger.

LINKS

Im Rahmen der durch die Kooperation mit den Fahr-Werken entstandenen Europa-Reihe kam 1959 ein 20-PS-Traktor mit Zweizylinder-Diesel mit 1304 ccm Hubraum ins Güldner-Verkaufsprogramm. Während die wassergekühlte Variante als A 2 W bezeichnet wurde, lautete jene für das luftgekühlte Modell A 2 L. Beide Traktoren wurden schon bald unter der einprägsameren Verkaufsbezeichnung Tessin vermarktet. In baulicher Hinsicht entsprachen diese mit dem ZF-8/4-Portalgetriebe A 205 bestückten Fahrzeuge den Fahr-Modellen D 131 W bzw. L. Sehr fortschrittlich war der in der Reitsitzposition vor der Hinterachse angeordnete gummigefederte Sitz des Schlepperfahrers, der den beidseitigen Aufstieg vor den Hinterrädern ermöglichte. Die Tessin-Modelle – hier ein Fahrzeug von 1960 – waren robust, solide verarbeitet und bestanden aus erprobten Komponenten.

OBEN

Gemäß des mit Fahr geschlossenen Kooperationsvertrages war Güldner für die stärkeren Modelle innerhalb der Europa-Reihe zuständig. So kam auch der mit dem Fahr-Modell D 177 weitgehend baugleiche Güldner-Traktor A 4 M Toledo aus diesem Hause. Dieser formschöne Schlepper war mit dem 34 PS starken wassergekühlten Vierzylinder-Reihen-Vorkammer- Diesel von Daimler-Benz in Form des OM 636 bestückt, der diese Leistung bei 3000 Touren aus 1767 ccm Hubraum herausholen konnte. Das in diesem Traktor verwendete moderne 8/4-Gruppenschaltgetriebe A 208 von ZF gab es auch in der schnellen Bauvariante A 4 MS, mit der dieser 1650 kg schwere Schlepper auf 28 km/h beschleunigt werden konnte. Der serienmäßig mit einer unabhängigen Zapfwelle ausgerüstete Toledo war ein hervorragendes Fahrzeug der oberen Mittelklasse, das als Universalschlepper bereits auf größeren Höfen verwendet werden konnte. Bis 1961 liefen 2.267 Einheiten dieses Modells vom Band.

Hanomag

LINKS

Die zu den Pionieren in der Landwirtschaftsmotorisierung zählende Hanomag AG in Hannover-Linden hatte sich bereits vor dem Krieg einen ausgezeichneten Ruf in diesem Metier erworben. Daran konnte man mit bewährten Konstruktionen auch nach Kriegsende erfolgreich anknüpfen. Mit einem gut auf die Kundenwünsche abgestimmten Programm befand man sich kurzzeitig in einem kometenhaften Aufwärtstrend, mit dem man 1954 und 1955 mit 12,9 % Anteil die Marktführerschaft auf dem Inlandsmarkt erringen konnte. Diese Stellung ging aber schnell wieder verloren, nachdem sich die neuen, mit ventillosen Zweitaktdieselmotoren ausgerüsteten Tragschlepper als glatter Fehlgriff erwiesen hatten. Mit den seither in Verbindung mit dem Hanomag-Combitrac-System angebotenen Schleppern ging man auf Bewährtes zurück, dass allerdings bereits am Rande der Überalterung stand. Dies führte dazu, dass die Hanomag im Jahr 1960 nur noch auf dem 6. Rang mit 6,9 % Marktanteil zu finden war. Nach wie vor zu den besonderen Stärken dieses Herstellers zählten schwere Radschlepper, die es mittlerweile mit Motorleistungen bis zu 60 PS gab. Im Rahmen des Bauprogramms wurden auch schwere, mit einer ölhydraulischen Strömungs- oder Turbokupplung der Firma Voith in Heidenheim ausgerüstete Spezialtraktoren für die Wirtschaft hergestellt. Mit Hilfe dieser Kupplung konnte der Schlepper auch unter Volllast, in jedem beliebigen Gang völlig ruckfrei anfahren, ohne dass dabei die Fahrkupplung einem übermäßigen Verschleiß ausgesetzt war. Neben der Verwendung auf zivilen und militärischen Flugplätzen kamen diese Zugmaschinen auch für Verwendungsbereiche infrage, wenn es galt, besonders empfindliche, überschwere Lasten zu transportieren. Versuche hatten gezeigt, dass dem ATK bis zu 75 t Anhängelast zugemutet werden konnten. Die unter der Bezeichnung ATK eingeordneten Sonderfahrzeuge gab es in zwei Getriebeuntersetzungen, wobei die schnellere bis zu 32,5 km/h reichte. Abgebildet ist ein R 455 ATK, dessen Fortbewegung ein solider Vierzylinder-Vorkammer-Diesel mit 5702 ccm Hubraum besorgte, der seine Maximalleistung von 55 PS bei 1300/min zur Verfügung stellte. Mit dem Modell R 460 lief der Bau der ATK-Radschlepper im Jahr 1964 aus.

OBEN

Im Oktober 1960 stellte die Hanomag mehrere neue Modelle vor, wozu auch der Halbrahmenschlepper des Typs R 442 Brillant zählte. Es war ein Traktor der gehobenen Leistungsklasse, der mit dem bewährten Vierzylinder-Vorkammer-Diesel D 28 R 442 mit 2799 ccm Rauminhalt und 42 PS bei 2200 Touren ausgerüstet war. Dieser Schlepper war stark genug, um ihn zu einer kraftvollen Antriebsmaschine für gezogene Mähdrescher und andere schwere Zapfwellengeräte zu machen. Serienmäßig war er daher mit Motorzapfwelle und Doppelkupplung, einem hydraulischen Kraftheber mit Zweifachsteuerung und 1500 kg Hubkraft an der Zugschiene sowie Frontladeranschluss ausgerüstet. Gegen Mehrpreis konnte der R 442 Brillant mit der Hanomag-Pilot-Regelhydraulik für automatische Pflugführung und einem Baas-Frontlader der Größe III mit 600 kg Hubkraft und bis zu 4,60 m Ladehöhe bestückt werden. Auch dieser Schlepper verfügte über das 5/1-Getriebe, das auf Wunsch mit Untersetzer zu einem 10/2-Triebwerk erweitert werden konnte. Hier ein vorbildlich restaurierter Traktor mit Frontlader und Fritzmeier-Allwetterverdeck aus dem Jahr 1962 vor einem Grimme-Kartoffelvollernter. Im selben Jahr endete auch der Bau dieses Modells.

OBEN

Mit dem R 460 erhielt der R 450 im Jahr 1960 einen um zehn PS stärkeren Nachfolger. Abgesehen von der auf 60 PS bei 1350 Touren gestiegenen Leistung waren die Getriebegänge 4 und 5 nunmehr klauengeschaltet. Die Abstufung des mit einer Untersetzung lieferbaren Getriebes hatte man geändert, sodass der R 460 nun eine Maximalgeschwindigkeit von 30 km/h erreichen konnte. Abgesehen von der neuen Pilot-Regelhydraulik entsprachen Grund- und Zusatzausrüstung nahezu dem Vorgänger. Diese bis 1964 im Bauprogramm befindlichen schweren Radschlepper waren überaus zugstark und robust, die nicht nur auf Acker und Straße, sondern auch in Wald und Forst ihren Mann standen. Das abgebildete Fahrzeug ist mit einer am Heck angebrachten 6-t-Seilwinde von Schlang und Reichardt ausgerüstet und stammt aus dem Baujahr 1962.

International Harvester

OBEN

Der 1937 im Montagewerk Neuss der US-amerikanischen International Harvester Company aufgenommene Schlepperbau hatte bis in die frühen 1950er Jahre unter den für den deutschen Markt nur wenig geeigneten Vergaseraggregaten zu leiden. Seit aber 1951 erstmals Dieselschlepper angeboten wurden, die in weitgehender Unabhängigkeit vom Mutterkonzern entstanden, gingen die Verkaufszahlen kometenhaft nach oben. Lag man 1951 in der Zulassungsstatistik noch weit abgeschlagen auf Platz 27, so konnte man bereits 1955 auf Rang neun mit 5,1 % und fünf Jahre später mit 10.195 auf dem Inlandsmarkt neu zugelassenen Traktoren sogar auf den zweiten Platz mit 11,5 % Marktanteil vordringen. Dieses sensationell gute Ergebnis war vor allem der seit 1956 bestehenden und beständig ausgebauten D-Schlepperreihe zu verdanken, deren leistungsmäßig gut abgestuftes Bauprogramm auf nahezu jede Betriebsgröße abgestimmt war. Im unteren Leistungsbereich dieser Familie rangierte das seit November 1958 angebotene Modell D 214. Dies war ein verhältnismäßig zugstarker Standardschlepper, der insbesondere als Universalmaschine für den kleinen Betrieb konzipiert war. Sein Antrieb erfolgte durch einen wassergekühlten Zweizylinder-Wirbelkammer-Diesel mit 1088 ccm Rauminhalt mit 14 PS bei 1800/min. Dieser war mit einem 6/1-Getriebe verblockt. Der für einen Traktor dieser Baugröße eher unübliche Zweizylindermotor trug sehr zur guten Laufkultur dieses Fahrzeugs bei. Der 1053 kg schwere Traktor blieb mit dem Erfolg von 8046 produzierten Einheiten bis 1962 im Verkaufsprogramm.

OBEN

Auf der 1962 in München stattfindenden DLG-Ausstellung präsentierte International Harvester die letzten Traktormodelle der seit 1956 mit zunächst fünf Typen auf dem Markt befindlichen D-Fahrzeugserie. Bereits 1958 und 1959 war diese mit großem Erfolg vertriebene Typenreihe durch weitere vier Modelle ausgebaut worden, womit der Leistungsbereich nunmehr von 12 bis 40 PS komplett abgedeckt werden konnte. Das McCormick-Modell D 215 war einer der neu vorgestellten Schlepper. Mit 14 PS Motorleistung gehörte er einer immer geringer nachgefragten Leistungsklasse an, denn die vormals große Gruppe der Klein- und Nebenerwerbsbetriebe war in der Bundesrepublik stark rückläufig. Stärkere Modelle traten seither in den Vordergrund. Dies war auch die Ursache dafür, dass International Harvester nach nur 2318 verkauften Fahrzeugen schnell die notwendigen Konsequenzen daraus zog und den Traktor aus dem Verkaufsprogramm nahm. Im Bild ein 1962 gefertigtes Fahrzeug.

UNTEN

Das Jahr 1958 bot der International Harvester Company in Neuss den gebührenden Anlass, im Zuge des 50-jährigen Werksjubiläums gleichzeitig mehrere neue Schleppertypen vorzustellen. Dazu zählte der mit einem wassergekühlten Vierzylinder-Reihen-Wirbelkammer-Diesel mit 2434 ccm Hubraum und 36 PS Leistung bei 1900/min ausgerüstete Traktor D 436. Dieses mit 1425 kg gewichtsmäßig günstige Fahrzeug gehörte zur oberen Mittelklasse und war als Universalschlepper für mittlere bis größere Höfe konzipiert. Serienmäßig war der Traktor mit dem 8/2-Agriomatic-Getriebe sowie mit einer unabhängigen Zapfwelle mit Doppelkupplung ausgerüstet. Die Dreipunktregelhydraulik der Größe 2 mit 2000 kg Hubkraft sowie den Frontlader gab es gegen Aufpreis. Diese starke Maschine war bis 1962 in den Verkaufslisten zu finden und verkaufte sich bis dahin genau 7243 Mal.

OBEN
Das McCormick-Modell D 439 gehörte zu den 1962 vorgestellten IH-Traktoren. Dieses Fahrzeug trat die Nachfolge des D 436 an, wobei der jetzt nach SAE-PS klassifizierte Motor gegenüber dem Vorgänger keine Änderungen erfuhr. Der D 439 war werksseitig mit einer Motorzapfwelle ausgerüstet. Abgesehen von der neuen Exact-Regelhydraulik wurden an diesem Fahrzeug nur unwesentliche Detailverbesserungen vorgenommen. Um die neuen Modelle dennoch sofort identifizieren zu können, wurden Sitzmulde und Felgen zu Beginn der Produktionszeit in weißer Farbe lackiert. Zu den Sonderausrüstungen zählte ein Baas-Frontlader, der entweder mit 500 oder 750 kg Hubvermögen erhältlich war. 17.627 Einheiten entstanden von diesem bis zum Jahr 1966 gefertigten Modell. Hier ein 1963 gebautes Fahrzeug mit hoher Bereifung.

RECHTS
In dem seit 1962 unter der Modellbezeichnung McCormick angebotenen IH-Typenprogramm war auch das Modell D 326 enthalten. Es handelte sich um den motorisch unveränderten Nachfolger des D 324, dessen Leistung im Zuge einer international einheitlichen Aussage nun aber nach SAE-PS erfolgte. Die bedeutendste Neuerung war neben dem jetzt serienmäßig installierten 8/2-Getriebe jedoch das auf 900 kg Hubkraft verstärkte Exact-Hydrauliksystem. Durch die äußerst genaue Einhaltung der Tiefenführung einer einmal vorgewählten Arbeitstiefe, konnte dieses dem Landwirt in Verbindung mit der Dreipunktkupplung zusätzliche Vorteile bieten. Der D 326 blieb bis 1965 im Bauprogramm und war mit 15.472 erzeugten Einheiten ähnlich erfolgreich wie der D 324.

Kramer

OBEN

Auch die traditionsreichen Kramer-Werke, die unter dem Namen „Allesschaffer" schon vor dem Krieg einen preiswerten und soliden Kleinschlepper anzubieten hatten, wurden nach Kriegsende von dem in der Landwirtschaft herrschenden Motorisierungsboom mitgerissen. In den 1950er Jahren war dieser Hersteller eifrig bestrebt, den Kunden ein möglichst breitgefächertes Produktionsprogramm anzubieten. Das so geartete Angebot war bei vergleichsweise kleinen Serien zwangsläufig mit Kostennachteilen verbunden. Trotz allem konnte Kramer in der Zulassungsstatistik zumeist auf dem 8. Platz mit Marktanteilen von bis zu 6 % und knapp 6000 in der Bundesrepublik jährlich neu zugelassenen Traktoren rangieren. 1960 begann die Position leicht nachzugeben, wobei man aber immerhin noch den 9. Rang bei 4,3 % Anteil halten konnte. Damals befanden sich die Kramer-Modelle in einer Phase der Umstellung. So gab es den mit dem luftgekühlten Zweizylinder-Deutz-Diesel F 2 L 712 und einem hauseigenen 10/2-Gruppenschaltgetriebe ausgerüsteten 18-PS-Traktor KL 200, dessen bereits vorher aktualisierte, blecherne Haube ab Juli 1961 gegen eine solche aus schalldämpfendem Durelastik-Kunststoff ersetzt wurde. Seither wurde die Motorleistung mit 20 PS bei 1800/min angegeben. Der KL 200 blieb als kräftiger Kleinschlepper bis Mitte 1965 in den Verkaufslisten. Mit 3402 produzierten Einheiten kamen dessen Verkäufe zu einem durchaus positiven Ergebnis. Im Bild zu sehen ist ein Exemplar aus dem Baujahr 1963.

OBEN

Der seit Dezember 1960 bis Februar 1968 von den Kramer-Werken gefertigte Dieselschlepper KL 300, war mit einem 28 PS starken Zweizylinder-Wirbelkammer-Motor von Deutz mit 1700 ccm Hubraum ausgerüstet. Seit Mai 1965 wurde das bisherige Antriebsaggregat aus der FL 712-Reihe durch ein solches aus der technisch optimierten FL 812-Serie ersetzt. Der mit einer sehr formschönen Motorhaube aus Durelastik ausgerüstete Mittelklassetraktor besaß das gut abgestufte Kramer-Zehnganggetriebe der Baugruppe II, in das mit einem seitlich am Getriebetunnel angeordneten Fußhebel Zwischengänge eingelegt werden konnten. Dieses Getriebe gab es wahlweise in einer Standardausführung mit 20 km/h oder in einer bis 30 km/h schnellen Variante. Es war eine solide und gut durchkonstruierte Arbeitsmaschine, die als Universalfahrzeug mit Erfolg auf allen mittelgroßen landwirtschaftlichen Betrieben eingesetzt werden konnte. Bis zur Beendigung der Produktion liefen genau 5003 Traktoren dieses Typs von den Fertigungsbändern.

UNTEN

Zeitgleich mit dem Modell KL 300 brachte Kramer den mit einem Dreizylinder-Dieselaggregat von Deutz bestückten, 38 PS starken Traktortyp KL 400 auf den Markt. Dieses Fahrzeug, das ab 1964 mit einem 40-PS-Motor aus der FL 812-Serie ausgerüstet wurde, verfügte ebenfalls über das Kramer 10/2-Getriebe. Im Gegensatz zum KL 300 wurde das Modell serienmäßig mit Motorzapfwelle und Doppelkupplung sowie einer Dreipunkt-Regelhydraulik mit 1250 kg Hubkraft ausgeliefert. Aufpreispflichtig waren hingegen Seilwinde, Druckluftbremsanlage und Frontlader. Der KL 400 war ein Fahrzeug der oberen Mittelklasse, das bis August 1967 in 1466 Exemplaren entstand. Hier ein 1966 gebauter, bereits mit dem 40-PS-Motor ausgerüsteter Traktor.

John Deere-Lanz

OBEN

Seit Mitte der 1950er Jahre war es in der deutschen Schlepperbranche kein Geheimnis mehr, dass die Zulassungszahlen der Lanz-Bulldogs infolge veralteter Technik und veränderter Kundenansprüche stark rückläufig waren und für das wirtschaftlich angeschlagene Unternehmen keine Aussicht auf Besserung bestand. Diesen Tatbestand nutzte der damals zweitgrößte amerikanische Landmaschinenkonzern Deere & Company, um zum Oktober 1956 die Aktienmehrheit der Mannheimer Lanz-Werke zu übernehmen. Nach einer Übergangsphase erfolgte die Produktionsumstellung auf neue Dieselschlepper mit modernen Kurzhub-Reihen-Wirbelkammer-Dieselmotoren. Die ersten Mitglieder der nun unter John Deere-Lanz angebotenen Typen erschienen im Laufe des Jahres 1960. In den nächsten Jahren wurde dieses zügig erweitert, sodass schon 1962 die abgebildeten Modelle von 18 bis 50 PS zur Verfügung standen.

OBEN

Der John Deere-Lanz-Dieselschlepper des Typs 300 war ein seit 1960 angebotener 28 PS starker Vierzylinder-Traktor in Halbrahmenbauweise. Der nach dem Baukastensystem konstruierte Wirbelkammermotor besaß einen Hubraum von 2367 ccm und erreicht seine Maximalleistung bei 2000/min. Zum Einbau gelangte ein auf dem neusten, technischen Stand befindliches klauengeschaltetes 10/3-Gang-Gruppengetriebe. Eine Vierstufen-Dreipunkt-Regelhydraulik mit 900 kg Hubvermögen, Scheibenbremsen sowie drei Zapfwellen als Kraftabgabestellen waren serienmäßig vorhanden. 1963 erhöhte man die Motorleistung auf 30 PS. Trotz ihrer mit vielen zukunftsweisenden Merkmalen ausgestatteten Traktoren, hatten es die im Gegensatz zu den alten Lanz-Bulldogs völlig anderen und vor allem ungewohnten Modelle anfangs recht schwer, bei der überwiegend konservativ eingestellten bäuerlichen Kundschaft Fuß zu fassen.

Hermann Lanz

OBEN

Die Aulendorfer Hermann Lanz-Werke – ab etwa 1951 unter dem Namen Hela bekannt geworden – waren ein weiteres traditionsreiches Familienunternehmen in der Schlepperbranche, das sich durch überdurchschnittliche Herstellungsqualität einen guten Ruf erkämpft hatte. 1950 erreichte das Werk auf dem Inlandsmarkt immerhin einen 12. Platz mit 3 % Marktanteil. Der weitere Produktionsanstieg bis zum Jahr 1955 auf 2348 neu zugelassene Traktoren bei einem allerdings auf 2,4 % gesunkenen Marktanteil ließen einen vorsichtigen Optimismus aufkommen. Zudem hatte Lanz den Ehrgeiz, eine eigene Motorenfertigung aufzuziehen. Diese unnötige Kraftanstrengung überforderte bei dem weit gefächerten Produktionsprogramm das mittelständische Unternehmen bei Weitem. Zumal das Auslaufen des großen Nachkriegs-Schlepperbooms auch an den Hermann Lanz-Werken nicht spurlos vorüberging. Schon bald waren die Zulassungen wieder rückläufig und 1960 war man mit 1085 Fahrzeugen auf den 18. Platz mit nur noch 1,2 % Anteil abgesunken. Ende der 1950er Jahre gab es verschiedene Schlepper wie z. B. das 18 PS starke Traktor-Modell D 117 nicht nur mit einem luft- oder wassergekühlten Zweizylinder-Dieselmotor von MWM, sondern zusätzlich auch noch als Einzylinder mit dem Hela-Motor des Typs AE 1 zu kaufen. Kein Wunder, dass bei dieser Verzettelung keine wirtschaftlich vertretbaren Stückzahlen herauskommen konnten. Dieses Bild zeigt einen D 117 mit Seitenmähwerk von 1960.

OBEN UND RECHTS

Wenn auch hauptsächlich in der kleineren Klasse, so konnten die Aulendorfer Hermann Lanz-Werke aber auch mit stärkeren Traktoren aufwarten. Als das damalige Spitzenmodell erschien 1960 der in der neuen abgerundeten Haubenform ausgeführte Hela-Traktor D 45 auf dem Markt. Das Besondere an diesem Fahrzeug war der wassergekühlte Dreizylinder-Wirbelkammer-Diesel mit 3246 ccm Hubraum aus hauseigener Fertigung, aus dem beachtliche 45 PS bei 2000 Touren herausgeholt werden konnten. Ferner stand ein 6/1-Standardgetriebe oder ein bis 28 km/h schnelles 8/1-Triebwerk zur Verfügung. Der Traktor besaß einen aktuellen Reitsitz mit seitlicher Aufstiegsmöglichkeit vor den Hinterrädern für den Fahrer. Dieses schwere Fahrzeug war serienmäßig mit einer unabhängigen Zapfwelle mit Doppelkupplung sowie einem ausreichend dimensionierten Dreipunkt-Kraftheber bestückt. Der Schlepper war eine leistungsstarke Maschine für Großbetriebe und wurde bis 1965 in kleinen Stückzahlen verkauft.

MAN

OBEN

Mit dem 1948 vorgestellten Ackerdiesel-Modell AS 325 nahmen die MAN-Werke die Traktorenfertigung nach dem Kriege wieder auf. In den nächsten Jahren setzte dieser Hersteller hauptsächlich auf Allradtraktoren, wobei die hinterradgetriebenen Schlepper bei der MAN fast eher die Ausnahme darstellten. Gleichwohl verfügten die MAN-Traktoren durchweg über mehr als ausreichende Pferdestärken. Spezielle Fahrzeuge für den Kleinbetrieb hatte die MAN bis weit in die 1950er Jahre nie gebaut. Das kleinste Modell war ein wuchtiger 18-PS-Traktor, der aufgrund seines Allradantriebs schon eher zur Mittelklasse zählte. Das änderte sich erst sehr spät, als erstmals 1957 ein 13-PS-Schlepper ins Programm kam. In der Folgezeit wurde das Angebot auch auf Fahrzeuge der unteren Mittelklasse erweitert. Dazu gehörte der von einem 25 PS starken Zweizylinder-M-Direkteinspritzdiesel angetriebene Schlepper 2 L 4, der 1960 auf den Markt kam. Dieses Blockbaufahrzeug besaß ein 6/1-Getriebe und war in der sich nach vorn und zum Fahrer hin verjüngenden Motorhaube zeitlos schön gestaltet. Wie die meisten Modelle dieses Herstellers blieb auch er nur über einen kurzen Zeitraum in der Produktion und verkaufte sich in 862 Exemplaren.

OBEN

Infolge des zunehmend gesättigten Schleppermarktes, aber auch durch das zu stark verzweigte, unübersichtliche Typenprogramm war die MAN gegen Ende der 1950er Jahre einem immer größeren Kostendruck ausgesetzt. Zwar hatte sich das Unternehmen im Jahr 1960 mit immerhin 4185 neu zugelassenen Traktoren auf den 7. Platz emporgearbeitet, dies entsprach aber nur einem Marktanteil von mageren 4,7 %. Der einzig gangbare Ausweg, um die Situation zu verbessern, bestand darin, das Schlepperangebot zu straffen und sich um eine stärkere Austauschbarkeit der Baukomponenten zu bemühen. Dabei konzentrierte man sich auf die Motoren, die es weitgehend baugleich als Zwei-, Drei- und Vierzylinder gab. Die folgende Schlepperreihe bestand aus mehreren Fahrzeugen, deren Leistung bis maximal 45 PS angesiedelt waren. Hierzu gehörte auch ein sowohl hinterrad- als auch allradgetriebener, mit einem Dreizylinder-M-Diesel mit 1915 ccm Hubraum und dem ZF A 210-8/4-Getriebe ausgerüsteter 35-PS-Traktor der gehobenen Mittelklasse. Vor allem der Allradschlepper mit der Typenbezeichnung 4 P 1 verkaufte sich mit 2385 Einheiten bis Anfang 1963 recht gut.

NÄCHSTE DOPPELSEITE

Die Spitzenmodelle im MAN-Verkaufsprogramm waren die Traktoren 2 R 3 mit Hinterrad- und 4 R 3 mit Allradantrieb. Ausgerüstet mit einem Vierzylinder-Reihen-Diesel mit M-Direkteinspritzung mit 2560 ccm Rauminhalt sowie einer Motorleistung von 45 PS gehörten beide Fahrzeuge eindeutig der oberen Klasse an. Beide Modelle verfügten über das in drei Schaltgruppen unterteilte A 216-Stiftschaltgetriebe von ZF. Insbesondere dem Allradfahrzeug konnte auch schwerste Arbeiten auf dem Acker sowie in der Wald- und Forstwirtschaft zugemutet werden. Serienmäßig war das Fahrzeug mit einer Motorzapfwelle, der Raddruckverstärkungsanlage sowie einer Dreipunkthydraulik mit 2000 kg Hubkraft an der Zugschiene ausgerüstet. Seilwinde, Riemenscheibe, Wetterdach und Mähwerk wurden gesondert berechnet. Leider konnten sich die guten Verkäufe auf die insgesamt negative Bilanz des MAN-Schleppersegments kaum noch positiv auswirken. Auch hatte sich die Konzernspitze schon längst entschlossen, den Traktorenbau zu beenden. Die letzten MAN-Traktoren rollten im Februar 1963 vom Band. So hatte auch diese so hoffnungsvoll begonnene neue Reihe ein nur kurzes Leben.

MAN
M·A·N

M·A·N

Porsche

OBEN

Auch für Porsche-Diesel in Friedrichshafen-Manzell, die den Schlepperbau zu Beginn des Jahres 1956 von Allgaier übernommen hatte, sah die Lage Ende der 1950er Jahre alles andere als rosig aus. Nachdem man 1958, gerade erst drei Jahre nach Aufnahme der Schlepperfabrikation, sich mit 12,1 % Marktanteile auf den zweiten Platz in der deutschen Zulassungsstatistik heraufkatapultiert hatte, wurde Porsche von dem starken Rückgang im Kleinschleppergeschäft besonders hart getroffen. Die Ursache lag darin, dass Porsches Hauptumsatz vor allem mit dem kleinen Modell Junior erwirtschaftet wurde. Nebenbei fehlte auch ein wirklich großer Traktor im Angebot. Der bis zum Jahr 1960 in etwa 23.000 Einheiten verkaufte Junior war ein typischer Klein- und Alleinschlepper für kleine oder im Nebenerwerb betriebene Höfe, also Betriebsgrößen, die im Verschwinden begriffen waren. Wendigkeit und geringes Gewicht waren ausschlaggebend dafür, dass sich der Junior auch als Hackfrucht- und Pflegeschlepper, sowie als Grünlandschlepper sehr bewährte. Er ging seither mit einem geringfügig auf 875 ccm Hubraum aufgebohrten und auf 15 PS bei einer mit 2250 Touren identischen Drehzahl leistungsgesteigerten, luftgekühlten Einzylinder-Diesel an den Start, konnte aber an seine vormals überragende Bedeutung nicht mehr anknüpfen.

OBEN

Das seit dem Frühjahr 1958 im Porsche-Programm befindliche und aus dem Allgaier-Traktor A 144 hervorgegangene Schleppermodell Master war nach wie vor das stärkste Fahrzeug, dass von diesem Hersteller käuflich erworben werden konnte. Mit seinem 50 PS starken, radialluftgekühlten Vierzylinder-Wirbelkammer-Diesel war es ein Schlepper, der bereits zur oberen Leistungsklasse gezählt werden konnte. Etwa ab 1960, als sich die Landwirtschaft immer schneller zu verändern begann, konnte der Master leistungsmäßig verschiedentlich ins Hintertreffen geraten und seiner früheren Rolle als Großschlepper nicht immer gerecht werden. Ähnlich wie bei International Harvester, hatte man bei Porsche die Entwicklung zu spät erkannt und hätte erst ab etwa 1965 mit stärkeren Modellen aufwarten können. Im Gegensatz zu International Harvester hatten diese Projekte aber keine Chancen, denn die Firma Mannesmann verlor als Konzernmutter das Interesse an dem kaum noch Gewinn bringenden Traktorenbau. Dieses Bild zeigt einen Master N 418 mit 8/4-Getriebe und Frontlader aus dem Jahr 1961.

Schlüter

LINKS

Die Freisinger Schlüter-Werke, ein renommierter Motorenhersteller, nahm in den 1930er Jahren den Traktorenbau zusätzlich in das Produktionsprogramm. Nach Kriegsende umfasste dieses Traktoren zwischen 15 und 60 PS Motorleistung, die überaus solide und nach konventionellen Bauprinzipien gefertigt wurden. Ab 1957 erfolgte der allmähliche Übergang der optisch dem aktuellen Zeitgeschmack angepassten Schlepper zu Direkteinspritzmotoren. Als Einstiegsmodell in die breite Produktpalette gab es den Kleinschlepper S 15, dessen Fortbewegung ein zunächst 15, ab Juli 1960 16 PS starker wassergekühlter Direkteinspritz-Diesel mit dem für einen Einzylinder sehr üppigen Hubraum von 1506 ccm besorgte. Das entweder mit einem Hurth- oder ZF-Getriebe ausgerüstete Fahrzeug wies sechs Vorwärtsgänge und einen Rückwärtsgang auf und war für einen Schlepper dieser Leistungsklasse überdurchschnittlich zugkräftig. Der bis Anfang 1962 in insgesamt 560 Einheiten seriengefertigte Traktor zeichnete sich infolge seiner niedrigen Drehzahl von nur 1500 Touren durch eine sehr lange Lebensdauer aus. Hier ein Fahrzeug mit Mähwerk aus dem Jahr 1962.

OBEN

Der zwischen Juli 1959 und September 1961 von den Schlüter-Werken produzierte Typ S 45 war ein kräftiger Schlepper mit einem volumenstarken Dreizylinder-Direkteinspritzmotor mit 4830 ccm Hubvolumen. Seine Leistung von anfangs 45, später 50 PS brachte er durch eine mit 1650/min verhältnismäßig niedrige Drehzahl hervor. Dabei war der S 45 mit einem Gewicht von 2475 kg keineswegs – wie eigentlich von einem Schlepper dieser Größe zu erwarten war – schwer und unhandlich. Das bullige Antriebsaggregat war mit dem 6/1-Getriebe G 806 von Hurth zu einer selbsttragenden Einheit verblockt. Dieses ursprünglich nur für eine Eingangsleistung von 40 PS vorgesehene Triebwerk, musste durchweg an der Grenze seiner Belastbarkeit arbeiten, was auf der Negativseite dieses Fahrzeugs verbucht werden musste. Von dieser Schwachstelle einmal abgesehen, war dieser in 343 Einheiten produzierte, serienmäßig mit einer unabhängigen Zapfwelle ausgerüstete Schlepper eine sinnvolle Investition für alle schweren Arbeiten auf größeren Höfen.

VEB/DDR

OBEN

In der ehemaligen DDR ging der Traktorenbau eine in vieler Beziehung andere Richtung ein als in der Bundesrepublik Deutschland. Wie im übrigen Kraftfahrzeugbau auch, war dieser Teil Deutschlands nach dem Zweiten Weltkrieg im Traktorenbau stark benachteiligt. Nur zwei Hersteller, beide in Nordhausen ansässig, befanden sich auf diesem Territorium. Erschwerend kam hinzu, dass die meisten Zulieferbetriebe im Westen ansässig und Warenlieferungen mit Beginn des Kalten Krieges kaum noch möglich waren. Die Folge der Kriegszerstörungen, die Demontage von Betrieben durch die sowjetische Besatzungsmacht und die zu volkseigenen Betrieben umstrukturierte Wirtschaft, ließen in fast allen Bereichen einen nur zögerlichen Aufschwung zu. Im Agrarbereich bedeutete dies die Bildung von landwirtschaftlichen Produktionsgenossenschaften (LPGs) bei einer entsprechenden Konzentration großer zusammenhängender Flächen. Nach diesen Prämissen hatte sich auch der Traktorenbau auszurichten, was aus verschiedenen Gründen aber jahrelang keineswegs zielstrebig verfolgt werden konnte. Eine bedeutende Rolle spielten zum Ende der 1950er Jahre die verschiedenen, – je nach Drehzahl – zwischen 30 und 46 PS starken Famulus-Modelle. Diese in großen Stückzahlen gebauten, hinterradgetriebenen Fahrzeuge besaßen wasser- oder luftgekühlte Zweizylinder-Wirbelkammer-Dieselmotoren und 10/2-gängige Gruppenschaltgetriebe. Die zwar sehr soliden Traktoren konnten aber nicht darüber hinwegtäuschen, dass ihre Leistung für die Großfelderwirtschaft nicht ausreichend war. In Ermangelung stärkerer Modelle musste diese Schlepper trotzdem über viele Jahre im Dienst bleiben. Das Bild zeigt einen hervorragend restaurierten Traktor mit luftgekühltem 36-PS-Diesel und 11-38er Hinterrädern, der unter der Modellbezeichnung RS 14/36 geführt wurde.

OBEN

Um einen dringend benötigten leistungsstarken Schlepper als Ersatz für die nicht mehr gefertigten Modelle Pionier und Harz zu erhalten, entschloss man sich, die Drehzahl des 36-PS-Zweizylindermotors des Famulus auf 2000 Touren zu erhöhen. Das war eine eindeutige Notmaßnahme, da damals kein besser geeigneter Schleppermotor zur Verfügung stand. Bei dieser hohen Drehzahl zeigte sich das Aggregat vor allem im Dauerbetrieb als eindeutig überfordert, was zu einem erhöhten Materialverschleiß und Motorenausfällen führte. Trotzdem wurden bis 1964 3820 Maschinen hergestellt, deren Drehzahl aber teilweise auf verträglichere 1800/min zurückgeschraubt werden musste. Bei diesem schönen Traktor von 1964 war das nicht der Fall.

RECHTS

Leistungsstarke Traktoren waren zu Beginn der 1960er Jahre nicht nur in der DDR sehr gefragt. Das lag nicht nur an den durch die Kollektivwirtschaft größer werdenden Anbauflächen und den immer leistungsfähigeren zapfwellengetriebenen Anhängegeräten. Schließlich hatten die Traktoren in der DDR, mehr als anderswo, vielfältige Transportaufgaben – und dies nicht nur in der Landwirtschaft – zu erfüllen und schwere Lasten im Straßenverkehr zu bewältigen. Die Abbildung zeigt einen 1963 entstandenen, vorbildlich restaurierten Famulus RS 14/36 mit luftgekühltem 36-PS-Motor mit Anhänger.

Rationalisierung, Kooperationen und Konkurse

Die 1960er Jahre

Wie kaum anders zu erwarten, brachte auch der Verlauf der 1960er Jahre für die in der Krise steckende Schlepperbranche keine Wende zum Guten. Ganz im Gegenteil, denn die nächsten zehn Jahre waren von einem weiteren Absinken der Verkaufszahlen begleitet, was für fast alle Anbieter das endgültige Ende des Wachstums bedeutete. Auf dem kleiner werdenden Absatzmarkt kämpften die Hersteller stärker denn je um ihre Anteile. Auch ließen sich die mit der Unterzeichnung der Römischen Verträge vom 25. März 1957 eingegangenen EWG-Verpflichtungen zu größeren Wirtschaftsräumen nicht rückgängig machen und drückten seither auch dem Traktormarkt ihren Stempel auf. Das anfangs noch eher zögerliche, trotzdem bereits sichtbar werdende Vordringen ausländischer Anbieter verstärkte sich zusehends. Diese belegten damit die durch vom Markt verschwundene deutsche Hersteller frei gewordenen Marktanteile. Tatsächlich wurden in den 1960er Jahren zahlreiche ausländische Traktorhersteller erstmals auf dem deutschen Markt aktiv. Allen voran die englische Firma Massey-Ferguson, die sich von Platz zehn im Jahr 1960 auf den vierten Platz zehn Jahre später entscheidend verbessern konnte. Im Jahr 1970 waren es renommierte ausländische Hersteller wie Ford aus den Vereinigten Staaten, Fiat und Same aus Italien, Renault aus Frankreich, David Brown und Massey-Ferguson aus Großbritannien sowie Zetor aus der Tschechoslowakei, die unter den ersten 20 Plätzen zu finden waren. Damit betrug der Anteil der importierten Traktoren schon fast 25 %. Das inländische Marktvolumen sank dagegen von 88.864 im Jahr 1960 neu zugelassenen Traktoren auf 66.064 im Jahr 1970, also um rund ein Viertel.

Die deutsche Traktorindustrie reagierte betroffen und konnte dieser Entwicklung nur wenig entgegen setzen. Kooperationen boten sich als Ausweg an, doch weder die Union von Hanomag und Bautz noch die Partnerschaft zwischen Deutz und Fahr sicherten auf Dauer den Fortbestand der bisherigen Traktorenproduktion. Bautz und Fahr waren in beiden Fällen die Verlierer. Die zwischen der MAN und Porsche-Diesel angestrebte Zusammenarbeit kam über erste Vorgespräche und Absichtserklärungen nicht hinaus. Bis 1963 mussten nicht nur die MAN und Porsche, sondern auch Bautz, Fahr und die Firma Hatz ihre Schlepperfabrikation für immer beenden. Hanomag, Hela und Kramer mussten tüchtig Federn lassen. Der Aschaffenburger Hersteller Güldner konnte zwar mit den hervorragenden Schleppern der roten G-Reihe kurzzeitig seine Position verbessern, geriet aber zunehmend unter Kostendruck und musste sich 1969 ebenfalls aus dem Geschäft zurückziehen. Die Hanomag-Werke, einstmals einer der drei ganz Großen und kurzzeitig sogar Marktführer, hatten seit dem Fehlschlag mit den ventillosen Zweitaktmotoren nicht mehr richtig Tritt fassen können. Alle Bemühungen waren vergebens und schließlich musste man 1971 das Handtuch werfen. Dank der gelungenen Raubtier-Reihe kam Eicher zunächst zwar noch relativ glimpflich davon, geriet aber zu Beginn der 1970er Jahre aufgrund einer zu geringen Kapitalausstattung zunehmend in Schwierigkeiten. Und Schlüter mit seinen „bärenstarken Schleppern“ gelang es als Vorreiter in der PS-Parade tatsächlich, sich kurzzeitig wieder zu erholen. Obgleich Schlüter von seinen Großschleppern fast immer nur kleine Stückzahlen an den Mann bringen konnte, zeigte das Programm in die richtige Richtung. Denn die Zukunft wies eindeutig zum großflächigen Betrieb, der ohne leistungsstarke Schlepper nicht bewirtschaftet werden konnte.

Zu den Gewinnern oder zumindest zu jenen, die ihre Marktposition erfolgreich behaupten konnten, gehörten die Firmen Deutz, Fendt und International Harvester. Wobei es letzterem als einzigem Hersteller gelang, nicht nur den prozentualen Marktanteil, sondern auch die produzierte Stückzahl zu steigern. In technischer Hinsicht wurde die Regelhydraulik immer mehr zum Standard. Sparsamere Direkteinspritzmotoren hatten fast überall ihren Einzug gehalten. Große Fortschritte gab es in der Getriebetechnik zu verzeichnen. Moderne Stiftschaltgetriebe, die von Hersteller zu Hersteller entweder als Leichtschalt- oder Halbsynchrongetriebe bezeichnet wurden und gegen Ende des Jahrzehnts teilweise bereits die ersten vollsynchronisierten Getriebe, waren im Traktorenbau nicht mehr wegzudenken. Der Trend zu höherer Leistung und zu mehrzylindrigen Antriebseinheiten wurde immer ausgeprägter. Allradtraktoren bildeten, zumindest in den schweren Klassen, immer weniger die Ausnahme. Aber nicht nur in technischer Hinsicht war das Anforderungsprofil erheblich verbessert worden. Es betraf auch den Fahr- und Bedienungskomfort. Hierzu gehörten das Verdeck, hydraulische Lenkhilfen und nicht zuletzt der Fahrersitz selbst, der noch zehn Jahre zuvor zumeist nur aus einer einfachen Schwingsitzmulde aus Stahlblech bestanden hatte. Hinzu kamen Auflagen des Gesetzgebers wie die seit 1962 vorgeschriebene Ausrüstung der Traktoren mit Blinklichtanlagen und seit 1970 mit Umsturzbügeln oder Sicherheitsrahmen. Hersteller wie Werkstätten, die für die Nachrüstung zuständig waren, wurden dadurch in Zugzwang gesetzt. Nutznießer dieser Errungenschaften und des verschärften Wettbewerbs war letztendlich der Kunde, dem Traktoren durchweg in erheblich gesteigerter Qualität geboten wurden.

Deutz

OBEN

Im Jahr 1965 wurde das gesamte Typenprogramm einer gründlichen Überarbeitung unterzogen. Das Ergebnis war die D 05-Baureihe, die durch eine weitgehende Vereinheitlichung und Austauschbarkeit der Baukomponenten aus der bisherigen D-Serie entwickelt worden war. Diese Modelle deckten den Leistungsbereich von 22 bis 85 ab und waren einheitlich mit Motoren aus der FL 812 S-Motorenreihe bestückt, deren neue Axial-Gebläseluftkühlung einen hörbar niedrigeren Geräuschpegel erzeugte. Aus diesem Grund erhielten nun alle Schlepper eine vorn offene Motorhaube mit Lufteinlassgitter. Ansonsten konnte Deutz mit ruhigem Gewissen auf die tausendfach bewährten Vorgängertypen aufbauen, die sich als solide und robuste Maschinen erwiesen hatten. So gelang es diesem Hersteller, an die bisherigen Verkaufserfolge nahtlos anzuknüpfen und auch in den folgenden Jahren den ersten Platz in der Zulassungsstatistik nicht nur zu halten, sondern sogar weiter auszubauen. Das kleinste Modell in dieser neuen Reihe war der Typ D 2505, der – abgesehen vom Motor – technisch weitgehend dem früheren D 25.2 entsprach. Der Zweizylinder-Diesel mit 1700 ccm Hubraum arbeitete nach dem Wirbelkammerverfahren und erzeugte bei 2100 Touren seine Maximalleistung von 22 PS. Der Motor war mit dem Deutz-Gruppenschaltgetriebe T 25 mit 8/2 Gängen verblockt. Mit einem seitlich angeordneten Hebel konnte das Getriebe von der schnellen in die langsame Gruppe und umgekehrt geschaltet werden. Während die Getriebezapfwelle serienmäßig vorhanden war, gehörte die mit 1425 kg Hubkraft recht leistungsfähige Deutz-Transfermatic-Hydraulik zum aufpreispflichtigen Sonderzubehör.

OBEN

Der mit einem Dreizylindermotor aus der FL 812 S-Reihe bestückte D 4005 trat die Nachfolge des D 40 L an. Mit 35 PS Motorleistung war es ein typisches Fahrzeug der Mittelklasse. Das der höheren Motorleistung angepasste 8/2-Deutz-Triebwerk TW 35.1 wies Bolzenschaltung der Gänge drei und vier auf und stellte damit bereits eine Fortentwicklung in Richtung zum Synchrongetriebe dar. Die Motorzapfwelle gehörte ebenso wie die Deutz-Transfermatic-Regelhydraulik zum werksseitig vorhandenen Mindestlieferumfang. Das Allwetterverdeck, Mähwerk sowie die optional für den Anhängerbetrieb erhältliche Druckluftbremsanlage zählten zum Sonderzubehör. Wie schon der Vorgänger D 40 L wurde der D 4005 zu einem der stark nachgefragten Traktoren, denn bei diesem Fahrzeug war ein sehr ausgewogenes Verhältnis zwischen Leistung, Gewicht, Preis und Verwendungsmöglichkeiten gegeben. Dieses Exemplar ist Baujahr 1967.

UNTEN

Hier ein D 4005 in der seitlichen Perspektive. Aus dieser ist die langgestreckte und übersichtliche, mit einem tiefen Schwerpunkt versehene Formgebung des Fahrzeugs, welche trotzdem mit einer verhältnismäßig großen Bodenfreiheit von 415 mm aufwarten konnte, besonders gut ersichtlich. Ausgerüstet mit Motorzapfwelle und Regelhydraulik war der D 4005 genau das richtige Fahrzeug für die Vollmechanisierung mittelgroßer Landwirtschaften. Infolge der seit Beginn des Jahres 1968 nun zur Verfügung stehenden neuen Direkteinspritzmotoren, wurde dieser Schlepper durch den Typ D 4006 abgelöst.

UNTEN

Zu den seltenen Erscheinungen unter den Traktortypen kann mit Sicherheit der Deutz-Plantagenschlepper D 4005 P gezählt werden. Hierbei handelte es sich um die mit einer schmaleren Spurweite ausgestattete Bauvariante des Standardtraktors D 4005. Bis auf die Abmessungen waren beide Fahrzeuge nahezu völlig identisch. Während der D 4005 1515 mm breit war, brachte es der Plantagenschlepper nur auf 1350 mm. Auch die Möglichkeiten der Spurverstellung wichen voneinander ab. Dieser Traktor wurde speziell in Sonderkulturen, wie Wein-, Obst- und Gemüsebau eingesetzt, wo seine Wendigkeit besonders gefragt war. Hier ein 1965 gebauter Traktor mit Schutzbügel.

OBEN

Der D 5005 war ein zugstarker 45 PS-Traktor der oberen Mittelklasse, mit dem die Lücke im Verkaufsprogramm, die das zum Schluss mit 40 PS ausgestattete Modell D 40.1 S hinterlassen hatte, geschlossen werden konnte. Unter der grün lackierten Haube verrichteten vier Zylinder des mit einem Massenausgleich für bessere Laufkultur versehenen Wirbelkammermotors F 4 L 812 S ihre Arbeit. Seine Höchstleistung erreichte der 3400-ccm-Motor bei 2300/min. Zwischen 1965 und 1966 wurde dieses Modell mit dem Deutz T 50-Getriebe mit 6/2 Gängen ausgeliefert. Der Nachteil der zu geringen Gangzahl wurde mit dem im Jahr 1967 eingeführten neuen 8/4-Gruppengetriebe TW 50.1 behoben. Wie es von der Kundschaft erwartet wurde, gehörten Motorzapfwelle mit Doppelkupplung, eine Deutz-Regelhydraulik mit 1700 kg Hubkraft und außerdem ein hydraulisches Zusatzsteuergerät zum Standardrepertoire. Das abgebildete Fahrzeug stammt von 1967, dem letzten Herstellungsjahr dieses Modells.

OBEN

Der mit einem Massenausgleichsgetriebe ausgerüstete Vierzylindermotor F 4 L 812 S mit 3400 ccm Hubvolumen, wurde zur Fortbewegung des 52 PS starken Deutz-Traktors D 5505 verwendet. Bis auf den verbesserten und vor allem laufruhigeren Motor entsprach dieser Schlepper der letzten Ausführung des D 50.1 S. Das mit 8/4-Gängen ausgestattete ZF-Gruppenschaltgetriebe A 216 besaß Bolzenschaltung und sorgte durch seine gute Abstufung für vielseitige Verwendungsmöglichkeiten. Dieses Fahrzeug verfügte über alle Ausrüstungsmerkmale, die von einem Fahrzeug der gehobenen Leistungsklasse erwartet werden konnten. Von Gewicht, Leistung und Baugröße her war der D 5505 eindeutig zum Einsatz auf größeren Höfen und überall dort vorgesehen, wo es galt, große zusammenhängende Flächen zu bearbeiten. Hier ist ein 1966 gebauter Traktor vor einem Hagedorn-Kartoffelvollernter des Typs RG-RHY bei einer Vorführung zu sehen.

UNTEN

Dieses Bild zeigt einen 1965 gebauten D 5005, der mit einer teilweise in Eigenbau hergestellten, sehr zweckmäßigen Allwetterkabine sowie einem Frontlader ausgerüstet ist. Dieses Fahrzeug besaß noch das einfache 6/2-Getriebe, das über eine zu geringe Gangzahl verfügte.

RECHTS

Die beiden Spitzenmodelle innerhalb der D 05-Schlepperreihe waren die Typen D 8005 und D 9005. Der D 8005 als der etwas schwächere von beiden, trat die Nachfolge des ab 1964 angebotenen D 80 an, dem er im Wesentlichen entsprach. Er besaß einen Sechszylinder-Wirbelkammer-Diesel aus der FL 812-Motorenreihe, in diesem Fall allerdings in der verbesserten L 812 S-Variante mit Massenausgleichsgetriebe, das für eine deutlich bessere Laufruhe sorgte. Auch in diesem Fall stammte das Antriebsaggregat bei gleichen Zylinderabmessungen aus dem Baukasten, was den Vorteil vieler untereinander austauschbarer Bauteile und damit reduzierter Fertigungs- und Lagerhaltungskosten mit sich brachte. Der Motor hatte 5100 ccm Hubvolumen und leistete 80 PS bei 2300/min. Ebenfalls beibehalten wurde das klauengeschaltete ZF-Gruppengetriebe A 230 mit 8/4 Gängen. Die acht Vorwärtsgeschwindigkeiten waren von 0,6 bis maximal 26,5 km/h abgestuft. Mit 120 l Fassungsvermögen war der Kraftstofftank großzügig dimensioniert und für einen Arbeitstag mehr als ausreichend. Im Gegensatz zum D 80 besaß der D 8005 allerdings eine einteilige Motorhaube. Dieses Bild zeigt einen 1966 gebauten hinterradgetriebenen Traktor.

OBEN

Ebenfalls einen hervorragenden Eindruck hinterlässt dieser 1967 entstandene, offen ausgeführte D 5505. Die Regelhydraulik dieses Fahrzeugs arbeitete mit einem Betriebsdruck von 200 bar, mit der bis zu 2200 kg angehoben werden konnten. Auf Wunsch stand eine hydraulische Lenkhilfe, eine 6-t-Seilwinde, Druckluftbremsanlage sowie ein Frontlader mit 1050 kg Hubkraft zur Verfügung. Diese technisch ausgereiften, zuverlässigen Maschinen trugen den Forderungen der Kunden nach höherer Motorleistung Rechnung und leisteten ihren Besitzern meist über viele Jahrzehnte unverzichtbare Dienste.

RECHTS OBEN

Noch um fünf PS stärker war der in insgesamt 271 Einheiten erst ab April 1967 angebotene D 9005. Dieser war mit dem verbesserten ZF Gruppenschalttriebwerk T 330 ausgerüstet, welches neben den 8/4 Gängen über ein zusätzliches Kriechganggetriebe mit jeweils vier Vorwärts- und Rückwärtsgängen verfügte. Somit standen dem Schlepperfahrer insgesamt 12/6 Gangstufen zur Verfügung. Im Vorgriff auf die in Kürze zu erwartende D 06-Schlepperreihe hatte dieses Modell bereits den sechszylindrigen Direkteinspritzmotor F 6 L 812 D erhalten. Dies hatte eine Verlängerung des Radstandes auf 2550 mm zur Folge. Die hydraulische Bremsanlage war eine weitere Verbesserung, mit der dieser Schlepper aufwarten konnte. Den mit Allradantrieb 4300 kg schweren Sechszylinder konnte man auch mit dem kaum verlangten Hinterradantrieb erhalten. Die Allradvariante D 9005 A war mit der während der Fahrt zu- und abschaltbaren ZF-Fronttriebachse APL 3050 ausgerüstet. Zu den bei dieser Baugröße selbstverständlich vorhandenen Zubehörteilen gehörten Motorzapfwelle und Regelhydraulik. Dass der Allradschlepper das Flaggschiff der Serie war, konnte man ihm unschwer ansehen.

UNTEN

Der 4085 mm lange D 8005 mit Hinterradantrieb in einer seitlichen Ansicht. Schlepper dieser Baugröße waren allein schon wegen ihres hohen Anschaffungspreises nur auf großen Höfen mit ebensolchen Anbauflächen wirtschaftlich sinnvoll einzusetzen. Es handelte sich um eine sehr zugstarke, überaus robuste und technisch ausgereifte Maschine für schwerste Arbeiten auf dem Acker, für schnelle Transporteinsätze sowie für die Wald- und Forstwirtschaft. Der große Schlepper war jederzeit in der Lage, mit fünfscharigen Volldrehpflügen genauso gut zurechtzukommen wie mit schweren Aufsattelpflügen – und das auch auf schwer befahrbaren Untergründen.

Eicher

OBEN

Mit der seit 1958 zügig ausgebauten Raubtierreihe gelang es Eicher, seine Position in der immer schwieriger werdenden Absatzphase zumindest einigermaßen zu behaupten. Zu den beliebtesten und meistverkauften Fahrzeugen zählte das Mittelklassemodell Tiger. 1962 kam auch er in den Genuss einer gründlichen Überarbeitung, die mit einer Leistungssteigerung des radialluftgekühlten Zweizylinder-Direkteinspritzdiesels EDK 2 von 25 auf 28 PS bei gleicher Drehzahl verbunden war. Während es bei dem modernen, auch in einer schnellen Variante erhältlichen ZF-Gruppengetriebe A 208 mit 8/4 Gängen keinen Änderungsbedarf gab, wurde die bisherige Einzelradlenkung durch eine ZF-Gemmerlenkung mit Spurstange ersetzt. Sehr bedeutsam war die Einführung einer Regelhydraulik mit 1000 kg Hubkraft. Äußerlich war der so aufgewertete Tiger an den seitlich an der Motorhaube befestigten Scheinwerfern leicht zu identifizieren. In dieser Form blieb der seither im wesentlichen unveränderte Traktor bis zum September 1968 in der Fabrikation. 15.292 insgesamt verkaufte Einheiten waren ein ausgezeichnetes Ergebnis.

RECHTS
Der Königstiger war die wichtigste von Eichers Neuvorstellungen des Jahres 1959. Dieser in der Eicher-Firmenwerbung mit den Eigenschaften „kraftvoll, zäh, leistungsstark und rasant" klassifizierte Traktor zeigte diese Eigenschaften tatsächlich im Arbeitsalltag. Der mit dem Dreizylinder EDK 3-Direkteinspritzer ausgerüstete Schlepper erreichte 35 PS bei 2000/min und war mit dem ZF-Gruppentriebwerk A 210 mit 8/4 Gängen verblockt. Wie seit Anbeginn bei den Eicher-Motoren üblich, war jeder Zylinder mit einem einzelnen Radialkühlluftgebläse ausgerüstet. Es war eine zu seiner Zeit sehr moderne, universell einsetzbare, sparsame und wirtschaftliche Maschine für mittlere bis größere landwirtschaftliche Betriebe. Das bezog sich vor allem auf die sehr fortschrittliche Motoren- und Getriebetechnik. Nicht ohne Grund wurde der ab 1962 leistungsmäßig aufgewertete Königstiger mit insgesamt 19.422 gefertigten Einheiten zum erfolgreichsten Traktormodell der gesamten Raubtierfamilie. Das abgebildete Exemplar entstand im Jahr 1967.

OBEN
Im Jahr 1963 präsentierten die Eicher-Werke mit dem zunächst 60 PS starken Mammut EA 600 einen kraftvollen Allradtraktor in der Raubtierreihe. Dieser erneute Einstieg des Herstellers in das Geschäft mit Allradschleppern war nur möglich, nachdem die Zahnradfabrik Friedrichshafen die neu entwickelte Allradvorderachse GLA 2550 zur Serienreife gebracht hatte. Sie konnte über eine vom Getriebe abgeleitete Gelenkwelle mithilfe einer Friktionskupplung jederzeit auch unter Last zu- und abgeschaltet werden. Um den zusätzlichen Belastungen der Fronttriebachse zu genügen, hatten die Konstrukteure das Fahrzeug mit einem verstärkten Vorderachsbock ausgerüstet. Eine auf Wunsch lieferbare ZF-Hydroblocklenkung sorgte dafür, dass der schwere Schlepper sozusagen mit dem kleinen Finger dirigiert werden konnte. Die tiefe Schwerpunktlage in Verbindung mit der voluminösen Bereifung ließen das Fahrzeug besonders bullig und stark erscheinen, was auch den Tatsachen entsprach. Mit verschiedenen Seilwinden machte dieser mit einem 8/4-Getriebe ausgerüstete Bolide auch bei schwersten Forst- und Holzrückearbeiten nicht schlapp. Ab 1967 leistete sein Vierzylindermotor 62 PS. Insgesamt 643 Maschinen entstanden bis 1969.

OBEN

Mit stufenlosen hydrostatischen Fahrantrieben befassten sich die Eicher-Werke bereits ab 1964. Nach umfangreichen Versuchen wurde zwei Jahre später der Serienbau des Vierzylindermodells Mammut HR aufgenommen. Keine Gangschaltung und Fahrkupplung, das waren die auffälligsten Merkmale dieses neuen Schleppers. Anstelle des üblichen Zahnrad-Stufengetriebes war der HR mit einem reversierbaren hydrostatischen Wandler ausgerüstet. Die Fahrgeschwindigkeit, vor- und rückwärts, schneller oder langsamer wurde über ein einziges Pedal gesteuert. Die Pedalbewegung nach vorn versetzte den Schlepper in Vorwärtsfahrt, Bewegung nach hinten in Rückwärtsfahrt. Je weiter dieses durchgetreten wurde, desto schneller fuhr der Schlepper. Bei Freigabe durch den Fuß kehrte das Pedal automatisch in Mittelstellung zurück und brachte den Traktor umgehend zum Stehen. Über das Fahrpedal wurden auch Zapfwelle und Seilwinde bedient. Der EDK 4-Diesel des allradgetriebenen Mammut HR leistete zunächst 54 PS bei 2150 Touren und ab 1968 60 PS bei 2300/min. Das gewöhnungsbedürftige Konzept konnte zwar beim Fahren überzeugen, das Kraftübertragungssystem arbeitete aber mit großen Verlusten und einer spürbar geringeren Zugleistung. Der hohe Preis – er kostete stolze 26.435,- DM in der Grundausstattung – tat sein Übriges, eine nachhaltige Verbreitung zu verhindern. So blieb es bei lediglich 56 bis 1969 gefertigten Einheiten.

UNTEN

In Anbetracht der auch bei den Geräteträgern beharrlich steigenden Leistungsanforderungen, brachte Eicher im Januar 1960 das Zweiholm-Modell G 280 heraus. Ausgerüstet mit dem luftgekühlten, 28 PS starken Zweizylinder-Diesel EDK 2 mit direkter Strahleinspritzung war dies der seinerzeit leistungsstärkste Geräteträger auf dem Markt. Bereits wenige Wochen später spendierte Eicher diesem Modell noch zwei zusätzliche Pferdestärken. Auf dem aktuellen Stand befand sich auch das bolzengeschaltete ZF-Gruppengetriebe A 208 mit 8/4 Gängen. Mit seiner serienmäßig vorhandenen Motorzapfwelle konnte der G 280 auch vor mittelschweren Mähdreschern und Vollerntemaschinen eingesetzt werden. Trotzdem verkaufte er sich bis 1964 nur 1102 Mal, was sicherlich auch dem zu geringen Stellenwert, mit dem Eicher das Geräteträgergeschäft betrieb, zuzuschreiben war. Dieses Exemplar hier ist von 1963.

OBEN

Seit dem Jahr 1957 befassten sich die Eicher-Werke mit der Entwicklung von Schmalspurschleppern. Auf diesem Markt gab es, abgesehen von den Firmen Agria, Bungartz, Holder und Hummel, damals nur wenige Anbieter, die sich mit dem Bau dieser Traktoren befassten. In der zweiten Hälfte der 1950er Jahre traten auch größere Hersteller wie Deutz, Fahr und Lanz/Mannheim mit von Standardschleppern abgewandelten Fahrzeugen auf den Plan. Zu Beginn des Jahres 1959 waren die Vorbereitungen bei Eicher so weit gediehen, dass der Serienbau des in die Raubtierreihe integrierten Modells Puma im darauffolgenden Jahr anlaufen konnte. 1962 folgte das mit verschiedenen Verbesserungen versehene Modell Puma I, bei dem sich diese vor allem auf ein stärker belastbares 6/1-A 6/6-Getriebe von ZF und die nun vorn angeordneten Scheinwerfer bezogen. Wo immer es möglich war, wurden für den kleinen, wendigen Puma zwar Baukomponenten aus dem Standardschlepperprogramm entnommen, trotzdem war es eine völlig eigenständige Konstruktion. Der Antrieb erfolgte durch einen Zweizylinder-Diesel aus der EDK-Motorenbaureihe, der in diesem Fall seine Höchstleistung von 28 PS bei 2000 Touren zur Verfügung stellte. Bis auf Gewicht und Abmessungen entsprachen Ausrüstung und Zubehör dieses Plantagentraktors dem Standardmodell. Mit den innerhalb von knapp drei Jahren verkauften 3131 Fahrzeugen – nach bereits 989 Exemplaren vom Erstlingsmodell – konnte Eicher mehr als zufrieden sein. Mit dieser Stückzahl wäre damals so mancher Hersteller eines Standardschleppers zufrieden gewesen. Andererseits zeugt dieses Ergebnis davon, welch großer Nachholbedarf auch auf diesem Spezialschleppersegment vorhanden war.

LINKS

Dieses Bild zeigt einen 1962 gebauten Puma I, der bei den Eicher-Werken unter der technischen Bezeichnung ES 201 geführt wurde. Das Bild verdeutlicht die geringen Abmessungen des nur 1150 kg wiegenden Plantagenschleppers. Gut zu erkennen sind die beiden im Vorderachsbock integrierten nach vorne weisenden Rohre, welche die so genannte „Frontporta" bildeten. In diese den Geräteträgern entlehnte Einrichtung konnten die wenigen der damals erst vorhandenen Frontgeräte hineingesteckt werden. Dies war ein weiteres Beispiel für die große Kreativität des Unternehmens, mit der Eicher manchen Entwicklungen der Konkurrenz um Jahre voraus war. Auch für den Frontanbau war die Zeit noch nicht reif.

Fendt

OBEN

Auch nach der seit 1958 erfolgreichen Einführung der „ff"-Traktorenreihe, gab es bei Fendt Anlass, das Verkaufsangebot auf dem Laufenden zu halten. Aufgrund der zunehmenden Nachfrage nach Traktormodellen der mittleren Leistungsklasse, stellten die Fendt-Werke mit dem Modell Farmer 1 Z im Jahr 1963 ein auf diese Erfordernisse abgestimmtes Fahrzeug vor. Als Antrieb diente der axialluftgekühlte Zweizylinder-Direkteinspritz-Diesel AKD 112 Z der Motoren-Werke Mannheim (MWM), der eine Leistung von zunächst 25 PS bei 2000/min erzeugte. Auf Wunsch gab es anstelle des bewährten Fendt-Sechsganggetriebes ein Super-Kriechganggetriebe mit neun Vorwärts- und drei Rückwärtsgängen. Serienmäßig vorhanden war dagegen die Motorzapfwelle mit Doppelkupplung sowie eine Handregelhydraulik mit 1200 kg Hubkraft. Ab Mitte 1966 löste ein auf 28 PS leistungsgesteigerter MWM-Motor das bisherige Aggregat ab. Für schwere Zugarbeiten konnten an den Vorderachsbock des Traktors zusätzliche Frontballastgewichte mit insgesamt 135 kg Gewicht eingehängt werden. Dieses Modell blieb bis 1967 im Programm und verkaufte sich mit 5692 Einheiten in dieser Zeit recht ordentlich. Hier ein Fahrzeug von 1965. Das marktgerechte Verkaufsprogramm gab neben den technisch auf dem Höchststand befindlichen Traktormodellen den Ausschlag dafür, dass die Position in den 1960er Jahren zumindest gut gehalten werden konnte.

RECHTS OBEN

Um eine bestehende Leistungslücke zwischen den Modellen Farmer 2 mit 34 PS und Favorit 3 mit 55 PS im Verkaufsprogramm zu schließen, wurde zur DLG-Ausstellung des Jahres 1966 der neue Fendt-Schlepper Farmer 3 S mit 45 PS Motorleistung auf den Markt gebracht. Dieser sehr moderne Schlepper vertrat damit eine Leistungsklasse, welche sich hauptsächlich an die mittleren bis größeren landwirtschaftlichen Betriebe als Zielgruppe richtete. Als Antrieb wurde ein bereits im Favorit 3 bewährter wassergekühlter MWM-Vierzylinder mit direkter Strahleinspritzung in gedrosselter Ausführung gewählt. Das in den wichtigsten Geschwindigkeiten vollsynchronisierte 13/4-Feinstufen-Gruppenschaltgetriebe war sehr günstig abgestuft und besaß einen Schnellgang. Auf Wunsch konnte dieses

durch weitere Superkriechgänge aufgerüstet werden. Ein Drehmomentwandler veränderte durch Hebeldruck alle Gänge (mit Ausnahme des Schnellgangs) um etwa 30 % wahlweise in Zugkraft oder Geschwindigkeit. Eine weitere Neuheit war ein gegen Aufpreis erhältliches Wendegetriebe, mit dem in allen Gängen unter Last, ohne zu schalten oder zu bremsen, vor- und rückwärts gefahren werden konnte. Außerdem war der 3 S auch noch mit einer ölhydraulischen Voith-Strömungskupplung ausgerüstet. Bei all diesen technischen Neuerungen war es kein Wunder, dass sich der hinterradgetriebene Farmer 3 S in dem kurzen Zeitraum bis 1967 4812 Mal verkaufte.

RECHTS
Zu dem bereits seit dem Vorjahr angebotenen 34 PS starken Mittelklasse-Schlepper Farmer 2 gesellte sich 1961 mit dem Traktor Farmer 2 D ein weiteres Fahrzeug zu dieser Leistungsgruppe. Da die bäuerliche Kundschaft gerade diese Klasse damals sehr stark favorisierte, war es für jeden Anbieter wichtig, das Verkaufsangebot so eng wie möglich abzustufen. So war der 2 D zwar ebenfalls mit dem wassergekühlten Dreizylinder-Vorkammer-Gleichdruck-Diesel von MWM ausgerüstet, aber seine geringere Motorleistung von 28 PS resultierte aus der auf 2080 Touren verminderten Drehzahl. Das in beiden Modellen identische 8/4-Halbsynchrongetriebe A 210 von ZF besaß einen bis maximal 28 km/h reichenden Schnellgang. Regelhydraulik und Motorzapfwelle waren serienmäßig vorhanden. Der Farmer 2 D blieb bis 1967 im Programm, wobei die Motorleistung in zwei Etappen auf 32 PS angehoben wurde. 10.935 Einheiten entstanden von diesem Schlepper.

OBEN

Zeitgleich mit der hinterradgetriebenen Bauvariante des Farmer 3 S, erschien 1966 unter der Typenbezeichnung 3 SA auch ein Fahrzeug mit Vierradantrieb. Abgesehen von der hier zum Einsatz kommenden abschaltbaren ZF-Allradvorderachse des Typs GLA 2552, der voluminöseren Bereifung und dem höheren Gewicht entsprachen Ausrüstung und Sonderzubehör dem Hinterradschlepper. So waren Motorzapfwelle und die mit 150 bar arbeitende Fendt-Regelhydraulik selbstverständlich serienmäßig vorhanden. Besonders kraftvoll wirkte dieses in immerhin 403 Einheiten verkaufte Fahrzeug schon. Natürlich spielte er preislich mit 23.750,- DM gegenüber 18.120,- DM beim Standardschlepper in einer anderen Liga. Hier ein mit einem Peko-Allwetterverdeck ausgerüsteter 1967 gebauter Traktor.

RECHTS

Mitte des Jahres 1958 ging Fendt mit dem 40 PS starken Modell Favorit 1 an den Start. Es war das Flaggschiff innerhalb der neu auszubauenden „ff“-Schlepperreihe und mit wassergekühlten Dreizylinder-MWM-Motor ausgestattet, der nach dem Gleichdruck-Vorkammerverfahren arbeitete. Bereits im folgenden Jahr ergänzte der zunächst 46, ab 1962 48 PS starke Favorit 2 das Sortiment. Nach einer gründlichen Überarbeitung brachten die Fendt-Werke den neuen Favorit 3 im Oktober 1963 erstmals an die Öffentlichkeit. Da er die Typen 1 und 2 ersetzte, brachte dies dem Unternehmen einen Rationalisierungsvorteil. Hier gelangte ein Vierzylinder-MWM-Motor mit zunächst 52, ab 1967 55 PS zum Einbau. Beinahe stufenlos arbeitete das mit ZF gemeinsam entwickelte 16/4-Halbsynchrongetriebe des Baumusters A 16 III, das einschließlich der vier Superkriechgänge den Geschwindigkeitsbereich von 0,25 bis 30 km/h abdeckte. Über einen Vorschalthebel ließ sich außerdem jeder Gang um 25 % verringern. Neu war auch die automatische Fendt-Dreipunkt-Regelhydraulik mit 1800 kg Hubkraft. Mit 3914 bis 1967 verkauften Fahrzeugen erreichte der Favorit 3 ein ausgezeichnetes Ergebnis.

OBEN

Auch vom Favorit 3 gab es von Anfang an eine Allradvariante. Bei einer Motorleistung von mehr als 50 PS eröffnete sich ein zunehmend größer werdender Markt für vierradgetriebene Traktoren, obwohl – wie im Falle des Favorit 3 – derartige Fahrzeuge preislich um rund 20 % über dem eines Standardtraktors lagen. Die von ZF bezogene Fronttriebachse GLA 2552 ließ sich üblicherweise während der Fahrt und unter Last zu- und abschalten. Bei Motor, Getriebe und Ausrüstung gab es zwischen beiden Ausführungen keine Unterschiede. Abgesehen vom erweiterten Einsatzspektrum des Allradschleppers, der auch dann noch erfolgreich operieren konnte, wenn dies dem Hinterradfahrzeug nicht mehr möglich war. Wie alle anderen Traktormodelle dieser Fendt-Reihe, erwiesen sich auch die Favorit-Typen als technisch hervorragender Wurf, bei dem die vielfach üblichen Kinderkrankheiten kaum auftraten. 770 Allradschlepper entstanden während der vierjährigen Fertigungszeit.

UNTEN

Schon seit Langem hatte sich Fendt bei den Geräteträgern einsam an die Spitze des Marktes gesetzt und auf diesem Segment auch niemanden mehr zu fürchten. Als im Jahr 1965 der 20.000ste Fendt-Geräteträger vom Band rollte konnte Fendt bei einem Marktanteil von etwa 90 % eine nahezu vollständige Beherrschung desselben vermelden. Mit dem technisch weiter optimierten Geräteträger F 231 GT erschien 1967 ein Fahrzeug, dass der mit Abstand meistverkaufte Systemschlepper werden sollte. Dieses Fahrzeug erhielt jetzt wieder einen Direkteinspritz-MWM-Diesel mit 32 PS. Neben dem üblichen Fendt-8/4-Getriebe konnte der Kunde auch ein schnelles Feinstufengetriebe mit der jeweils doppelten Gangzahl erwerben. Ein Drehmomentwandler konnte die Gänge um etwa 30 % wahlweise in der Geschwindigkeit oder in der Zugkraft erhöhen. Neben verbesserten Servobremsen hatte man die Leistung der Hydraulik nochmals gesteigert. 1800 kg Hubkraft erzeugte sie vorn und im Zwischenachsbereich; 1600 kg waren es hinten. Der F 231 GT blieb bis 1978 im Programm und verkaufte sich 14.191 Mal! Hinzu kamen bis 1991 in der 35-PS-Ausführung nochmals 4591 Fahrzeuge.

Güldner

OBEN

Nachdem Deutz im Jahr 1961 einen Aktienanteil bei Fahr übernommen hatte, musste die Zusammenarbeit mit Fahr zum Leidwesen von Güldner beendet werden. Dort hatte man zum Glück nicht alles auf die Karte Fahr gesetzt, sondern weitblickend genug eine eigenständige Entwicklung weiterbetrieben. So war fast zeitgleich mit der überraschenden Aufhebung der Arbeitsgemeinschaft Fahr/Güldner die neue axialluftgekühlte Motorenreihe L 79 serienreif. Diese nach dem Baukastensystem entworfenen Motoren besaßen quadratische Kolbenmaße und gingen 1962 in die Produktion. Die ersten beiden Schlepper mit den Bezeichnungen G 40 Toledo und G 50 Gotland erschienen noch im selben Jahr. Während der G 40 über ein dreizylindriges Aggregat mit 36 PS bei 2300/min verfügte, war im Gotland die Vierzylindervariante eingebaut. Beide Fahrzeuge erhielten moderne stiftgeschaltete 8/4-Gruppenschaltgetriebe aus der ZF-Baureihe A 200. Beim Toledo war es das Muster A 210, das es auf Wunsch auch in einer schnellen Bauvariante gab. Auch formal hatte Güldner diese neuen, zunächst als Übergangsmodelle zu klassifizierenden Fahrzeuge sehr geschmackvoll aufgewertet. Sie besaßen eine zeitlos elegante Formgebung mit einem markanten Lüftungsgitter und waren in einem ansprechend leuchtenden Rot lackiert. Der hier gezeigte G 40 Toledo war ein Fahrzeug der mittleren Leistungsklasse und wurde in 326 Exemplaren produziert.

RECHTS OBEN

Im Jahr 1963 stellte Güldner gleich vier neue G-Modelle vor. Es handelte sich um die Typen G 25, G 30, G 40 und G 50. Der hier vorgestellte, mit einem Zweizylinderaggregat bestückte G 25 war mit 24 PS ein typisches Fahrzeug der unteren Mittelklasse, bei dem auf ein modernes 8/4-Gruppengetriebe mit Stiftschaltung des ZF-Baumusters A 208 ebenfalls nicht verzichtet wurde. Neben dem Standardgetriebe, mit dem sich eine Geschwindigkeit von knapp 19 km/h erreichen ließ, gab es in der Variante G 25 S auch eine schnelle, bis zu 24,4 km/h reichende Getriebeausführung. Serienmäßig war dieser Schlepper mit einem Regelhydraulik-Kraftheber mit Dreipunktaufhängung und 1640 kg Hubkraft sowie einer unabhängigen Zapfwelle mit Doppelkupplung ausgerüstet. Seilwinde, Allwetterverdeck, Riemenscheibe, Mähwerk, Frontlader, ausziehbare Vorderachse und Hinterradverstellfelgen waren gegen Sonderberechnung lieferbare Zubehörteile. Innerhalb von sieben Jahren konnte Güldner vom G 25 4342 Fahrzeuge verkaufen. Dieser mit Mähwerk ausgerüstete Traktor stammt aus dem Jahr 1967.

RECHTS UNTEN

In den folgenden Jahren waren die Güldner-Werke bestrebt, ihre neue, so genannte G-Schlepperreihe zügig zu erweitern. Zumal sich diese Traktoren im Einsatz als sehr solide, zuverlässig und ausgereift erwiesen hatten und kaum Kinderkrankheiten besaßen. Entsprechend beliebt waren sie bei den Bauern. Im unteren Leistungsbereich nahm man noch 1965 das Wagnis auf sich, das frühere Europa-Modell A 2 KS Spessart durch den neuen Kleinschlepper G 15 zu ersetzen. Abgesehen von einer verbesserten Lenkung und veränderten seitlichen Lüftungsschlitzen blieb er technisch unverändert. Dieser blockkonstruierte Tragschlepper besaß einen nicht aus der L 79-Motorenreihe entnommenen luftgekühlten Zweizylinder-Wirbel(Wälz)kammer-Diesel mit 15 PS und 885 ccm Hubraum sowie ein 6/2-Getriebe. Im Gegensatz zu den übrigen lenkradgeschalteten G-Modellen, hatte dieser einen Mittelschalthebel. Es war ein einfacher, robuster und anspruchsloser Kleintraktor in einer Klasse, deren Zeit sich überlebt hatte. Er blieb zwar bis 1969 im Programm, spielte zum Schluss aber nur noch eine Außenseiterrolle.

LINKS OBEN

Der ebenfalls 1963 neu auf den Markt gekommene Dieselschlepper G 30 unterschied sich vom kleineren G 25 hauptsächlich durch Größe und Motorisierung. Unter der roten Haube dieses Mittelklassetraktors, arbeitete der Dreizylinder-Wirbelkammer-Diesel 3 L 79 mit 2356 ccm Rauminhalt, der anfangs 30, ab dem Baujahr 1965 32 PS bei 1800/min erzeugte. Auch bei ihm gelangte das in zwei Geschwindigkeitsausführungen lieferbare ZF-Gruppenschaltgetriebe A 208 zur Verwendung. In Sachen Ausrüstung und Zubehör gab es zum G 25 nur geringe Unterschiede. Der G 30 konnte allerdings mit einer Druckluftbremsanlage für Anhängerbetrieb versehen werden. Mit 8810 gebauten Fahrzeugen war dieser Traktor noch wesentlich erfolgreicher. Der überaus positiven Resonanz der Kunden auf die neuen roten Güldner-Traktoren war es zu verdanken, dass dieser Hersteller seine Marktposition von 3857 im Jahr 1960 neu zugelassenen Einheiten auf 5076 Fahrzeuge fünf Jahre später verbessern konnte. Hier ein 1967 gebautes Fahrzeug mit Fritzmeier-Allwetterverdeck in Frontansicht.

LINKS UNTEN

Der G 30 war zu seiner Zeit ein sehr beliebter Traktor der mittleren Leistungsklasse, der sich gut im Feld seiner zahlreichen Mitbewerber behaupten konnte. Sein stiftgeschaltetes Gruppengetriebe der erfolgreichen ZF-Triebwerkbauserie A 200 entsprach dem aktuellen Stand. Diese auf unterschiedliche Eingangsleistungen abgestimmten Triebwerke wurden in zahlreichen Traktoren der damaligen Zeit verwendet. Es war ein robuster Schlepper mit hoher Zugkraft und für harte Beanspruchung, ausgerüstet mit einem startfreudigen und trotzdem sehr laufruhigen und sparsamen Motor. Als Alleinschlepper für mittlere Betriebsgrößen war er auch vor nicht zu schweren gezogenen Mähdreschern und Zapfwellenanhängegeräten einsetzbar. Abgebildet ist ein G 30 von 1965 mit Fritzmeier-Allwetterverdeck.

LINKS

Im Jahr 1967 wurde die Güldner-Produktpalette um einen weiteren roten Schlepper der G-Reihe erweitert. Es handelte sich um das 35 PS starke Modell G 35, dessen Antrieb durch einen Dreizylindermotor erfolgte. Dieses mit dem gut abgestimmten ZF-Gruppenschaltgetriebe A 208 III mit 8/4 Gängen ausgerüstete Fahrzeug war ein zusätzlicher Traktor im Bereich der stark nachgefragten mittleren Leistungsklasse. Mit seinem Erscheinen überbrückte er die bestehende Leistungslücke zwischen den Typen G 30 und G 40. Das Stiftschaltgetriebe gab es üblicherweise auch in einer bis zu 29 km/h schnellen Triebwerksvariante. Die so ausgerüsteten Fahrzeuge liefen unter der Bezeichnung G 35 S. Der G 35 war ein Mehrzweckschlepper hauptsächlich für mittlere Betriebsgrößen und serienmäßig mit Motorzapfwelle sowie Regelhydraulik-Dreipunkt-Kraftheber mit Regelung nach Zugwiderstand und Lage ausgerüstet. Mähwerk, Riemenscheibe, Baas-Frontlader, Allwetterverdeck, Druckluftbremsanlage und Seilwinde, um hier nur einige Zubehörteile zu nennen, konnten zusätzlich erworben werden. Mit 2802 bis zum Jahr 1969 gefertigten Traktoren verkaufte auch er sich mehr als zufriedenstellend.

UNTEN

Neben der Hinterradversion gab es den G 35 auch als Allradschlepper G 35 A. Anstelle der gefederten Pendelvorderachse des Hinterradfahrzeugs, besaß der vierradgetriebene Traktor die zuschaltbare ZF-Lenktriebachse GLA 2550, die auch von vielen anderen Mitbewerbern verwendet wurde. Motor und Getriebe sowie die Ausrüstung wiesen gegenüber der Straßenausführung keine Unterschiede auf. Lediglich Gewicht, Abmessungen Geländefähigkeit, aber auch der Preis waren deutlich höher. Vom G 35 A – hier ein 1967 gebautes Exemplar – entstanden 368 Fahrzeuge.

OBEN

Diese Abbildung zeigt einen gut wieder hergerichteten und mit Umsturzbügel ausgerüsteten G 40 in der Ansicht schräg seitlich von links vorn. Auch aus dieser Position ist die pendelnd aufgehängte, schraubengefederte Vorderachse und der in Reitsitzposition eingerichtete Fahrerplatz mit beidseitig gegebener, bequemer Aufstiegsmöglichkeit vor den Hinterrädern gut zu erkennen. Es war ein ausgezeichneter Traktor, der als Universalschlepper auf mittleren bis größeren Höfen zum Einsatz kam.

LINKS

Bereits 1963 kam bei den Güldner-Werken das Traktormodell G 40 hinzu. Mit 38 PS Motorleistung zählte diese zugstarke Maschine bereits zu den Fahrzeugen der gehobenen Mittelklasse. Das Herz dieses Schleppers war der axialluftgekühlte Dreizylinder-Wirbelkammer-Diesel 3 L 79 mit 2356 ccm Hubvolumen, der seine Maximalleistung bei 2300 Touren zur Verfügung stellte. Das mit der Antriebsaggregat zu einer selbsttragenden Einheit verbundene ZF-Stiftschalt-Gruppengetriebe A 210 II mit 8/4 Gängen, war dieser Leistung angepasst und üblicherweise auch in einer schnellen Übersetzungsvariante bis 29,8 km/h erhältlich. Wie bei einem Schlepper dieser Leistung zu erwarten, war der G 40 mit sehr reichhaltigen, bereits im werksseitigen Mindestlieferumfang enthaltenen Ausrüstungsmerkmalen ausgestattet. Dazu gehörten vor allem die Dreipunkt-Regelhydraulik und Motorzapfwelle mit Doppelkupplung, während ein Baas-Frontlader der Größe 2, Zwillingssteuergerät mit Raddruckverstärker, hydraulische Lenkhilfe, Riemenscheibe, Mähwerk mit hydraulischer Aushebung, Seilwinde, Frontzapfwelle, Allwetterverdeck und Druckluftbremsanlage gegen gesonderte Berechnung erhältlich waren. Vom G 40-Standardschlepper verließen bis 1969 insgesamt 7613 Fahrzeuge die Werkstore, was die Beliebtheit dieses Traktors bei der bäuerlichen Kundschaft deutlich unterstreicht. Auch aus der Frontperspektive geht die elegante und ausgeglichene Formgebung dieses Schleppermodells klar hervor – übrigens Eigenschaften, die für die ganze G-Reihe galten.

OBEN

Zeitgleich mit dem Hinterradschlepper G 40 wurde diesem Standardmodell auch eine allradgetriebene Bauausführung unter der Typenbezeichnung G 40 A zur Seite gestellt. Bei Motor und Getriebe gab es zwischen beiden Varianten keine Unterschiede. Dagegen war bei der Allradausführung die bewährte Lenktriebachse mit Differenzial des Typs GLA 2550 der Zahnradfabrik Friedrichshafen eingebaut. Diese wurde über eine Lamellenkupplung angetrieben und war während der Fahrt und unter Last zu- und abschaltbar. Die Anschaffung eines Allradmodells war bei durchweg schwierigen Untergründen und im Bergland sehr sinnvoll, denn besonders bei Gefällefahrten, bei Schnee und Eis und bei Arbeiten am Hang bot der Vierradantrieb Vorteile und eine größere Unabhängigkeit vom Wetter. Hier ein einwandfrei restauriertes Exemplar von 1963, das mit Frontlader und Fritzmeier-Allwetterverdeck ausgerüstet ist. 1147 hergestellte Traktoren waren das Produktionsergebnis bis 1969.

GÜLDNER G45
KLE
LO 19

GÜLDNER G40

LINKS OBEN

Im Jahr 1965 wurde das mittlerweile aus mehreren Typen zwischen 24 und 48 PS bestehende Verkaufsprogramm der Aschaffenburger Güldner-Werke weiter ausgebaut. Im oberen Mittelklassebereich kam das Modell G 45 hinzu. Dieser Traktor war mit dem auf 45 PS bei 2000/min gedrosselten Vierzylindermotor 4 L 79 mit 3140 ccm Hubraum ausgerüstet. Beim Triebwerk setzte man üblicherweise auf ein ZF-Fabrikat der bewährten Getriebebaureihe A 200, in diesem Fall war es das A 210 mit 8/4 Gängen. Regelhydraulik-Kraftheber mit automatischer Tiefgangregelung, Lageregelung und Freigang und eine Motorzapfwelle gehörten bei dieser Baugröße zum selbstverständlichen Repertoire. Überaus reichhaltig waren die gegen Sonderberechnung erhältlichen Zusatzausrüstungen, zu denen - um nur einige Beispiele zu nennen - auch eine Fußheizung sowie ein gefederter und parallelschwingend gedämpfter, nach vorn klappbarer Polstersitz gehörte. Auch vom G 45 gab es eine allradgetriebene Bauvariante, die sich immerhin 1054 Mal verkaufte. Vom Standardschlepper hingegen - dieser hier ist von 1967 - verließen 3226 Maschinen die Werkstore.

LINKS UNTEN

Aus dem Jahr 1964 stammt dieser mit Allwetterverdeck und Frontladerkonsolen ausgerüstete Güldner-Allradschlepper G 40 A.

UNTEN

1963 war das Jahr, in dem das Schleppermodell G 50 das Licht der Welt erblickte. Es handelte sich hier um einen sehr leistungsstarken und zugkräftigen, mit dem Vierzylinder-Diesel 4 L 79 mit 3140 ccm Rauminhalt und 50 PS Motorleistung bestückten Traktor, der für den Einsatz auf größeren Höfen vorgesehen war. Bis auf Abmessungen, motorische Leistung und Getriebe waren die Ausrüstungsmerkmale des G 50 mit denen des G 40 weitgehend identisch. Als Triebwerk gelangte zunächst das A 216, später das A 219 II von ZF zum Einbau. Hier gab es neben dem Standardgetriebe die bis 29,6 km/h reichende schnellere S-Ausführung. Neben dem Hinterradschlepper gab es auch hier eine unter der Typenbezeichnung G 50 A geführte Allradversion. Abgebildet ist ein solcher, als Schnellgangfahrzeug AS 1963 gebauter Schlepper. Mit seinem Sicherheitsrahmen und der voluminösen Bereifung vermittelt dieses Fahrzeug einen besonders bulligen und gedrungenen Eindruck. 685 allradgetriebene Fahrzeuge wurden bis zum Ende des Güldner-Schlepperbaus an die Kunden ausgeliefert.

RECHTS

Mit dem Traktormodell G 60 setzte Güldner erst 1968 zu einer neuerlichen Abrundung und Ergänzung des bestehenden Typenprogramms an. Es handelte sich hierbei um ein leistungsmäßig zwischen dem G 50 und dem G 75 positioniertes Fahrzeug, das von dem auf 2000 Touren gedrosselten Sechszylinder-Diesel 6 L 79 mit 4712 ccm Hubvolumen des Modells G 75 angetrieben wurde. Als Triebwerk gelangte das 8/4-Gruppenschaltgetriebe A 216 II von ZF zur Verwendung. Zum serienmäßigen Lieferumfang zählten die fahrunabhängig schaltbare Motorzapfwelle mit zwei Drehzahlbereichen und Zweifachkupplung und ein leistungsstarker, nach dem Dreipunktsystem arbeitender Regelhydraulikkraftheber. Der 2750 kg wiegende G 60 war für Großbetriebe und überall dort, wo große zusammenhängende Flächen zu bearbeiten waren, eine richtige Entscheidung. Da Güldner den Schlepperbau bereits im Frühjahr 1969 einstellte, wurden von der hinterradgetriebenen Ausführung nur 261 Stück produziert.

UNTEN

Hier ein vorbildlich restauriertes Güldner-Modell G 50 als hinterradgetriebener Standardschlepper aus dem Jahr 1967. Das mit einem Fritzmeier-Allwetterverdeck ausgerüstete Fahrzeug besaß serienmäßig einen Dreipunkt-Regelhydraulikkraftheber mit 1640 kg Hubkraft, der wahlweise nach Zugwiderstand und Lage, aber auch in der Freigangeinstellung betrieben werden konnte, sowie eine unabhängige Zapfwelle mit Doppelkupplung. Derart ausgerüstet, war der G 50 zum Ziehen schwerer zapfwellengetriebener Anhängegeräte gut geeignet. Einen Frontlader der Größe 3 mit 600 kg Hubkraft gab es als aufpreispflichtiges Zubehör.

GÜLDNER G60

OBEN
Auch den G 60 konnte man als Allradschlepper beziehen. Motor und Getriebe sowie auch Ausrüstungsteile waren üblicherweise hier mit der Standardausführung fast immer identisch. Anstelle der schraubengefederten, pendelnd aufgehängten Vorderachse gelangte die angetriebene ZF-Lenktriebachse GLA 2550 zum Einsatz. Der G 60 A brachte es auf 2990 kg Leergewicht. Er war auch in der speziellen Forstausführung G 60 AF, die bereits werksseitig mit allen erdenklichen und für diesen Einsatzbereich notwendigen Zubehörteilen versehen war, erhältlich. Der hier abgebildete, 1968 entstandene G 60 A besitzt einen Baas-Frontlader der Größe 3. Von ihm wurden lediglich 191 Fahrzeuge fabriziert.

LINKS UNTEN

Der in einer Heckaufnahme gezeigte G 75 A lässt die gewaltig dimensionierten Hinterräder, aber auch die große Bodenfreiheit dieses beeindruckenden Fahrzeugs erkennen. Leistungsmäßig ließen diese schweren Boliden keine Wünsche offen.

OBEN

Güldners Spitzenmodell war der Typ G 75, den es seit 1965 zu kaufen gab. Mit seinem axialluftgekühlten, nach dem Wirbelkammerverfahren arbeitenden Reihensechszylinder-Diesel mit 4712 ccm Hubraum und 75 PS Motorleistung bei 2200/min war er ein ausgesprochener Großschlepper für ebensolche Betriebesgrößen. Zunächst war der G 75 mit einem 65-PS-Motor ausgerüstet, der bei der Hinterradausführung im Jahr 1967 auf 70 PS angehoben wurde. Der Allradschlepper hingegen leistete bis 1967 70 PS; seither betrug seine Leistung 75 PS. Anfangs war in beide Varianten das T 318 II-Getriebe von ZF mit 8/4 Gängen installiert. Im Zuge der ab 1967 wirksam werdenden Leistungssteigerung gelangte das T 318 II zum Einbau, das auf Wunsch mit einer Kriechganggruppe bestückt werden konnte. Damit ausgerüstet standen 16 Vorwärtsgänge zwischen 0,86 und 24,6 km/h und sieben Rückwärtsgeschwindigkeiten zur Verfügung. Der große Güldner kam aufgrund seiner Größe, des hohen Preises und der sehr eingeschränkten Verwendungsmöglichkeiten nur auf kleine Stückzahlen. 149 Stück waren es von der hinterradgetriebenen Ausführung, 201 vom Allradschlepper, die bis zum Frühjahr 1969 entstanden. Der G 75 AS auf diesem Foto stammt aus dem Jahr 1968.

OBEN

Hier ein hinterradgetriebener Güldner-Dieselschlepper G 75 aus dem Jahr 1966. Das gut gepflegte Fahrzeug ist mit Frontballastgewichten und Umsturzbügel ausgerüstet. Obwohl es die G-Reihe auf über 33.000 gefertigte Traktoren brachte, erzielte das Unternehmen keine profitablen Zahlen. Die Absatzkrise auf dem gesättigten Schleppermarkt schlug voll durch und erfasste auch Güldner. Die Verkaufszahlen waren stark rückläufig, denn 1968 wurden auf dem Inlandsmarkt nur noch 3254 gegenüber 5076 Schleppern drei Jahre zuvor zugelassen. Eine zusätzliche Belastung bildeten die hohen Investitionen, die man in die neue Motorenfertigung gesteckt hatte. Die Stückkosten der weiterhin mit großer Präzision und Solidität gefertigten Güldner-Schlepper waren zu groß, um auf Dauer kostendeckend, geschweige denn gewinnbringend verkauft zu werden. Als dann zu allem Überfluss der Haus- und Hoflieferant ZF die Getriebefertigung im Bereich unter 80 PS Eingangsleistung einstellte, war die Schmerzgrenze überschritten. Nach Fertigung von mehr als 100.000 Traktoren und 300.000 Dieselmotoren zog sich Güldner aus diesen Bereichen zurück.

Hanomag

OBEN

Im Jahr 1960 feierten die Hanomag-Werke ihr 125-jähriges Bestehen. Das neu eingeführte Firmensignet bestand nun aus einer Kombination des bisherigen Hanomag-Firmenzeichens mit dem bogenförmigen Emblem der Rheinstahlwerke und wies damit auf die Zugehörigkeit des Unternehmens zum Rheinstahl-Konzern hin. Die Hanomag war zu dieser Zeit bemüht, sich von den massiven Folgeschäden, die durch die Wahl der ungenügend ausgereiften ventillosen Zweitakt-Dieselmotoren entstanden waren, zu erholen und wieder Tritt zu fassen. Da man mit den bereits in die Jahre gekommenen nach dem Viertaktverfahren arbeitenden Vorkammer-Schleppermotoren neu beginnen musste, erwies sich dieses Vorhaben weitaus schwieriger als erwartet. So blieb auch in den frühen 1960er Jahren zunächst nichts anderes übrig, als die seit Jahren technisch nur wenig veränderten, mit einer modernen Haube äußerlich aufgewerteten Traktormodelle weiterzubauen. Ab 1962 waren neue Schlepper zu sehen, die zum Teil mit aus der Borgward-Konkursmasse stammenden, ursprünglich als Antrieb für Pkw und Kleintransporter vorgesehenen, von Hanomag weiterentwickelten Wirbelkammer-Dieselmotoren bestückt waren. Dazu gehörte das erstmals 1963 erhältliche Tragschleppermodell Perfekt 400, unter dessen Haube einer der Reihen-Vierzylinder-Diesel D 301 R 1 mit 1797 ccm Hubraum arbeitete, der seine Maximalleistung von 32 PS bei 2400/min hervorbrachte. Dieses Fahrzeug besaß ein 6/2-Schaltgetriebe und war durch die drei vorhandenen Anbauräume sehr vielseitig verwendbar. Die Arbeitsgeräte erforderten nur geringe Rüstzeiten und waren auf Einmannbedienung ausgelegt. Motorzapfwelle und eine Dreipunkt-Blockhydraulik mit 1250 kg Hubkraft gab es serienmäßig, die Pilot-Regelhydraulik gegen Aufpreis. Hier ein schön restaurierter Traktor mit Frontlader.

RECHTS OBEN

Hier ein in der seitlichen Perspektive fotografierter Hanomag-Tragschlepper Perfekt 400 in der rot lackierten Exportausführung aus dem Jahr 1963. Dieser Traktor ist in der damals aktuellen schmalen Wespentaillenbauart ausgeführt. Auf diesem Bild ist der Zwischenachsanbauraum, an dem Arbeitsgeräte angebracht werden konnten, gut zu erkennen. Ab 1964 wurde dieser offene Bereich durch eine Stahlblechverkleidung verborgen. Hierfür waren optische Gründe maßgebend, denn dadurch wirkte das Fahrzeug bedeutend bulliger, weniger filigran und damit vermeintlich kraftvoller. Eine im Grunde nebensächliche Äußerlichkeit, die öfter als man meinen sollte, kaufentscheidenden Einfluss haben konnte. Bevor der Geräterahmen zwischen den Achsen angebracht werden konnte, musste dieses Blech entfernt werden.

RECHTS UNTEN

Bereits ab Oktober 1962 konnte das Tragschleppermodell Perfekt 300 käuflich erworben werden. Mit seinem aus der so genannten CR-Wirbelkammer-Reihe stammenden wassergekühlten Zweizylinder-Diesel mit 1400 ccm Rauminhalt, konnte dieser 25 PS bei 2200/min hervorholen. Das 6/2-Triebwerk war in zwei Schaltgruppen – eine für Ackerarbeiten und die andere für Straßenbetrieb – aufgeteilt und wurde mit zwei Schalthebeln bedient. Dabei wurde mit dem zweiten Hebel die Gruppenschaltung von schnell auf langsam betätigt. Von diesem Getriebe gab es auch eine bis zu 26 km/h schnelle Ausführung. Durch das verlängerte Kupplungsgehäuse besaß der Perfekt 300 einen Radstand von 2035 mm, sodass der Schlepperfahrer beidseitig bequem vor den Hinterrädern aufsteigen konnte. Auch dieses Fahrzeug war serienmäßig mit Motorzapfwelle und Dreipunkt-Blockkraftheber ausgestattet, während Regelhydraulik, Frontlader, Allwetterverdeck und vieles mehr gegen Aufpreis dazugekauft werden konnte.

OBEN
Zu den markantesten Radschleppern seiner Zeit gehörte das erstmals 1964 angebotene Modell Robust 800. Der kraftvolle Bolide ging in seinem Grundkonzept noch auf den legendären R 40 zurück. Gleichzeitig verkörperte dieses Fahrzeug das letzte klassische schwere Radschleppermodell dieses Herstellers. Als direkter Nachfolger des R 460, von dem das 10/2-Getriebe und die Vorderachse stammten, entsprach seine Formgebung den früheren Schleppern des Hauses in dieser Leistungsklasse. Der nach dem Vorkammer-Verbrennungsverfahren arbeitende Reihen-Vierzylinder mit 6786 ccm Hubvolumen war wassergekühlt und leistete 75 PS bei der sehr moderaten Drehzahl von 1500/min. Der 3420 kg wiegende Schlepper war eine Maschine für schwerste Zugarbeiten in der Land- und Forstwirtschaft sowie im Transportgewerbe. Durch Füllen der Hinterräder mit Wasserballast und zusätzliche Ballastgewichte konnte die Höchstzugkraft auf fast 7000 kg gesteigert werden. Jung und frisch wirkte dieser Dinosaurier aber nicht mehr, denn seine Konstruktion konnte nicht darüber hinwegtäuschen, dass sie nicht mehr dem letzten Entwicklungsstand entsprach. Das Fahrzeug konnte sich – mangels eines geeigneten Nachfolgers – noch bis 1969 im Programm halten.

NÄCHSTE DOPPELSEITE
Das Modell Brillant 600 war der stärkste der im Oktober 1962 von der Hanomag neu vorgestellten Traktoren. Bei diesem Fahrzeug war der 50 PS starke Vierzylinder-Wirbelkammer-Diesel D 28 CR auf einen Halbrahmen abgestützt, während das 10/2-Getriebe und die Hinterachse miteinander verblockt waren. Dieses Modell war gleichzeitig der größte Hanomag-Schlepper, der mit einem Halbrahmen gebaut wurde. Es war als ein Fahrzeug der oberen Leistungsklasse ein ausgesprochener Schlepper für größere Höfe und Großbetriebe. Mit maximal 3300 kg Kraft am Zughaken war dieser – abgesehen von dem noch um einiges stärkeren Robust 800 – das damalige Spitzenmodell der Hanomag-Werke. Motorzapfwelle und hydraulischer Dreipunkt-Kraftheber gehörten zum serienmäßig vorhandenen Zubehör, während Frontlader und die Hanomag-Pilot-Regelhydraulik aufpreispflichtig waren. Es war eine solide, kräftige und zuverlässige Maschine, die bis zum September 1969 in der Fertigung blieb. Das hier abgebildete Fahrzeug wurde 1966 gebaut.

HANOMAG
Brillant

SE
CM 931

OBEN

Hier ein toprestaurierter Brillant 600, der als Exportfahrzeug nach Belgien geliefert wurde. Dieses Fahrzeug verfügte zwar über eine ausgereifte, durch den Übergang zum Wirbelkammerverfahren verbesserte Motorentechnik, dem aktuellen Stand der Technik entsprach er aber nicht mehr in jedem Fall. Das machte sich vor allem dadurch bemerkbar, dass weder ein Leichtschaltgetriebe, noch eine Allradvariante, die bei einem Schlepper dieser Baugröße durchaus angebracht gewesen wäre, zur Verfügung gestellt werden konnte. Auf diese Modelle mussten die Käufer noch bis zum Herbst 1969 warten.

RECHTS UNTEN

Bereits im Oktober 1964 wurde das erst seit Ende 1962 bzw. 1963 neu auf dem Markt befindliche Hanomag-Tragschlepper-Programm durch zwei Traktoren in einer völlig neuen, kantig funktionellen Formgebung ersetzt. Die Fahrzeuge erschienen weiterhin unter den Typenbezeichnungen der Vorgängermodelle Perfekt 300 und 400. Die komplett umgestaltete Haube war niedriger und kompakter geworden und unterstrich ihre Funktionalität durch die in die Fahrzeugfront integrierten rechteckigen Scheinwerfer. Darüber hinaus war der Fahrerplatz mit dem individuell verstellbaren Reitsitz und dem sehr übersichtlichen Armaturenbrett ebenfalls neu gestaltet. Im Perfekt 400 versah der ursprünglich von Borgward stammende Vierzylindermotor D 301 R 1 mit 32 PS seinen Dienst. Das Gruppengetriebe verfügte über neun Vorwärts- und drei Rückwärtsgänge. Es war ein auf Einmannbedienung ausgelegter Tragschlepper für mittelgroße Betriebe und sehr vielfältigen Einsatzmöglichkeiten, der bis 1968 käuflich erworben werden konnte.

RECHTS

Der 1966 vorgestellte Granit 500 entsprach sowohl optisch als auch im technischen Aufbau als Tragschlepper den Fahrzeugen der Perfekt-Baureihe. Von seinem Vorgänger, dem alten Granit 500, stammte der Dreizylinder-Wirbelkammer-Diesel aus der D 21-Motorreihe. Er leistete 40 PS bei 2400/min. Abgesehen davon war dieser Schlepper eine komplette Neukonstruktion und hatte mit seinem namensgleichen Vorgänger kaum noch etwas gemeinsam. Von der Perfekt-Reihe unterschied er sich durch seine etwas wuchtigere Motorverkleidung, das neue 9/3-Gang-Leichtschaltgetriebe und eine der Motorleistung angepassten stärkeren Hydraulikanlage. Das System der Auspuffanlage mit direkt hinter der Vorderachse liegendem Schalldämpfer wurde von den Perfekt-Modellen übernommen. In dieser Form war der neue Granit bis zum Ende des Jahres 1967 in den Listen zu finden.

LINKS

Ab Januar 1968 wurde das alte, in seinem Ursprung bereits Anfang der 1950er Jahre entwickelte, langhubige D 21-Antriebsaggregat durch einen neu entwickelten Wirbelkammer-Kompaktmotor gleicher Leistung mit quadratischem Bohrung-Hub-Verhältnis aus der 100er-Reihe ausgetauscht. Schon nach einem Jahr ersetzte man diesen durch einen baugleichen, etwas hubraumstärkeren Motor. Der nun links oberhalb des Zylinderkopfes angeordnete Schalldämpfer verbarg sich unter der Motorhaube. Das 9/3-Getriebe, das es auch in einer bis zu 27,2 km/h schnellen Bauausführung zu kaufen gab, blieb unverändert. Diese bis 1970 produzierte Granit-Variante war ein recht starkes Schleppermodell der Mittelklasse und als überaus vielseitiges Universalfahrzeug mit reichhaltigem Zubehör für mittlere landwirtschaftliche Betriebsgrößen zu verwenden. Das hier vorgestellte, mit einem Sicherheitsrahmen ausgerüstete Fahrzeug ist aus dem letzten Fertigungsjahr.

RECHTS

Im Herbst 1967 präsentierte die Rheinstahl-Hanomag ihre neuen schweren Schleppermodelle. Sie ersetzten die mittlerweile überalterten Modelle Brillant 600 und Robust 800. Sämtliche Fahrzeuge besaßen Kurzhubmotoren, die als Kompaktmotoren nach dem Baukastensystem entwickelt worden waren. Dadurch war eine große Zahl an Teilen untereinander austauschbar, was Herstellungs- und Lagerhaltungskosten erheblich reduzierte. Das kleinste Fahrzeug dieser Reihe war der sowohl mit Hinterrad- als auch mit Allradantrieb erhältliche Brillant 600, dessen Vierzylindermotor es auf 58 PS bei 2600/min brachte. Ab 1969 stieg die Motorleistung auf 62 PS. Das Leichtschalt-Gruppengetriebe wies 12/3 Gänge auf und war sowohl in einer Standard- als auch schnellen Bauvariante bis 27,15 km/h erhältlich. Das hier gezeigte Allradfahrzeug Brillant 600 A von 1969 verfügt über eine angetriebene Lenkachse des Typs AL 1550 von ZF und ist mit einem Fritzmeier-Allwetterverdeck sowie einem Frontlader ausgerüstet. Mit diesen Traktoren war der Hanomag noch einmal ein großer Wurf gelungen. Leider sollte es die letzte Traktorserie sein, mit der dieser Hersteller seine Bauqualitäten beweisen konnte.

RECHTS
Zeitgleich mit den neuen Brillant- und Robust-Modellen brachte die Hanomag im Sommer 1967 den Tragschlepper Granit 500 E auf den Markt. Mit seinem 48 PS starken Wirbelkammer-Diesel war es der stärkste Dreizylinder des Hauses und zugleich der stärkste Tragschlepper überhaupt. Er füllte die Lücke zwischen dem Granit 500 mit 40 PS und dem neuen Brillant 600, der es auf 58 PS brachte. Diesem sehr modernen mit dem 9/3-Gruppenschaltgetriebe und mit zwei Zapfwellen bestückten Schlepper öffneten sich überaus vielschichtige Einsatzmöglichkeiten. Die Motorzapfwelle mit Doppelkupplung gehörte zum werksseitigen Lieferumfang, während die Pilot-Regelhydraulik von Hanomag mit 1650 kg Hubkraft nach wie vor aufpreispflichtig war. 1970 endete der Bau dieses Tragschleppers.

OBEN
Im Frühjahr 1969 wurde die Leistung des nun als Brillant 600 L bezeichneten Vierzylindermodells von 58 auf 62 PS bei gleichgebliebener Drehzahl von 2600 Touren erhöht. Seither bot die Hanomag diesen Schlepper in einer vereinfachten Ausführung an. Dabei gelangte das ausziehbare, 120 kg schwere Frontgewicht zugunsten einer Blechattrappe in Fortfall und Differenzial und Antriebswellen des 12/3-Getriebes waren etwas schwächer dimensioniert. Neben einem reduzierten Produktionsaufwand führte dies zu einer Gewichtssenkung von 170 kg auf nunmehr 2800 kg. Bei der mit 3000 kg Hubkraft sehr leistungsstarken Hanomag-Regelhydraulik gab es hingegen keinen Anlass zu irgendwelchen Änderungen. In dieser Ausführung blieb der hinterradgetriebene Brillant 600 – hier ein Fahrzeug mit Sicherheitsrahmen – bis 1970 in der Produktion.

UNTEN

Eine Nummer größer war der sowohl mit Hinterradals auch mit Allradantrieb lieferbare Hanomag-Traktor Brillant 700. Diesem Fahrzeug hatte man den Reihen-Sechszylinder-Wirbelkammer-Diesel vom Typ D 161 R mit 4252 ccm Rauminhalt spendiert, der anfangs 68, ab 1969 75 PS bei 2600 Touren hervorbrachte. Die ersten Allradmodelle wurden mit der aufwändigen ZF-Fronttriebachse APL 3050 mit außenliegenden Planetenantrieben ausgerüstet. Ab 1969 ersetzte man diese durch die einfachere AL 1550 ohne Planetentrieb, die aber für ein Fahrzeug dieser Baugrößte völlig ausreichend war. Ausgerüstet mit Motorzapfwelle und Regelhydraulik war der Brillant 700 nicht nur ein starker Zugschlepper für landwirtschaftliche Großbetriebe, sondern auch für die Forstwirtschaft. Dies galt vor allem für die Allradausführung, für die schmierige, aufgeweichte und wenig tragfähige Böden kein wirkliches Problem darstellte. Hier ein 1970 gebautes Fahrzeug.

OBEN

Diesem optimal restaurierten Robust 900 A mit einem Fritzmeier-Allwetterverdeck aus dem Jahr 1970 – unzweifelhaft ein Schlepper der Superlative – sieht man förmlich an, wie viel Kraft in ihm steckt. Bei der Gestaltung führte das Unternehmen die erstmals ab Herbst 1964 mit den Pefekt-Modellen begonnene, betont sachlich-kantige Linie mit in der Front integrierten Scheinwerfern fort. Diese Formgebung trug die eindeutige Handschrift des französischen Industriedesigners Lepoix, der z. B. auch für Hanomag-Henschel in Kassel tätig war und die letzten Nutzfahrzeug-Bauserien entworfen hatte. Seit Lepoix sich Anfang der 1960er Jahre auch mit dem Design im Schlepperbereich beschäftigte, gehörten die runden Linien der früheren Modelle der Vergangenheit an. Billig war der 92 PS starke Allradschlepper mit 37.100,- DM nun gerade nicht. Dafür aber wurde auch ein technisch ausgereiftes und in jeder Hinsicht zuverlässiges Fahrzeug der Spitzenklasse für arbeitsintensive Großbetriebe und für härteste Belastungen geboten.

HANOMAG
HANOMAG
robust
900
WW
DG 910

LINKS
Das Spitzenfahrzeug innerhalb der neuen Hanomag-Schlepperreihe war der Robust 900, mit dem dieser Hersteller 1967 an den Start ging. 85 PS bei 2600/min (ab Frühjahr 1969 sogar 92 PS) leistete der im Unterschied zum Brillant 700 mit einem größeren Zylinderdurchmesser und daher mehr Hubraum ausgestattete Sechszylinder-Reihendiesel D 162 R. Jener war mit dem in dieser Traktorreihe einheitlichen 12/3-Gruppenschaltgetriebe selbsttragend verblockt. Neben der Standardausführung gab es hiervon auch eine bis zu 27,15 km/h schnelle Übersetzung. Selbstverständliche Einrichtungen dieser großen Hanomag-Schlepper waren Motorzapfwelle und Dreipunkt-Regelhydraulik. Das aufpreispflichtige Sonderzubehör war sehr reichhaltig und ließ kaum Wünsche offen. Hier sind Frontlader, Druckluftbremsanlage, Fritzmeier-Allwetterverdeck, Seilwinde sowie ein festes Fahrerhaus mit Heizung hervorzuheben. Der Allradschlepper war mit der ZF-Außenplanetenachse APL 3050 sowie mit einer Spindel-Hydrolenkung ausgerüstet. Letztere gab es beim Hinterradtraktor nur gegen Aufpreis. Abgebildet ist ein schöner 900 A mit einem auf den Sicherheitsrahmen aufgesetzten Sonnenschutzdach aus dem Jahr 1970.

OBEN
Trotz fortschrittlicher Technik, die in manchen Disziplinen der Konkurrenz teilweise sogar überlegen war, und ansprechendem Äußeren fanden die neuen Hanomag-Modelle durch die Kundschaft leider nicht den erwarteten Zuspruch. Bedingt durch den hohen Qualitätsstandard, aber auch zu niedrigere Produktionsziffern waren die großen petrolblauen Schlepper ein Verlustgeschäft. Nebenbei war es auch Firmen wie Deutz, Güldner und Schlüter mit ihren großen Modellen nicht anders ergangen. Die hohen Entwicklungskosten vor allem für die Motoren und Triebwerke – man sprach von der damals gewaltigen Summe von 50 Millionen DM – konnten in relativ kurzer Zeit niemals wieder eingefahren werden. Zumal die weiterhin umfangreiche übrige Modellpalette die Produktionskosten hoch hielt. Der in einem permanenten Schrumpfungsprozess befindliche, gesättigte Markt räumte den Hanomag kaum noch Chancen ein. Mit einem Inlandsmarktanteil von nur sechs Prozent bei 3940 Einheiten konnte niemand zufrieden sein. Da eine Besserung nicht in Sicht war, zog die Konzernleitung den Schlussstrich unter den Hanomag-Schlepperbau. Im März 1971 verließen – nach mehr als 250.000 Einheiten – die letzten Traktoren die Werkshallen. Hier ein schöner Robust 900 mit Fritzmeier-Allwetterverdeck und Frontlader von 1968.

Holder

OBEN

Die Geschicke der Maschinenfabrik Gebr. Holder in Metzingen (ab 1964 in Grundbach bei Stuttgart ansässig), entwickelten sich in den 1960er Jahren durchaus positiv. Als man 1963 das 75-jährige Jubiläum feierte, konnte man mit einem nicht unberechtigten Stolz allein im Kleinschlepperbau auf die Fertigung von 90.000 Fahrzeugen zurückblicken. Anfang 1966 wurde innerhalb der Cultitrac-Knicklenker-Serie der Bau von Allradschleppern gestartet. Im Mai desselben Jahres folgte das Modell AG 3, das mit dem wassergekühlten direkteinspritzenden Dreizylinder-Zweitakt-Diesel des Typs HD 3 mit 1495 ccm Hubraum aus eigener Fertigung ausgerüstet war. Dieser Motor leistete anfangs 27, ab 1968 30 PS. Auch das 6/3-Gang Zahnradwechselgetriebe stammte von den Holder-Werken selbst. Die Vierradlenkung wurde über ein ZF-Lenkgetriebe mit Rückschlagsicherung betätigt. Der kleine, überaus wendige Schlepper brachte ein Gewicht von 990 kg auf die Waage und war genau das richtige Fahrzeug für Sonderkulturen. Auch auf eine leistungsfähige Zweizylinder-Dreipunkt-Hydraulik brauchte der Erwerber nicht zu verzichten. Diese besaß eine Hubkraft von 1400 kg. Im Jahr 1970 kostete der AG 3 rund 12.900,- DM. Zwei Jahre später wurde seine Fertigung beendet. Abgebildet ist ein vorbildlich restauriertes Fahrzeug von 1966.

OBEN

Im Juli 1969 wurde die Cultitrac-Reihe durch einen preislich besonders interessanten Allrad-Kleinschlepper ergänzt. Es handelte sich um das Modell A 15, das mit dem 12 PS starken einzylindrigen Zweitakt-Dieselmotor mit Wasserkühlung und direkter Kraftstoffeinspritzung des Typs HD 1 ausgerüstet war. Das kleine Antriebsaggregat hatte 550 ccm Hubraum und erreichte bei 2600 Touren seine maximale Leistung. Allradlenkung und Knicksteuerung sorgten für eine sehr ausgeglichene Gewichtsverteilung zwischen den beiden Teilen dieses mit einem 9/3-Getriebe ausgerüsteten Fahrzeugs. Getriebezapfwellen hinten, zwischen den Achsen und vor der Vorderachse waren serienmäßig. Der A 15 kostete grundausgerüstet 6800,- DM. Im Juli 1973 endete sein Bau nach 2279 gefertigten Einheiten.

UNTEN

Im Juni erschien mit dem Typ B 25 das Nachfolgemodell der über viele Jahre erfolgreichen Kleinschleppermodelle B 10 bzw. B 12. Dieser 8500,- DM teure Allzweckschlepper mit der für die Holder-Produkte nunmehr charakteristischen kantigen Motorverkleidung war eine kompakte, kräftige Blockkonstruktion mit einem 6/3-Getriebe. Seine Fortbewegung erfolgte durch einen viertaktenden Zweizylinder-Direkteinspritz-Diesel mit Wasserkühlung und 998 ccm Hubraum. 20 PS bei 2300 Touren konnte dieser leisten. 1972 endete seine Fertigung. 1970 konnte sich das Unternehmen in der Marktnische der Kleintraktoren immer noch auf dem 11. Platz mit 1,8 % Marktanteil behaupten. Allerdings war nicht zu übersehen, dass die Zulassungen beständig zurückgingen. Auf die wirtschaftliche Lage des Unternehmens konnte dies nicht ohne Wirkung bleiben. Seit 1992 befand sich die Firma in fremden Händen. Am 22. April 2008 musste schließlich die Eröffnung eines Insolvenzverfahrens beantragt werden.

International Harvester

OBEN

Seit Anfang der 1960er Jahre fehlte im Fahrzeugprogramm der International Harvester Company ein wirklich leistungsstarker Schlepper für Großbetriebe. Nach dem 1959 der 40 PS-Traktor D 440 wegen technischer Probleme ersatzlos aus dem Programm entfernt worden war, musste der Mittelklasseschlepper D 439 mit seinen ganzen 36 PS die Rolle als Spitzenmodell übernehmen, der er natürlich in keiner Weise gerecht werden konnte. Leider war ein starkes Fahrzeug in absehbarer Zeit nicht in Sicht – die Unternehmensleitung hatte den Anschluss einfach verschlafen. Um dieses Marktsegment nicht völlig den Mitbewerbern überlassen zu müssen, importierte man einen International-Dieselschlepper aus den USA. Nach Anpassung an die Vorschriften des europäischen Marktes, beispielsweise musste die ursprüngliche Höchstgeschwindigkeit von 32 km/h reduziert werden, wurde dieses Fahrzeug ab 1963 unter der Typenbezeichnung D 514 verkauft. Der Blockbauschlepper verfügte über einen wassergekühlten Reihen-Vierzylinder-Wirbelkammermotor mit 3080 ccm Hubraum, der 50 PS bei 2100/min erzeugen konnte. Das mit Zwischenuntersetzungen ausgestattete Getriebe verfügte über 10/2 Gänge. Der mit einer hydrostatischen Lenkung ausgestattete D 514 war insgesamt sehr modern konzipiert und mit der englisch-amerikanischen Version der Regelhydraulik mit Oberlenkersteuerung, Dreipunktkupplung und einer auch während der Fahrt ein- und ausschaltbaren unabhängigen Zapfwelle ausgerüstet. Insgesamt konnte dieses zweifelsohne zwar gute, hierzulande aber fremdartige Schleppermodell nur als Zwischenlösung fungieren. Die bis 1965 getätigten Verkäufe beschränkten sich daher auch auf gerade einmal 1199 Maschinen.

OBEN

Bereits seit 1966 im Bauprogramm befand sich der IH-Schlepper 323. Ausgerüstet mit einem 26 PS starken Dreizylinder-Wirbelkammer-Diesel war dies das neue Einstiegsmodell der International Harvester. Dieses war mit dem Agriomatic 8/2-Leichtschaltgetriebe mit Klauenschaltung, das es auf Wunsch auch mit einer Zweifachkupplung zur Betätigung der unabhängigen Zapfwelle und einer ausziehbaren Pendelvorderachse mit Einzelradfederung gab. Ebenfalls auf Wunsch konnte ein Wandlergetriebe mit hydraulischer Lastschaltung und 16 + 4 Gängen geordert werden. Der kleine 323 blieb bis zum Mai 1974 in der Produktion. Die verhältnismäßig geringe Stückzahl von 7814 gebauten Fahrzeugen verdeutlicht einmal mehr, dass diese Leistungsklasse in der Gunst der Kunden stark gesunken war und immer weniger nachgefragt wurde. Hier ein 1968 gebauter Traktor.

MITTE RECHTS

Ab Mitte der 1960er Jahre erfolgte die bei International Harvester dringend überfällige Erneuerung und Aufstockung des Verkaufsprogramms. Zwischen 1965 und 1967 gab es gleich mehrere Modelle, die im Rahmen der für den EWG-Raum konzipierten Typenreihe auf den Markt kamen. Die Mitglieder dieser Baureihe bezeichnete man betriebsintern auch als CM-Traktoren (Common Market Line). In der Werbung auf dem deutschen Markt präsentierte man sie nach Einführung weiterer Modelle als „IH-Starserie“. Alle Fahrzeuge erhielten ein optisch völlig verändertes Erscheinungsbild mit modernen, kantigen Motorhauben, das dem Aussehen der in England und den USA gebauten Modellen weitgehend angeglichen war. Zu dieser Reihe gehörte auch der 34-PS-Schlepper 353. Dieser bereits mit einem Dreizylinder-Direkteinspritzaggregat mit 2536 ccm Hubraum ausgerüstete Traktor zählte zu den Modellen der unteren Mittelklasse. Er besaß ein 8/2-Getriebe und blieb bis 1972 im Programm. Mit 19.167 gefertigten Einheiten erfreute er sich einer großen Beliebtheit. Hier ist die mit dem Schriftzug International versehene linke Motorenseite zu sehen.

UNTEN

Vom IH-Standardschlepper-Modell 323 gab es speziell für den Einsatz in Weinbergen, Obstgärten und im Hopfenanbau auch eine unter der Bezeichnung V 323 angebotene schmalspurige Bauvariante. Dabei stand der Buchstabe „V“ für das englische Wort Weinberg – Vineyard. Dieser Traktor besaß den gleichen Rumpf wie der Standardschlepper und unterschied sich von diesem hauptsächlich in Breite, Höhe, Gewicht und Größe der Bereifung, die damit den unterschiedlichen Erfordernissen angepasst wurde. So verrichtete auch hier ein 26 PS starker Dreizylinder-Diesel seine Arbeit, der mit einem 8/2-Gang Leichtschaltgetriebe selbsttragend verblockt war. Der von 1967 bis 1971 in den Verkaufslisten befindliche Plantagenschlepper spielte mit 268 gefertigten Einheiten nur eine Außenseiterrolle. Wegen der mit seinen hauptsächlichen Einsatzgebieten verbundenen erhöhten Kipp- und damit Unfallgefahr, war der Traktor mit einem von der Berufsgenossenschaft geforderten Umsturzbügel ausgerüstet.

RECHTS OBEN

Das IH-Dieselschleppermodell 353 war nach den Modellen 523 und 624 das erste Fahrzeug mit einem direkteinspritzenden Motor. Die Direkteinspritztechnologie stellte eine große Verbesserung gegenüber den bisherigen Wirbelkammermodellen dar. Eine längere Lebensdauer, ein um rund 20 Prozent geringerer Kraftstoffverbrauch und Ölwechselintervalle von 200 Betriebsstunden waren die wichtigsten Vorteile, mit denen der Direkteinspritzer punkten konnte. Dieses beliebte Modell der unteren Mittelklasse war als Universal- und Alleinschlepper gerade auch für kleine bis mittelgroße Bauernhöfe geeignet, welche die für Arbeitserleichterungen so wichtige Errungenschaften wie die unabhängige Zapfwelle, Regelhydraulik und Frontlenker nutzen wollten. Dieser 1970 gebaute Schlepper ist mit dem zur Sonderausrüstung zählenden Fritzmeier-Allwetterverdeck ausgerüstet.

RECHTS

Der International Harvester des Typs 353 schloss die Leistungslücke zwischen dem 323 mit 26 PS und dem 40 PS starken 423. In Aufbau und Ausrüstung entsprach er dem 423, doch sein Dreizylindermotor mit 34 PS war durch eine reduzierte Kraftstoffeinspritzmenge bei identischer Drehzahl von 1900 Touren gedrosselt. Er besaß das Agriomatic 8/2-Gang-Leichtschaltgetriebe, gegenüber dem 423 aber eine etwas kleinere Bereifung. Abgebildet ein 1970 gebautes Fahrzeug mit dem seit 1970 von der Berufsgenossenschaft vorgeschriebenen Sicherheits-Umsturzrahmen.

OBEN

Zusammen mit dem Modell 323 trat im Jahr 1966 der Typ 423 zur Ablösung der D-Reihen-Traktoren bis einschließlich des D 439 an. Sein neuer Dreizylinder-Reihen-Direkteinspritz-Diesel DD-155 hatte einen Hubraum von 2536 ccm und brachte 40 PS bei 1900/min. Serienmäßig verfügte er über das Agriomatic-Leichtschaltgetriebe mit acht Vorwärts- und zwei Rückwärtsgängen, das mittels Wandler-Untersetzergetriebe auch auf 16 + 4 Gänge erweitert werden konnte. Neben der Exakt-Regelhydraulik mit Dreipunktkupplung gehörten Motorzapfwelle und Doppelkupplung zur werksseitigen Grundausrüstung. Frontlader, Allwetterverdeck von Fritzmeier, Mähwerk, Riemenscheibe, Zusatzsteuergeräte sowie ein sehr bequemer De-Luxe-Fahrersitz waren aufpreispflichtiges Zubehör. Mit 27.803 bis 1975 gefertigten Fahrzeugen gehörte der 423 zu den erfolgreichsten Fahrzeugen dieser Leistungsklasse. Besonders die fortschrittliche Technik ließ ihn zu einem der damals beliebtesten Modelle werden. Diese Aufnahme zeigt einen 1968 gebauten, mit der gelben Plakette anlässlich des 60-jährigen Betriebsjubiläums ausgestatteten Schlepper mit Frontlader und Wetterschutzdach. Diese so genannten Jubiläumsschlepper wurden kurzzeitig zu sehr günstigen Konditionen angeboten.

RECHTS UNTEN

Mit der 1965 erfolgten Einführung der Modelle 523 und 624 wurde das Zusammenspiel der verschiedenen im EWG-Geltungsbereich befindlichen IH-Werke auf eine neue Basis gestellt. Während das Werk in Neuss Motoren, Hydraulik, Vorderachsträger und Blechteile produzierte, stellte das Werk in St. Dizier/Frankreich die Getriebe her. Gleichzeitig wurden an beiden Standorten die Schlepper für den jeweiligen Markt auch komplett montiert. Im Gegensatz zum 624 verfügte das Modell 523 über einen 48 PS starken Dreizylinder-Direkteinspritz-Diesel, der durch seinen größeren Kolbenhub über ein Volumen von 2934 ccm verfügte. Das Getriebe der Serienausstattung besaß acht Vorwärts- und vier Rückwärtsgänge, die durch zwei Schalthebel betätigt wurden. Mit dem links befindlichen Hebel wählte man die Getriebegruppe, während sich rechts der eigentliche Getriebeschalthebel für die synchronisierten Gänge der jeweiligen Gruppe befand. Wahlweise konnte das Fahrzeug mit einem 12 + 4 – Schnellschalt-Wendegetriebe bestückt werden. Die Exact-Regelhydraulik mit Dreipunktkupplung mit mechanischer Hubwerksregelung (MHR) wurde mithilfe des Lage- und des Tiefeneinstellhebels betätigt. An die Hydraulikanlage konnten bis zu vier Zusatzsteuergeräte angebaut werden. Die unabhängige Zapfwelle war selbstverständlich serienmäßig. Bis zum März 1972 verließen 17.571 Traktoren die Werkstore. Dieses Fahrzeug ist mit einem Fritzmeier-Wetterdach ausgerüstet.

OBEN
Der 423 war ein insgesamt sehr ansprechender, gut durchkonstruierter Traktor mit einer sehr fortschrittlichen Motoren- und Getriebetechnologie. Mit dieser Ausrüstung war er den meisten Mitbewerbern um einiges voraus, so auch dem noch von einem im übrigen schwächeren Wirbelkammermotor angetriebenen D 4005 von Deutz als einem seiner Hauptkonkurrenten. Schon 1967 wurde die Deutz-05er-Reihe bekanntlich durch neue Fahrzeuge mit ebenfalls direkteinspritzenden Motoren abgelöst, während der IH-Schlepper bis 1975 und damit nahezu zehn Jahre im wesentlichen unverändert im Verkaufsprogramm verbleiben konnte. Das Modell hatte einen großen Anteil an der Tatsache, dass es der IHC gelang, bis zum Jahr 1970 auf den zweiten Platz bei den Inlandszulassungen aufzusteigen. Hier ein gut restaurierter Schlepper von 1970, der mit einem Fritzmeier-Allwetterverdeck und Sicherheitsrahmen ausgestattet ist.

McCORMICK
624

LINKS
Der Typ 624 war das Vierzylindermodell der im Jahr 1965 neu auf den Markt gekommenen beiden IH-Schlepper. Der Motor hatte mit 3375 ccm Hubraum einen kleineren Kolbenhub als der dreizylindrige 523 und leistete 58 PS bei 2100 Touren. Auch er verfügte über das 8/4-Gang Getriebe, während auf Wunsch das IH-Agriomatic 12 + 4-Wendegetriebe – wenn gewünscht auch mit Schnellgang – erhältlich war. Dieses Fahrzeug gehörte zur oberen Klasse, auf dessen Erscheinen die Kunden so lange warten mussten. Zusammen mit dem 523 löste der 624 den D 514 ab. Besonders der 624 stieß bei der bäuerlichen Kundschaft sogleich auf starkes Interesse. Das schlug sich in der ungewöhnlich hohen Verkaufszahl von 24.690 Einheiten bis zum Jahr 1972 nieder. Dieses Fahrzeug mit Frontlader und Wetterdach ist von 1968.

OBEN
Hier ein 1966 gebauter, offen ausgeführter und vorbildlich restaurierter IH-Dieselschlepper 624. Vom kleineren 523 unterschied er sich hauptsächlich durch den Motor. Die guten Verkaufserfolge dieser ersten Traktormodelle der als deutsch-französische Gemeinschaftsproduktion konzipierten Common-Market-Line waren ein untrügliches Zeichen dafür, wie sehr die Nachfrage zu immer stärkeren Schleppern tendierte. Die Ursachen hierfür lagen nicht allein in den immer größeren und technisch weiterentwickelten Landmaschinen und Anbaugeräten, sondern auch in der stetig abnehmenden Zahl der landwirtschaftlichen Betriebe. Von 1950 bis 1970 war deren Zahl um rund ein Drittel zurückgegangen, wovon in erster Linie die Kleinbetriebe betroffen waren. Übrig blieben fast immer die größeren Höfe mit entsprechend ausgedehnteren Anbauflächen. Vor allem der Typ 624 war eine moderne, leistungsstarke Maschine, die dieser Entwicklung sehr entgegenkam.

MICHAEL SCHENK
INTERNATIONAL
624
EU MS 890

INTERNATIONAL
724

OBEN LINKS

Dieser 624 aus dem Jahr 1969 ist mit einem von der Firma Dieteg in Walsrode gelieferten Allwetterverdeck mit Seitenteilen ausgerüstet. Neben der hier abgebildeten hinterradgetriebenen Ausführung gab es diesen 58 PS starken Traktor auch als Typ 624 A mit Allradantrieb. Die nur geringen Stückzahlen der Allradfahrzeuge sind nicht einzeln ausgewiesen und in der Gesamtzahl der 24.690 vom Modell 624 gebauten Traktoren enthalten.

UNTEN LINKS

Das seit September 1969 angebotene IH-Modell 724 blieb bis April 1974 in der Produktion. Insgesamt entstanden von allen Varianten dieses Schleppers 12.442 Maschinen, was einem durchaus beachtlichen Verkaufserfolg entspricht. Dieses Fahrzeug war serienmäßig mit dem vollsynchronisierten IH 8 + 4-Getriebe bzw. auf Wunsch mit dem noch komfortableren IH Agriomatic-S Synchron 12 + 4 Wendegetriebe mit hydraulischer Schnellschaltung erhältlich. Das letztere, das mit Hilfe eines kleinen Hebels ohne kuppeln und schalten zu müssen bei jedem Vorwärtsgang in zwei Geschwindigkeiten – schnell oder langsam – zur Verfügung stand, ersparte eine Menge Schaltvorgänge, vor allem bei Frontladerarbeiten. Ebenfalls serienmäßig war die bei dieser Baugröße übliche fahrunabhängig zu- und abschaltbare Motorzapfwelle sowie die Exact-Regelhydraulik mit Dreipunktkupplung vorhanden. Hier ein offen ausgeführter 724 mit alter Kühlermaske aus dem Jahr 1971.

OBEN

Im September 1969 stellte International Harvester den Vierzylindertraktor des Typs 724 vor. Mit diesem Fahrzeug, dessen D 239-Direkteinspritz-Diesel auf eine Höchstleistung von 72 PS, sowie auf 67 PS Dauerleistung bei 2200 Touren eingestellt war, übersprang dieser Hersteller erstmals die magische 70-PS-Leistungsgrenze. Abgesehen von verschiedenen Anpassungen, die vom stärkeren Motor gefordert wurden, war dieses Modell mit den Typen 523 und 624 in den wesentlichen Teilen baugleich. Gegenüber dem 624 war er mit größeren Reifen ausgerüstet, um damit die höhere Leistung an den Boden zu bringen. Damit bei den Kunden nicht der Eindruck entstand, der 724 sei praktisch nur ein verstärkter 624, wurde in mehreren Druckschriften auf den größeren Hub der Kurbelwelle und somit eines vergrößerten Hubraums sowie auf das verstärkte Getriebe hingewiesen. Von ihm gab es auch eine Allradausführung, von der hier ein mit Frontlader ausgerüstetes Exemplar von 1972 zu sehen ist.

LINKS
Das seit Mitte 1973 angebotene IH-Schleppermodell 433 V war ein Plantagentraktor mit glasfaserverstärkter Kunststoffhaube. Es entstand auf Basis des Typs 383 und unterschied sich von dem seit 1975 gebauten Standardschlepper 433 grundlegend. Charakteristisch für dieses Fahrzeug war die schmale, niedrige Bauweise mit der nach vorn abgeschrägten Motorhaube, was die Sichtverhältnisse für den Fahrer wesentlich verbesserte. Er war speziell für Hopfenanbau, Weinberge und Obstplantagen vorgesehen. Angetrieben wurde er durch einen 40 PS starken Dreizylinder-Direkteinspritz-Diesel, während als serienmäßiges Triebwerk ein 8 + 2-Leichtschaltgetriebe verwendet wurde. Optional gab es auch ein solches mit 16+4-Gangstufen. Motorzapfwelle und Regelhydraulik waren auch bei diesem Zwerg werksseitig vorhanden. Bis Anfang 1975 entstanden lediglich 95 Exemplare.

LINKS UNTEN

Der Typ 724 von International Harvester war als zugstarker Alleinschlepper der gehobenen Leistungsklasse und daher bereits für größere landwirtschaftliche Betriebe gut geeignet. Werksseitig wurde das Fahrzeug mit einer reichhaltigen Normalausrüstung ausgeliefert, die durch ebenso zahlreich angebotene aufpreispflichtige Sonderausrüstungsteile ergänzt wurde. Dazu gehörte auch das Fritzmeier-Allwetterverdeck, das selbstverständlich über einen beidseitigen Aufstieg vor den Hinterrädern verfügte.

OBEN

Noch eine Nummer größer und entsprechend stärker war der seit April 1971 angebotene IH-Schlepper 824. Durch die auf 2300 Touren angehobene Drehzahl war der Vierzylinder-Direkteinspritz-Diesel in der Lage, 74 PS als Dauer- und 80 PS als Höchstleistung zu erzeugen. Ab März 1973 wurde der D 246-Motor mit leicht angehobenem Hubvolumen verwendet, der es auf 75 PS Dauerleistung und 82 PS Maximalleistung brachte. Abgesehen von der höheren Leistung gab es kaum Dinge, in denen sich die Modelle 724 und 824 voneinander unterschieden. Auch für diesen Traktor, den es im übrigen ebenfalls in einer Allradausführung gab, wurde ab April 1972 das neue Frontstyling mit dem aus Aluminiumspritzguss gefertigten Kühlergrill mit viereckigen Scheinwerfern, weißen Felgen und Radschüsseln eingeführt. Ebenso wie beim 724 wurde auch beim Typ 824 der Bau im April 1974 beendet. 5558 Einheiten waren in Anbetracht des kurzen Zeitraumes ein respektables Verkaufsergebnis. Hier ein 1971 gebautes, mit Sicherheitsschutzrahmen und Frontballast ausgerüstetes Fahrzeug.

Kramer

OBEN

Das im Oktober 1967 vorgestellte Kramer-Modell KL 450 – oder wie hier im Bild ein 1968 gebauter KL 450 S mit schnellerem Getriebe – war das erste Fahrzeug dieses Herstellers, dass mit dem überarbeiteten Getriebe der Baugruppe II a ausgerüstet worden war. Da das Getriebe der Baugruppe II, aus dem das vorgenannte entstand, für eine Eingangleistung über 40 PS eindeutig zu schwach dimensioniert war, andererseits eine völlige Neukonstruktion aufgrund der zu geringen Stückzahlen nicht lohnte, wurde eine Verstärkung desselben vorgenommen. Mit abgeänderten Getriebestufen, verstärkten Zahnrädern und einer komfortableren Schaltung versehen entstand so das Getriebe der Baugruppe II a mit zehn Vorwärts- und fünf Rückwärtsgängen. Anfänglich mit dem Deutz-Motor F 3 L 812/D ausgerüstet, erhielt der Traktor ab Februar 1968 den verbesserten Dreizylinder F 3 L 912 aus gleichem Hause. Serienmäßig erhielt dieser Traktor eine Regelhydraulik mit 150 bar Betriebsdruck und 1575 kg Hubkraft an der Ackerschiene sowie eine unabhängige Zapfwelle mit F & S-Doppelkupplung. Bemerkenswert an diesem Fahrzeug war der hydraulisch gedämpfte Komfort-Gesundheitssitz, der auf Körpergewicht und Größe des Fahrers individuell eingestellt werden konnte.

OBEN LINKS

Ab 1970 entstand in Form der „14er-Reihe“ eine neue Schleppergeneration bei Kramer. Leider sollte dies die letzte sein. Mit handlichen 30 bis 70 PS starken Modellen versuchte man, den im Wandel befindlichen Strukturen in der deutschen Landwirtschaft zu begegnen. Nachdem der mit einem Zweizylindermotor von Deutz bestückte Typ 316 wegen zu geringer Nachfrage schon nach kurzer Zeit entfiel, war der Typ 414 mit seinem 42 PS starken F 3 L 912-Deutz-Diesel das Einstiegsmodell. Dieser Traktor ersetzte ab März 1970 den Typ KL 360 und war im Vergleich zu jenem mit sieben zusätzlichen PS sowie einer verstärkten Hydraulik ausgestattet. Das bedienungsfreundliche und zugleich wartungsarme 10/5-Gang Getriebe der Baugruppe II a, das es wiederum in einer bis 30 km/h reichenden Schnellgangausführung gab, wurde auch hier installiert. Dieser Traktor war ebenfalls in einer vierradgetriebenen Ausführung lieferbar und konnte auf Wunsch auch mit einer lastschaltbaren Motorzapfwelle bezogen werden. Gebaut wurden die 414-Varianten bis zum November 1972 in einer Stückzahl von 534 Exemplaren. Es waren ausgezeichnete Traktoren des gehobenen Mittelklassebereichs, die leider nur noch eine geringe Verbreitung fanden. Hier ein restaurierter Hinterradschlepper 414 S mit schnellem Getriebe.

OBEN RECHTS

Seit der zweiten Hälfte der 1960er Jahre begannen sich vermehrt dunkle Wolken am Schlepperhimmel der Kramer-Traktorenwerke zusammenzuballen. Schon seit den späten 1950er Jahren war der Marktanteil zunächst noch sehr behutsam, später aber immer stärker gesunken. Wurden 1965 immerhin noch 2978 Traktoren neu zugelassen, waren es zwei Jahre später nur noch 1718 Stück, was den Marktanteil von 3,5 auf 2,5 % verringerte. Gründe für diese rückläufige Entwicklung, wovon Kramer keineswegs allein betroffen war, gab es viele. An erster Stelle stand das für einen Hersteller dieser Größenordnung viel zu breit gefächerte Typenprogramm, das einer wirtschaftlichen Fertigung in lohnenden Stückzahlen entgegenstand. Dann die zwangsläufigen Kostennachteile, da viele zugekaufte Bauteile nur in relativ kleinen Mengen bezogen werden konnten. Hinzu kam das Nebeneinander von Antriebsaggregaten verschiedener Hersteller, während man den Triebwerksbedarf immerhin aus eigener Fertigung decken konnte. Seit Mitte der 1960er Jahre beschränkte sich Kramer allerdings einheitlich auf den Einbau luftgekühlter Deutz-Motoren. So waren bei den Kramer-Werken die Zeichen der Zeit ebenfalls auf Kosteneinsparungs- und Typenbegrenzungsmaßnahmen ausgerichtet. Mithilfe eines nach Baugruppen standardisierten Schlepperprogramms, bei dem sich die einzelnen Typen im Wesentlichen durch die Motorleistung unterschieden, wurde versucht, diesen negativen Tendenzen entgegenzutreten.
Die seit Oktober 1967 neu vorgestellten Modelle erhielten eine sehr ansprechende, kantige Haubenform, die mit den integrierten Scheinwerfern zugleich kraftvoll und zeitlos schön wirkte.

OBEN

Hier eine Ablichtung der rechten Fahrzeugseite des Kramer-Modells KL 450 die den Blick auf den axialluftgekühlten Dreizylinder-Direkteinspritz-Deutz-Diesel F 3 L 912 ermöglicht.

OBEN

Das nächststärkere Fahrzeug im letzten Kramer-Bauprogramm war der ebenfalls seit März 1970 angebotene Typ 514. Dieser 50 PS starke Traktor trat die Nachfolge des KL 450 an. Er besaß den Deutz-Dreizylinder-Direkteinspritzmotor aus der FL 912-Serie, verfügte jetzt aber über fünf zusätzliche PS bei einer auf 2500 Touren gesteigerten Drehzahl. Das 10/5-Gang Gruppenschaltgetriebe, das in jeweils fünf Acker-, Straßen- und Rückwärtsgänge unterteilt war, entsprach dem des Typs 414, wobei es auch hier eine schnelle Ausführung gab. Gegenüber dem 414 war das Modell 514 bereits in der Grundausstattung größer bereift und auch dieser Schlepper war mit zuschaltbarem Vierradantrieb und einer lastschaltbaren Motorzapfwelle lieferbar. Diese Fahrzeuge blieben bis zum Februar 1973 im Rennen. 671 Traktoren entstanden von allen Ausführungen.

John Deere-Lanz

OBEN

Im Jahr 1966 löste der Typ 200 das bisherige Modell 100 ab. Es war gleichzeitig der letzte Schlepper aus Mannheim, der noch unter dem Doppelnamen John Deere-Lanz angeboten wurde. Er besaß den auf 1350 ccm Rauminhalt aufgebohrten, mit 25 PS um einiges stärkeren Zweizylindermotor mit Wasserkühlung, der bereits im Typ 100 Verwendung gefunden hatte. Dieser leichte, in Halbrahmenbauweise konstruierte Bauernschlepper wurde entweder für überwiegenden Grünlandeinsatz mit Mähwerk oder als Universal- und Alleinschlepper auf kleinen Höfen eingesetzt. Er blieb bis 1968 im Programm – mit 1240 verkauften Exemplaren ein sehr mäßiger Verkaufserfolg, denn diese Baugröße hatte sich mittlerweile überlebt.

OBEN

Mit dem 50-PS-Schlepper des Typs 700 wurde 1962 das Verkaufsangebot nach oben hin abgerundet. Das mit einem Vierzylinder-Wirbelkammer-Diesel mit 2705 ccm Hubraum motorisch bestückte Halbrahmenfahrzeug hatte ein 10/3-Getriebe, eine serienmäßig ausziehbare Vorderachse sowie eine hydraulische Lenkung, die zum Bedienungskomfort des Fahrers beitrug. Auch dieses für den großen Leistungsbedarf ausgelegte Modell verfügte über das bewährte, bis maximal 30 km/h reichende 10/3-Getriebe sowie Motorzapfwelle und Regelhydraulik. Im Rahmen des umfangreichen Sonderzubehörs standen beispielsweise ein hydraulisch aufgezogenes Mähwerk mit Böschungsneigung, Riemenscheibe und Frontlader zur Verfügung. Insgesamt wusste nicht nur der Typ 700, sondern die gesamte Reihe durch ihre einfache und robuste Bauweise zu überzeugten. Es waren leistungsstarke, für ihre Zeit sehr komfortable Universaltraktoren in einer individuell ansprechenden Formgebung.

UNTEN

Im Jahr 1956 hatte der US-amerikanische Landmaschinen-Konzern Deere & Company mit Sitz in Moline, die Aktienmehrheit der in wirtschaftliche Schwierigkeiten geratenen Mannheimer Heinrich Lanz AG übernommen. Das Ziel dieser Maßnahme bestand darin, einen Einstiegspunkt in den europäischen Markt zu haben. Mit der 1960 erfolgten Vorstellung der ersten in Mannheim gefertigten John Deere-Traktoren in moderner Vierzylindertechnik ging die Epoche der einzylindrigen Lanz-Bulldogs unweigerlich zu Ende. Die neuen, an amerikanische Vorbilder angelehnten grün-gelben Fahrzeuge in Halbrahmenbauweise hatten – außer den vier Rädern – auch nicht das Geringste mit den überalterten Bulldogs gemeinsam. Sie waren nach dem Baukastensystem konstruiert und entsprachen den Vorstellungen und Erfordernissen der damaligen Zeit. Mit Rücksicht auf die langjährige Lanz-Tradition wurde der Namenszusatz „Lanz“ in der Typenbezeichnung zunächst noch beibehalten. Anfänglich entsprachen die Verkäufe noch keineswegs den hochgestellten Erwartungen der neuen Eigentümer; zu groß waren die Unterschiede für die bäuerliche, konservative Kundschaft zu den früheren Lanz-Modellen. Trotz aller fortschrittlichen Eigenschaften dauerte es Jahre, bis die Verkaufsergebnisse in befriedigenden Zahlen geschrieben werden konnten. Hier die eigenwillig-markante Haubenform des Typs 300, eines 28-PS-Schleppers der ersten Stunde.

RECHTS

Das seit 1960 zügig erweiterte John Deere-Lanz-Bauprogramm bestand schon bald aus vier Modellen mit Motorleistungen zwischen 18 und 50 PS. Mit der ab 1964 vorgestellten so genannten „10er-Serie“ nahm dieser Hersteller ein völlig neues Typenprogramm in Angriff. Dabei handelte es sich um drei komplett in Mannheim entwickelte Modelle, bei deren Entwurf mehr denn je versucht worden war, den Bedürfnissen des europäischen Marktes, insbesondere natürlich der deutschen Landwirtschaft, zu entsprechen. Auch in technischer Hinsicht waren nicht mehr viele Gemeinsamkeiten mit den Vorgängern zu erkennen. Bei den aus dem neuerrichteten John Deere-Werk in Saran, Frankreich bezogenen Drei- und Vierzylindermotoren handelte es sich um fortschrittliche Direkteinspritzer mit einer völlig neuartigen Drehkolben-Einspritzpumpe mit Spritzverteiler. Neben ihrem hervorragenden Drehmoment wiesen die neuen Aggregate überaus günstige Verbrauchswerte und große Laufruhe auf. Das kleinste Modell – hier ein 1964 gebautes Exemplar mit Mähwerk und Fritzmeier-Verdeck – war der Typ 310 mit 32 PS.

LINKS

Neben dem Typ 310 lösten die Modelle 510 und 710 die bisherigen Typen 300, 500 und 700 ab. Die neuen Schlepper hatten eine verhältnismäßig hohe Leistung in ihren Klassen, eine große Bodenfreiheit und gegenüber den Vorgängern längere Radstände erhalten. Die meisten Bauteile waren untereinander austauschbar, was große Kostenvorteile insbesondere in der Ersatzteillagerhaltung brachte. Das bewährte 10/3-Gang Getriebe arbeitete mit Klauenschaltung und war auch in einer schnelle Ausführung zu bekommen. Der Typ 710 – hier ein Fahrzeug mit Frontlader und Dach von 1967 – hatte serienmäßig zwei Motorzapfwellen und einen Dreipunkt-Regelhydraulik-Kraftheber. Ein Vierzylinder-Direkteinspritz-Aggregat mit 50 PS sorgte für den notwendigen Vortrieb.

Hermann Lanz

OBEN

Zur Mitte der 1960er Jahre hatte sich die Absatzsituation für die Aulendorfer Hermann Lanz-Werke in keiner Weise verbessert. Schon 1960 hatten sich die jährlichen Zulassungszahlen von 2348 fünf Jahre zuvor auf nur noch 1085 Exemplare mehr als halbiert. Mit ganzen 552 neu zugelassenen Einheiten waren es 1965 wiederum kaum mehr als die Hälfte als vor fünf Jahren, was einem Marktanteil von nur noch 0,7 % entsprach. Durch eine Flucht nach vorn versuchte das mittelständische Unternehmen, diese stark rezessive Entwicklung in den Griff zu bekommen. Nach wie vor war das seit 1951 unter dem Kürzel „Hela" angebotene Typenprogramm in Anbetracht von Betriebsgröße und jährlicher Ausbringungsmenge viel zu weit gefächert. Man meinte noch immer, alle Zielgruppen bedienen und sämtliche Kundenwünsche erfüllen zu müssen. Dieses Konzept konnte in Anbetracht eines sich ständig verschärfenden Wettbewerbs, wozu die preisgünstig angebotenen weil in großen Stückzahlen gefertigten Importtraktoren wesentlich beitrugen, niemals gut gehen. Mit dem Resultat, dass Hela den Schlepperbau 1978 einstellen musste. Und dies, obwohl Hela bis dahin qualitativ hochwertige Traktoren baute, die sich bei der Kundschaft einer großen Wertschätzung erfreuten. Zu diesen Schleppern gehörte auch der Typ D 420; mit 20 PS ein Fahrzeug der unteren Mittelklasse. Dieses Modell, das die Nachfolge des bis dato gefertigten D 218 antrat, verfügte über den bewährten wassergekühlten Zweizylinder-MWM-Direkteinspritz-Diesel D 208-2, der aus einem Hubvolumen von 1488 ccm bei 2200 Touren die vorgenannte Leistung herausholen konnte. Das 6/2-Getriebe, wobei der erste Gang als Kriechgang ausgelegt war, stammte dagegen aus eigener Herstellung. Abgebildet ist ein noch mit dem alten Kühlerschutzgitter ausgeführtes Exemplar von 1964.

LINKS

Ab Herbst 1964 wurden die ersten Traktoren des Hela-Typenprogramms Zug um Zug mit einem gründlich überarbeiteten neuen Blechkleid mit zweigeteiltem Kühlerschutzgitter versehen. Diese Umstellung konnte im Laufe des Jahres 1966 für das gesamte Schlepperprogramm vollzogen werden. Mit zu den ersten Modellen, die in den Genuss der sehr ansprechend gestalteten neuen Haube kamen, zählte der Typ D 420, von dem wir hier ein mit 12.4-28er Hinterrädern ausgerüstetes, tadellos restauriertes Exemplar aus dem Jahr 1967 zeigen. Bis auf unwesentliche Detailverbesserungen blieb dieses Modell bis 1969 in der Produktion.

UNTEN

In das zwischen 1961 und 1967 gebaute Hela-Modell D 230 war der hauseigene wassergekühlte Zweizylinder-Wirbelkammer-Diesel AZ 2 mit 2164 ccm Hubvolumen eingebaut. der eine Leistung von 30 PS bei 2000/min erzeugen konnte. Auch das bis zu einer Maximalgeschwindigkeit von 19,5 km/h untersetzte 6/2-Gang Getriebe stammte aus eigener Fertigung. Anfangs noch – wie hier gezeigt – mit der alten Kühlerverkleidung ausgerüstet, wurde auch dieses Modell ab Ende des Jahres 1964 auf das breitere und markantere Design des neuen Bauprogramms umgestellt. Der D 230 konnte als sehr zuverlässiges Mittelklassefahrzeug als Alleinschlepper auf ebensolchen Höfen agieren. Von ihm wurden schätzungsweise nur 200 Stück gebaut, obwohl er sich technisch vor der Konkurrenz in keiner Weise zu verstecken brauchte. Hier ein einwandfrei wieder hergerichteter Traktor mit hydraulisch aushebbarem Seitenmähwerk aus dem Jahr 1964.

OBEN

Mit dem Modell D 542 wurde im Jahr 1973 die seit Anfang 1970 im Bauprogramm eingestellte 45-PS-Leistungsklasse nach aktualisierten Gesichtspunkten wieder neu aufgelegt. Das Fahrzeug war ein zuverlässiger und zugstarker Schlepper der gehobenen Mittelklasse und mit dem wassergekühlten Dreizylinder-MWM-Direkteinspritzdiesel D 225-3 ausgestattet. Sein Hubraum betrug 2550 ccm, aus dem sich eine Motorleistung von 45 PS bei 2400 Touren herausholen ließ. Das auch in einer bis zu 25 km/h schnellen Bauvariante erhältliche ZF-Leichtschaltgetriebe war als Gruppentriebwerk mit zwei Schalthebeln ausgeführt und besaß zehn Vorwärts- und zwei Rückwärtsgänge. Dieses 2200 kg schwere Modell war serienmäßig mit einer unabhängigen Zapfwelle und Regelhydraulik ausgestattet. Es blieb bis Anfang 1979 im Fertigungsprogramm und wurde höchstwahrscheinlich nur in einer geringen Stückzahl gebaut. Hier ein Traktor aus dem Jahr 1976.

RECHTS

Zwischen 1967 und 1975 hatten die Hermann Lanz-Werke das Scheppermodell D 534 im Programm. Es trat die Nachfolge des mit einem Hela-Diesel motorisierten Modells D 230 an. Unter der Haube des D 534 entwickelten 35 PS in dem wassergekühlten Dreizylinder-MWM-Motor D 208-3 mit direkter Kraftstoffeinspritzung und 2233 ccm Hubraum bei 2100/min ihre Qualitäten. Ab 1968 stieg die Leistung auf 40 PS bei 2300 Touren. Der Motor und das bei der Zahnradfabrik Friedrichshafen eingekaufte 10/2-Gang Leichtschaltgetriebe waren zu einem selbsttragenden Block verbunden. Eine Regelhydraulik von Bosch sowie die Motorzapfwelle mit Doppelkupplung gehörten zum serienmäßigen Lieferumfang. Weiteres Zubehör wie der fast unentbehrliche Baas-Frontlader, war aufpreispflichtig. Großen Wert hatte Hela auf eine optimale Gestaltung des Fahrerplatzes gelegt, denn hier musste der Schlepperfahrer, für den es gegen Aufpreis sogar einen hydraulisch gedämpften Luxussitz gab, einen erheblichen Teil seiner Arbeitszeit verbringen. Alle Hebel, Griffe und Pedale waren bedienungsfreundlich angeordnet; die Armaturen gut ablesbar im Blickfeld. Lediglich 140 Maschinen wurden bis zum Ende der Fertigung gebaut, was auch bei einem Inlandsmarktanteil von weniger als 0,5 %, der sich auf immer noch 14 unterschiedliche Typen im Programm verteilte, nicht verwundert.

OBEN

Der 1967 vorgestellte Hela-Dieselschlepper D 548 war das letzte Fahrzeug dieses Herstellers, das mit einem hauseigenen Motor ausgerüstet wurde. Während man den Bau der Ein- und Zweizylindermotoren wegen der stark rückläufigen Nachfrage schon zu einem früheren Zeitpunkt eingestellt hatte, gelangte hier noch der Dreizylinder-Wirbelkammer-Diesel des Typs AD 2 mit 3246 ccm Hubvolumen zum Einbau, bevor Hela die völlig unrentable Fabrikation eigener Antriebsaggregate gänzlich beendete. Dieser nahezu unverwüstliche Motor leistete 45 PS bei 2200/min und war mit einem allerdings noch in Schubradbauweise konstruierten 9/4-Gang Gruppenschaltgetriebe aus eigenem Hause verblockt, das es wahlweise auch in einer bis zu 26 km/h schnellen Bauvariante gab. Abgesehen vom veralteten Triebwerk war es ein moderner, starker Schlepper der oberen Mittelklasse. Mit 440 gebauten Einheiten entwickelte sich diese Zahl, gemessen an den Absatzverhältnissen des Herstellers, sogar noch recht zufriedenstellend.

Massey-Ferguson

OBEN

Zu den ausländischen Traktorherstellern, die seit dem Ende der 1950er Jahre verstärkt auf dem deutschen Markt Fuß zu fassen versuchten, gehörte in erster Linie die Firma Massey-Ferguson. Dieses Unternehmen entstand 1953 durch die Verschmelzung der Harry Ferguson Ltd. mit der kanadischen Firma Massey Harris. Die beiderseitigen Verkaufsprogramme liefen für einige Jahre zweigleisig. Erst 1961 endete die Fertigung der letzten Massey-Harris-Typen. Rein äußerlich waren die neuen Modelle seither an dem Massey-Harris-Rot für Haube und Kotflügel und Ferguson-Grau für die übrigen Bauteile zu erkennen. Im Jahr 1959 kam es zum Zusammenschluss von Massey-Ferguson mit der englischen Perkins-Gruppe, dem seinerzeit weltgrößten Hersteller von Dieselmotoren. Die dort fabrizierten Dieselaggregate wurden alsbald für eigene Schlepperantriebe genutzt. Im Jahr 1960 hatte sich dieser Hersteller in der Bundesrepublik – mit Vertriebszentrum im nordhessischen Eschwege – mit 3,8 % Marktanteil einen achtbaren zehnten Platz in der jährlichen Zulassungsstatistik erobert. Im Jahr 1965 wurde die berühmte 100er-Traktorserie aus der Taufe gehoben. Es war eine komplett neue Schleppergeneration mit gut auf den Bedarf abgestimmten Leistungsgrößen und einem deutlichen Trend nach oben. Die Erfolge ließen nicht auf sich warten. 1965 befand sich MF mit den im Inland neu zugelassenen 6045 Traktoren bereits auf dem fünften Rang. Fünf Jahre später mit 6877 Fahrzeugen und einem Marktanteil von 10,4 % konnte man – trotz eines um 25 % geschrumpften Volumens – diese Position sogar noch um einen weiteren Platz verbessern. Es war nicht nur ihr durch Großserienbau äußerst günstiger Preis, der die neuen MF-Traktoren zunehmend attraktiv machte. Hinzu kam eine ausgesprochen gute Verarbeitungsqualität. Mit 28 PS war der MF 130 das Einstiegsmodell der zunächst mit vier Typen vorgestellten 100er-Serie. Dieses Fahrzeug hatte als einziges der Reihe einen laufruhigen Vierzylinder-Vorkammer-Diesel von Perkins, der mit einem 8/2-Gang Getriebe verblockt war. Bis zum Jahr 1972 – hier ein 1967 gebautes Exemplar – entstand der Typ 130 in ansehnlichen Stückzahlen.

OBEN

Der MF 135 war mit seinem 45 PS starken Dreizylinder-Direkteinspritz Reihendiesel von Perkins mit 2500 ccm Hubvolumen ein zugkräftiger Schlepper der gehobenen Mittelklasse. Gleichzeitig avancierte dieses Modell zu dem mit Abstand erfolgreichsten Traktor der 100er-Reihe. Auch weltweit agierte der Typ 135 überaus erfolgreich, wenn man seine Gesamtstückzahl von rund 350.000 Einheiten betrachtet, sodass die für ihn geprägte Werbeaussage „Der meistgekaufte Schlepper der Welt" durchaus zutraf. Dieser hinterradgetriebene Traktor besaß ein 6/2-Gang Getriebe, welches auf Wunsch durch die zweistufige Multipower-Lastschaltung ergänzt, zu einem 12/4-Gang Getriebe aufgerüstet werden konnte. Der mit Motor-, Weg- und auf Wunsch auch mit Seitenzapfwelle sowie einer serienmäßigen Regelhydraulikanlage versehene MF 135 war ein typischer Vertreter eines Universalschleppers für mittelgroße Höfe. Dabei war die eingebaute Ferguson-Hydraulik über jeden Zweifel erhaben. Ihre Funktionen reichten vom Heben, Senken und Tragen bis zur automatischen Tiefenregulierung der Dreipunkt-Anbaugeräte.

LINKS

Innerhalb der vier 1965 neu vorgestellten 100er-Reihe war das MF-Modell 165 mit 58 PS der drittstärkste Schlepper. Er verfügte über einen wassergekühlten Vierzylinder-Perkins-Diesel mit direkter Kraftstoffeinspritzung, der ein Hubvolumen von 3325 ccm besaß und die vorgenannte Leistung bei 2000 Touren erzeugen konnte. Leistungsmäßig war er schon eine ausgewachsene Maschine für Betriebe jenseits der mittleren Größe. Das Getriebe mit 6/2-Gängen, bzw. in der gegen Mehrpreis lieferbaren Ausführung als patentiertes MF-Multipower-Lastschaltgetriebe mit 12/4-Gangstufen, entsprach der im Typ 135 gebauten Ausführung. Dieses konnte – ohne dass man kuppeln und schalten musste – während der Fahrt und unter voller Belastung betätigt werden.

LINKS

Das Jahr 1968 brachte einen weiteren Ausbau des MF-Produktionsprogramms. Hierbei füllte das ausschließlich im Werk Beauvais in Frankreich hergestellte Modell 133 die Lücke zwischen den Typen 130 und 135. Dieser Traktor war für den damals noch als EWG-Bereich bezeichneten europäischen Festlandsmarkt bestimmt. Anfangs war er mit einem dreizylindrigen Wirbelkammer-Diesel, ab 1971 mit einem Direkteinspritzaggregat bestückt, welches 35 PS bei 2000/min leistete. Diese Leistung war mit der eines Eicher Tiger, eines Fendt Farmer 1 oder eines Deutz D 4006 vergleichbar. Ein Multipower-Lastschaltgetriebe stand zwar nicht zur Verfügung, dafür aber bot das Standardgetriebe acht Vorwärts- und zwei Rückwärtsgänge. Um das Fahrzeug im Winter besser starten zu können, war der MF 133 mit einer CAV-Flammstartvorrichtung ausgerüstet.

RECHTS

Zum Ende der 1960er Jahre war der Leistungsbedarf der Traktoren für die europäischen Landwirte weiter gestiegen. Zu diesem Zweck brachte auch Massey-Ferguson in immer stärkeren Maße neue Traktormodelle auf den Markt, die den Verhältnissen der europäischen Landwirtschaft Rechnung trugen und über mehr Leistung verfügten. Eines dieser Fahrzeuge war das mit einem wassergekühlten Vierzylinder-Direkteinspritz-Diesel mit 4068 ccm Hubraum ausgerüstete Modell 185, der 74 PS bei 2000/min mobilisieren konnte. Werksseitig hatte dieser Schlepper ein 8/2-Gruppenschaltgetriebe. Mit Multipower ausgerüstet standen 12/4-Gangstufen zur Verfügung. Die erreichbare Maximalgeschwindigkeit betrug 27,2 km/h. Der selbstverständlich mit Motorzapfwelle und Regelhydraulik bestückte, auch in einer vierradgetriebenen Ausführung erhältliche Traktor war von Größe und Preis her eindeutig auf größere Bauernhöfe zugeschnitten. Weiteres Zubehör gab es gegen Mehrpreis, wozu auch eine solide Fahrerschutzkabine zählte.

Schlüter

OBEN

Zu Beginn der 1960er Jahre war bei den Freisinger Schlüter-Werken über die zukünftige Modellpolitik eine Grundsatzentscheidung gefallen. Unter dem Eindruck der stark rückläufigen Nachfrage in den PS-schwachen Leistungsklassen, hatte man sich entschlossen, auf das Segment der starken Traktoren zu setzen. Damit wurde die Epoche der „bärenstarken" Traktoren eingeleitet, in der zukünftige Erzeugnisse dieses Herstellers einen überdurchschnittlich hohen Bekanntheitsgrad erreichen sollten. Zu den jetzt kleinen Modellen von Schlüter zählte der ab März 1963 erhältliche Halbrahmenschlepper S 350. Dieses Fahrzeug verfügte über einen 34-PS-Direkteinspritzmotor mit drei Zylindern und 2945 ccm Hubraum. Als Triebwerk fungierte das stiftgeschaltete ZF-Gruppengetriebe A 208 mit 8/4-Gangstufen, von dem es auch eine bis zu 28,7 km/h schnelle Variante gab. Unter der Bezeichnung S 350 V war eine Allradversion erhältlich, wobei das „V" für Vierradantrieb stand. Die neue Schlüter-Modellreihe blieb bis Oktober 1966 in der Produktion, wobei der Typ S 350 mit 1700 gebauten Einheiten ein recht zufriedenstellendes Abverkaufsresultat erzielen konnte.

Schlüter
Schlüter DIESEL
S 450
HN EY 804

LINKS

Die Freisinger Schlüter-Werke fabrizierten zu Beginn der 1960er Jahre ein aus mehreren Typen bestehendes Schlepperprogramm, welches ein Leistungsspektrum von 15 bis 60 PS umfasste. Noch im Jahr 1961 war die Modellreihe auf ZF-Triebwerke umgestellt worden. In technischer Hinsicht entsprachen allerdings mehrere ihrer Mitglieder nicht mehr dem neuesten Stand. So waren zum Teil Baukomponenten vorhanden, die sich noch auf dem Entwicklungsstand der frühen 1950er Jahre befanden. Eine neue Schlepperreihe war daher längst überfällig. Bevor aber die ersten neuen Typen auf dem Markt erschienen, war hinsichtlich der zukünftigen Modellpolitik im Unternehmen selbst eine Grundsatzentscheidung gefallen. Unter dem Eindruck der stark rückläufigen Nachfrage in der unteren Leistungsklasse hatte die Schlüter-Geschäftsleitung als einer der ersten Hersteller in der Bundesrepublik erkannt, dass nur Spezialisierung eine gesicherte Zukunft bereithalten konnte. Schlüter entschied sich folglich für das Segment der stärkeren Traktoren. Dieses Umdenken fand gerade rechtzeitig statt, als der von den Fortschritten in der Landmaschinentechnik verursachte Ruf nach stärkeren Traktoren immer lauter wurde. Mit dem Typ S 450 erschien im August 1962 der erste Schlüter-Traktor der neuen Reihe, mit der gleichzeitig auch der Anschluss an die Konkurrenz vollzogen werden konnte. Zugleich läutete dieses Modell die Epoche der „bärenstarken" Schlepper ein, unter der die zukünftigen Erzeugnisse dieses Herstellers einen überdurchschnittlich hohen Bekanntheitsgrad erreichen sollten. Das Herz der in Halbrahmenbauweise entworfenen neuen Traktorenreihe war ein im Baukastensystem konstruierter Direkteinspritz-Diesel, der mit erheblich kleineren Zylindereinheiten arbeitete. In den S 450 wurde der 42 PS starke Dreizylinder SD 105 W 3 mit 3247 ccm Hubraum installiert, der seine Maximalleistung bei noch durchaus moderaten 1800 Touren zur Verfügung stellte. Das 8/4-Gang Gruppenschaltgetriebe des Baumusters A 210 kaufte man bei ZF ein. Dieses bis November 1966 gefertigte Modell gab es ab Oktober 1964 auch als vierradgetriebene Bauvariante. Zusammen verließen genau 2503 Exemplare die Werkstore. Abgebildet ist ein Hinterradtraktor von 1964.

OBEN

Der seit November 1966 angebotene Super 400 bzw. Allradtraktor Super 400 V war der Nachfolger des S 350. Es war das kleinste Modell und gehörte bereits zu der ab Juli 1966 angebotenen, aus sechs Grundmodellen von 38 bis 130 PS bestehenden „Super“- Baureihe. Die neuen Modelle hoben sich äußerlich durch den geänderten Frontabschluss des Rahmens von ihren Vorgängern ab. Der Super 400 wies den hubraumstärkeren, aus dem bisherigen S 450 stammenden Dreizylindermotor mit 3247 ccm Rauminhalt auf und erzeugte seine Maximalleistung von 38 PS bei 1800/min. Ab 1967 wurde diese auf 42 PS bei gleicher Drehzahl angehoben. Als Triebwerk fungierte das A 208-Leichtschaltgetriebe mit 8/4-Gangstufen von ZF, das es wiederum in einer schnellen Ausführung gab. Bis zur Baueinstellung im Januar 1968 verließen insgesamt 373 Traktoren die Fertigungsbänder.

LINKS UNTEN

Ab Januar 1968 vervollständigte der mit dem Vierzylinder-Direkteinspritz-Diesel SDM 100 W 4 ausgerüstete Traktor Super 550 bzw. Super 550 V das Schlüter-Bauprogramm. Er trat die Nachfolge des 52-PS-Modells Super 500 an, dessen Fertigung zeitgleich beendet wurde. In diesem anfangs 55, ab Februar 1969 58 PS leistenden Schlepper war zunächst das ZF-Gruppenschaltgetriebe A 210 und später das stärkere A 212 installiert, welches die motorische Leistungsanhebung ermöglichte. Zunächst war der Traktor mit runden Hinterradkotflügeln ausgerüstet, die ab 1970 einer eckigen Form wichen. Seither war der gesetzlich vorgeschriebene Sicherheitsrahmen lieferbar, der mit einem zusätzlichen Sonnenschutzdach ausgerüstet werden konnte. Etwa 20 Fahrzeuge erhielten die seit dem Frühjahr 1969 angebotene neue Traktomobilkabine. 587 Traktoren waren das Fertigungsergebnis bis zum Juli 1972.

OBEN

Im Zuge des Ausbaus der Schlüter Super-Traktorenreihe erschien im Juli 1968 das Modell Super 850, welches in der Ausführung als Allradschlepper unter der Bezeichnung Super 850 V geführt wurde. Der zunächst mit dem direkt-einspritzenden Sechszylinder Schlüter-Diesel SD 105 W 6 ausgerüstete Traktor unterschied sich nur durch die um zehn PS höhere Motorleistung vom Super 750. Als Triebwerk gelangte das Baumuster T 318 II mit 12/6-Gangstufen zur Verwendung. Es gehörte zur Reihe T 300, die aus der erfolgreichen Triebwerksserie A 200 weiterentwickelt worden war. Die T 300-Getriebe wiesen pro Gruppe nun sechs anstelle von vier Gängen auf. Vier der Gänge waren synchronisiert, ebenso auch die Gruppenschaltung. Auf Wunsch erhältlich war sowohl eine lastschaltbare Zwischengruppe als auch eine zusätzliche Kriechgang- oder Superkriechganggruppe, welche weitere vier Vorwärts- und zwei Rückwärtsgänge umfasste. Ab Juli 1969 erhielt der Super 850 einen der neuentwickelten, mit Mehrlochdüsen für die Kraftstoffeinspritzung ausgestatteten Schlüter-Dieselmotoren des Typs SDM 106 W 6. Dieser 85 PS starke Motor wies ein mit 6619 ccm größeres Hubvolumen auf und wurde daher mit dem stärker belastbaren Triebwerk T 325 II zusammengefügt. Motorzapfwelle und eine nach Oberlenkerreglung arbeitende Regelhydraulik mit bis zu 3200 kg Hubkraft gehörten zur Serienausstattung. Bei diesem starken Schlepper überwog die Nachfrage nach der Allradausführung bei weitem. Insgesamt wurden 250 Stück bis April 1971 gebaut. Hier ein Fahrzeug mit Fritzmeier-Verdeck von 1971.

OBEN
Im Juli 1971 wurde der Super 850 aktualisiert. Während ihm der 85 PS starke Sechszylinder-Direkteinspritzmotor mit Mehrlochdüsen erhalten blieb, galt dies zunächst auch für das ZF-Triebwerk T 325 II. Ab Mitte des Jahres 1972 wurde dieses durch das Baumuster T 3102 ersetzt. Auch die Regelhydraulik erfuhr mit einer Hubkraft von bis zu 4500 kg eine Aufwertung. Neben der serienmäßig am Heck installierten Motorzapfwelle gab es gegen Aufpreis auch eine solche im Frontbereich. Auf Wunsch erhältlich war auch eine ölhydraulische Voith-Turbokupplung, mit der unter Last in jedem Gang völlig ruckfrei angefahren werden konnte. Diese Abbildung zeigt einen 1973 gebauten, allradgetriebenen Super 850 V, dessen tiefliegender Schwerpunkt in Verbindung mit den voluminösen Vorderrädern dem Fahrzeug ein besonders gedrungenes und kraftvolles Aussehen verleihen.

RECHTS
Im Jahr 1973 entstand auch dieser mit der Traktomobil-Kabine ausgerüstete Super 850 V. Mit der 1966 erstmals vorgestellten Sicherheitskabine erregten die Schlüter-Werke bei der Kundschaft großes Aufsehen, denn in dieser Richtung hatte bisher kein Mitbewerber etwas Vergleichbares aufzuweisen. Die Kabine verfügte über beidseitige Schiebetüren und bot großzügige Raumverhältnisse, eine hervorragende Rundumsicht sowie eine gute Heizungs- und Belüftungsanlage. Heck- und Frontscheibe waren aufklappbar und seitlich befanden sich Schiebefenster. Die Super 850-Traktormodelle wurden mit verschiedenen Detailverbesserungen bis zum November 1976 gebaut. Allradantrieb war bei diesen Großschleppern selbstverständlich. Die hinterradgetriebene Ausführung wurde kaum noch verlangt. Das allerletzte Exemplar entstand im September 1975.

NÄCHSTE DOPPELSEITE
Der seit Dezember 1967 am Markt befindliche Super 950 bzw. 950 V war ein mit einem 95 PS starken Sechszylinder-Diesel mit 7127 ccm Hubraum ausgerüsteter zugstarker Schlepper. Gegenüber seinem Vorgänger, dem geringfügig schwächeren Super 900, gab es – abgesehen von den fünf zusätzlichen PS und der leistungsfähigeren Hydraulikanlage – kaum Unterschiede. Identisch blieb auch das lenkradgeschaltete, nahezu vollständig synchronisierte ZF-Gruppengetriebe T 330 II mit 12/6 bzw. 16/8 Gängen. Eine Doppelkupplung von Walterscheid ersetzte das bisherige F & S-Baumuster. Auf Wunsch konnte der Super 950 nun auch mit einer Voith-Turbokupplung (bei Schlüter als Hydrokupplung bezeichnet) ausgerüstet werden. Ab 1970 erhielt der Schlepper eckige Kotflügel und serienmäßig einen Sicherheitsrahmen. Hier ein noch mit den runden Hinterradkotflügeln ausgerüsteter Super 950 V von 1968.

Schlüter
Super 950V
VIE IK 950

VEB/DDR

OBEN

Auch noch zur Mitte der 1960er Jahre war die Situation der landwirtschaftlichen Zugfahrzeuge in der ehemaligen DDR stark angespannt. Auf den Punkt gebracht: Es fehlte noch immer ein leistungsstärkerer Ackerschlepper für die Bewirtschaftung der großen zusammenhängenden Anbauflächen der Landwirtschaftlichen Produktionsgenossenschaften (LPGs). Bis ein solches Modell im Jahr 1967 endlich erhältlich war, musste man sich mehr schlecht als recht mit den Modellen der Famulus-Reihe bzw. sogar noch mit dem alten Pionier behelfen, obwohl jene über das Maß der damaligen Mittelklasse kaum hinausreichten. Im Jahr 1963 hatte man für die Traktoren der DDR einen neuen Typencode eingeführt, wobei fünf unterschiedliche Zugkraftklassen zugrunde gelegt worden waren. Davon betroffen war natürlich auch die Famulus-Schlepperfamilie. Die Leistung des Famulus 36 mit axialluftgekühltem Zweizylinder-Wirbelkammer-Diesel wurde 1964 offiziell mit 36 PS bei 1650 Touren angegeben und dieses Modell der Zugkraftklasse 3 zugeordnet. Entsprechend lautete die Typenbezeichnung für den RS 14/36 Famulus nun Radtraktor RT 315. In dieses bereits seit 1956 fabrizierte Modell waren zwar technische Verbesserungen an Bremsen, Hydraulik und Lenkung nach und nach eingeflossen. Auch an eine Optimierung des Fahrersitzes durch bequemere Sitzschalen mit einstellbarer Federung hatte man gedacht. Im Grundaufbau aber hatte sich bisher wenig geändert. Die Druckluftbremsanlage und der umsturzsichere Fangrahmen der Fahrerkabine waren hingegen schon echte Neuerungen. Noch im gleichen Jahr endete der Bau des im Grunde bereits überalterten Modells, nachdem 1569 Einheiten hergestellt worden waren.

OBEN UND FOLGENDE DOPPELSEITE

Die wassergekühlte, jetzt als Famulus 40 bezeichnete Bauausführung erhielt die Typenbezeichnung RT 325. Dieses Modell ging auf die 1960 entstandene Variante RS 14/46 zurück, bei der die Drehzahl des ursprünglich nur für 30 PS bei 1500/min ausgelegten Aggregats schließlich auf 2000 Touren bei beachtlichen 46 PS gesteigert worden war. All dies geschah aus der Forderung heraus, der DDR-Landwirtschaft nach dem Auslaufen der Typen Pionier und Harz ein adäquates, möglichst aber noch stärkeres Fahrzeug zur Verfügung zu stellen. 46 PS bei 2000 Touren waren aber auf Dauer für den überlasteten Motor wenig verträglich, sodass man zu einer Reduzierung auf 40 PS bei 1800/min gezwungen war. Mit dem ab 1964 angebotenen RT 325 wurde die Zurücknahme der Leistung auch nach außen hin dokumentiert. Wie auch in seinem luftgekühlten Pendant, war in den wassergekühlten Schlepper das 10/2-gängige Getriebe installiert. Allerdings hatte sich der RT 325 mittlerweile überlebt. Selbst beim Export in befreundete Entwicklungsländer gehörte er nicht mehr zur ersten Garde. Gebaut wurden bis 1965 noch 4569 Fahrzeuge.

car technic

Famulus
KYF
RS54

FORTSCHRITT ZT303
EL
UL 43

LINKS

Mit dem Zugtraktor ZT 300 erhielt die Landwirtschaft in der DDR im Jahr 1967 endlich ihren ersten im eigenen Land hergestellten Radschlepper mit ausreichender Motorleistung und wesentlich höherer Zugkraft, was für die Großflächenbewirtschaftung des Landes dringend erforderlich war. Dieser 90 PS starke, zunächst als Hinterradmaschine erhältliche Großschlepper besaß einen vorderen Hilfsrahmen und bewährte sich zur allgemeinen Zufriedenheit. Bei ungünstigen Geländeverhältnissen wie auf nassen und schweren, wenig tragfähigen Böden sowie im Hügelland war sein Zugvermögen oftmals an seine Leistungsgrenze gelangt. Daher entwickelte der VEB Traktorenwerk Schönebeck eine Ausführung mit zuschaltbarer Fronttriebachse, die ab 1972 unter der Typenbezeichnung ZT 303 geführt und angeboten wurde. Für dessen Serienbau fanden viele bereits in anderen Fahrzeugen bewährte Baugruppen Verwendung. Neben vielen Teilen aus dem ZT 300 konnte die angetriebene Lenkachse des Standard-Lkws W 50 LA problemlos verwendet werden. Der wassergekühlte, nach dem M-Verbrennungsverfahren arbeitende Vierzylinder-Diesel hatte 6560 ccm Hubraum und leistete 90 PS bei 1850/min. Bis 1978 wurden diese auf 100 PS angehoben. Das Getriebe bestand aus 9/6 Gangstufen. 1983 endete sein Bau, wobei der ZT 303 den Standardtraktor stückzahlmäßig überrunden konnte.

Mehr Motorleistung und härterer Wettbewerb

Die 1970er Jahre

Zu Beginn dieses Jahrzehnts hatte sich die Riege der deutschen Traktorhersteller weiter gelichtet. Die Zahl der unabhängigen Unternehmen schwand zusehends. Seit 1969 musste sich auch Güldner aus dem Geschäft zurückziehen. Schon zwei Jahre später folgte die Hanomag und damit wieder ein ausgewiesener großer Hersteller der Branche. Den Kramer-Werken, Hermann Lanz in Aulendorf und auch Eicher ging es geschäftlich immer schlechter, sie wehrten sich aber mit aller Vehemenz gegen das unvermeidliche Ende. Auch bei Schlüter hatte man erkennen müssen, dass die ausschließliche Hinwendung zu den Großtraktoren für ein mittelständisches Unternehmen, wozu man selbst auch zählte, keinesfalls die erhoffte Lösung darstellte, um am Markt auf Dauer überleben zu können. Denn seit auch die Großen der Branche die besagte Marktlücke erkannt hatten und mit in größeren Serien preisgünstiger gefertigten Traktoren auftraten, konnte Schlüter nicht mehr mithalten. 1970 stand Deutz weiterhin auf Platz eins in der Zulassungsstatistik, dicht gefolgt von International Harvester, der es gelungen war, auf den zweiten Rang aufzurücken. Mit einem schon größeren Abstand kam dann Fendt. Massey-Ferguson war auf Platz vier zu finden. Fünf Jahre später hatten Deutz und IHC die Rangfolgen getauscht, während Fendt und MF ihre Plätze halten konnten. An der Rangfolge der ersten Drei hatte sich auch 1980 nichts geändert. Auf Platz vier war jetzt John Deere zu finden. Seit Beendigung der Lanz-Fertigung im Jahr 1960 hatte das Unternehmen 20 Jahre gebraucht, bis man mit den nachfolgenden Dieselschleppern in die Spitzengruppe gelangen konnte. MF hingegen war auf Rang sechs zurückgefallen. Insgesamt nahmen ausländische bzw. globale Anbieter allerdings einen immer breiteren Raum ein. Hersteller wie Fiat, David Brown, Same, Renault, Steyr, SAME, Zetor, UTB verdrängten die deutschen Anbieter immer stärker, bzw. übernahmen die durch deren Verschwinden freiwerdenden Anteile. Die Gesamtentwicklung hatte eine weitere Konzentration der Mitbewerber zur Folge.

Hinzu kam, dass das 1970 noch 66.064 im Inland neu zugelassene Traktoren umfassende Marktvolumen sich weiter rückläufig gestaltete. 1975 betrug dieses noch 64.171 und bis 1980 fiel es auf nurmehr 45.477 Einheiten. Diese Zahlen können nicht verwundern wenn man bedenkt, dass mit rund 1,5 Millionen Fahrzeugen, darunter etwa 130.000 in der DDR, der Traktorenbestand Anfang der 1970er Jahre einen neuen Höhepunkt erreicht hatte. Das Ziel der Vollmotorisierung war – zumindest in der Bundesrepublik – praktisch erreicht. Jeder Landwirt hatte zumindest einen Ackerschlepper, sodass der Markt als gesättigt bezeichnet werden konnte. Wurde ein neuer Traktor angeschafft, so handelte es sich immer häufiger um eine Ersatzbeschaffung und nicht um Neukauf. Fast ganz ausgedient hatten die kleinen Bauernschlepper der ersten Nachkriegsjahre und frühen 1950er. Der Trend zu höheren Motorleistungen, setzte sich auch weiterhin in einem verstärkten Maße fort. Deren Leistung hatte sich innerhalb von zwei Jahrzehnten mehr als verdoppelt und lag im Durchschnitt jetzt bei 45 bis 50 PS. Der Grund war in der abnehmenden Zahl der landwirtschaftlichen Betriebe, aber auch ihrer Betriebsgröße zu suchen. Innerhalb von 20 Jahren hatte sich die Zahl der Bauernhöfe um rund ein Drittel verringert. Und dies auf Kosten der kleinen Höfe und Nebenerwerbsbetriebe. Übrig blieben immer größere Betriebe, die ein wachsendes Bedürfnis nach höheren Schlepperleistungen hatten.

Nicht nur die Leistung, sondern auch die Technik der Fahrzeuge hatte gegenüber früher eine erhebliche Aufwertung erfahren. Allradantrieb war jetzt nicht mehr die Ausnahme, sondern wurde – zumindest als Sonderausrüstung und bei größeren Modellen fast ausschließlich – immer mehr zur Regel. Auch der Verbesserung des Fahrerplatzes und dessen Sicherheit hatten sich die Konstrukteure verstärkt angenommen. Ein bequem gefederter, gepolsterter und ergonomisch gestalteter Sitz ließ den Schlepperfahrer längeres Arbeiten besser ertragen. Seit 1970 wurden Sicherheitsbügel und Umsturzrahmen für alle neuen Schlepper Pflicht, während ältere Modelle bis 1977 nachzurüsten waren. Der Trend zur geschlossenen, geräuschgedämmten und später vollklimatisierten Kabine hielt an. Auch die Fortschritte in der Getriebetechnik waren unverkennbar. Dieses Bauteil hatte, zusammen mit Hydraulik, Elektrik und später Elektronik dem Motor als dem früher größten Kostenfaktor eines Schleppers den Rang abgelaufen. Lastschaltbare Triebwerke in vielen Variationen wurden immer häufiger zur Selbstverständlichkeit. Dieses und andere Gebiete wurde zum Betätigungsfeld spezialisierter Zulieferer. Kleinere Anbieter waren bei dieser immer anspruchsvolleren Entwicklung eindeutig überfordert, zumal sie die hierfür notwendigen Kosten kaum aufbringen konnten. Diese immens hohen Investitionen konnten selbst von Großunternehmen kaum noch allein geleistet werden. Die Entwicklung ließ daher zum Ende des Jahrzehnts weitere, vermehrt globalisiert orientierte unternehmerische Zusammenschlüsse innerhalb der Branche erkennen, um ihm Rahmen des so genannten Synergieeffekts das vorhandene Potenzial optimal nutzen zu können.

Ein Kapitel der 1970er Jahre waren die von Daimler-Benz, Deutz und Kramer herausgebrachten Systemschlepper. Stückzahlmäßig von Bedeutung waren lediglich die beiden ersten Hersteller. Sowohl beim MB-trac von Daimler-Benz als auch beim Intrac von Deutz rückte der Fahrerplatz entweder in die Fahrzeugmitte oder sogar ganz nach vorne. Eines der wichtigsten Merkmale dieser neuen Fahrzeuge waren die vier nahezu gleichwertigen An- und Aufbauräume. Von beiden Herstellern wurden sie als System verstanden und liefen seither unter der vorgenannten Bezeichnung.

Daimler-Benz

OBEN

Seit seiner Vorstellung im Jahr 1972 erregte der auf der Basis des erfolgreichen Unimog entwickelte MB-trac in der Landwirtschaft beträchtliches Aufsehen. Sinkende Absatzzahlen des Unimog in der Landwirtschaft hatten Daimler-Benz zur Konzeption dieses Fahrzeugs erwogen. Diese umfasste fünf Jahre intensiver Entwicklung und Erprobung. Heraus kam ein sehr ungewöhnliches Modell mit wuchtigem und kantigem Erscheinungsbild. Der Allradantrieb, die vier gleich großen Räder sowie viele andere bewährte Baukomponenten entstammten dem Unimog-Bau und wurden auf das neue Fahrzeug adaptiert. Bei einer in der Fahrzeugmitte befindlichen Fahrerkabine besaß der MB-trac drei Anbauräume und eine Zwei-Wege-Steuerung. Er lief ebenfalls im Werk Gaggenau vom Band und war von vornherein auf die Bedürfnisse der Landwirtschaft ausgerichtet. Mit diesem Trac konnten bei der Feldarbeit mehrere Arbeitsgänge zugleich problemlos erledigt werden. Das sparte Kraftstoff, Zeit und kam der Schonung des Bodens zu Gute. Ähnlich wie schon beim Unimog, der auch in der Landtechnik begann und sich bald zum motorgetriebenen Alleskönner entwickelte, beschränkten sich die Verwendungsmöglichkeiten des MB-trac bei Weitem nicht nur auf die Landwirtschaft. Auch in zahllosen anderen Bereichen war er als Zugmaschine anzutreffen. Das erste Modell verfügte über einen Vierzylinder-Diesel mit 65 PS und schon bald entstand eine umfangreiche MB-trac-Palette, deren Motorisierung aus Vier- und Sechszylindermotoren bestand. Der zwischen 1982 und 1991 angebotene Typ 900 Turbo verfügte über ein 85-PS-Vierzylinder-Dieselaggregat mit 3780 ccm Hubvolumen.

Deutz

OBEN

Der D 4006 war mit 35 PS der kleinste Dreizylindertraktor aus der D 06-Typenreihe. Der mit dem gedrosselten Motor des D 5006 ausgerüstete Ackerschlepper leistete 35 PS bei 2150/min, verfügte über eine unabhängige Zapfwelle sowie wahlweise über das teilsynchronisierte, mit 8/2-Gängen ausgestattete TW 35.1- oder das vollsynchronisierte TW 35.4-Getriebe, welches mit 8/4-Gängen ausgerüstet war. Bei letzterem wurde die Zapfwelle mittels Handhebel bedient. Wer in dieser Klasse eine höhere Zugkraft benötigte oder oft unter ungünstigen Geländeverhältnissen arbeiten musste, für den stand dieser Schlepper auch mit Vierradantrieb als Typ D 4006 A zur Verfügung. In der Praxis wurde der kleine Allradschlepper aber eher selten verlangt. Der D 4006 behauptete sich mit rund 75.000 Stück als der erfolgreichste Traktor dieser bis 1984 im Bauprogramm befindlichen Reihe. Abgebildet ist ein 1968 gebauter Hinterradschlepper mit Umsturzrahmen.

OBEN

Nach dem 24 PS starken Einstiegsmodell D 2506, das infolge zu geringer Nachfrage 1974 ersatzlos aus dem Programm fiel, war der D 3006 mit 30 PS das in der Leistungshierarchie folgende Modell. Auch er verfügte über den gleichen axialluftgekühlten Zweizylinder-Direkteinspritz-Diesel F 2 L 912 mit 1884 ccm Hubraum, der seine höhere Leistung durch eine auf 2300 Touren angehobene Drehzahl herausholte. Das teilweise bereits bolzengeschaltete TW 35.1-Getriebe gab es mit einer Doppelkupplung zur Betätigung der Motorzapfwelle. Die nach dem Deutz-Transfermatic-System arbeitende Dreipunkthydraulik war mit 1490 kg Hubkraft für die damalige Zeit recht leistungsstark. Von dieser Traktorbaugröße gab es auch die Plantagenausführung D 3006 P. Insgesamt hielt Deutz teilweise bedeutend länger als die meisten Mitbewerber an kleinen Zweizylinder-Modellen fest. Bei International Harvester z. B. begann das Typenprogramm mit einem 34 PS starken Dreizylinder-Direkteinspritzmotor. Abgebildet ist ein D 3006 mit Dieteg-Allwetterverdeck.

RECHTS

Mit dem einprägsamen Slogan „Premiere der neuen Kraft“ und einem erheblichen Werbeaufwand präsentierten die Deutz-Werke zu Beginn des Jahres 1968 die Traktorreihe D 06. Angesichts der in der Branche herrschenden Absatzflaute hielt es die Unternehmensleitung für angebracht, auf eine komplett neue Schleppergeneration zu setzen. Dies obwohl sich die bisherige D 05-Reihe erst seit 1965 auf dem Markt befand und daher keineswegs als veraltet eingestuft werden konnte. Auch wenn Deutz seit 1958 weiterhin mit Erfolg seinen ersten Platz in der jährlichen deutschen Zulassungsstatistik verteidigt hatte, waren die absoluten Stückzahlen stetig gesunken. Das Kernstück der neuen Traktoren war die neu entwickelte, nach dem Direkteinspritzverfahren arbeitende Motorenbaureihe FL 912. Mit dem Übergang zu klauengeschalteten bzw. synchronisierten Gruppentriebwerken machte auch die Getriebetechnik einen großen Sprung nach vorn. Rein äußerlich waren die D 06-Traktoren von Deutz durch ihre kantige, klare Karosserielinie erkennbar. In einem gewissen Kontrast dazu standen die runden Scheinwerfer. Ursprünglich hatte die Konstruktionsabteilung auch eine viereckige Bauform geplant, welche erstaunlicherweise beim Deutz-Unternehmensvorstand anlässlich einer Vorabpräsentation allerdings auf keine Gegenliebe stieß. Der Grund war denkbar einfach: Der damalige Vorstandvorsitzende war früher bei den BMW-Werken tätig gewesen, deren Personenwagen auch runde Scheinwerfer hatten.

OBEN LINKS

Hier der Dreizylinder-Diesel F 3 L 912 des D 4006. Die axialluftgekühlten Direkteinspritzer dieser Motorenreihe zeichneten sich durch sparsamen Kraftstoffverbrauch und vorbildliche Laufruhe aus.

UNTEN

Hier ein D 4006, der mit einer Sicherheitskabine nachgerüstet wurde. Bei dieser Kabine bildeten Kotflügel und Bodenplatte eine Einheit. Die vollverglaste Kabine schützte den Schlepperfahrer gegen Witterung und Geräusche und erlaubte zugleich eine ausgezeichnete Rundumsicht. An der rückwärtigen Kabinenwand konnten bei Bedarf Klappen geöffnet und so die Bedienungshebel der Dreipunkt-Geräte vom Fahrersitz aus betätigt werden.

OBEN RECHTS

Ab 1972 ergänzte der weitgehend auf dem D 4006 basierende D 4506 die D 06-Typenreihe. Er schloss damit die Lücke zwischen dem D 4006 und dem D 5006. In dem unter seiner Haube befindlichen Dreizylindermotor mit 2826 ccm Hubraum arbeiteten 40 PS bei 2300 Touren. Wiederum standen als Getriebe die beiden Ausführungen TW 35.2 mit 8/2-Gängen und TW 35.4 mit 8/4-Gangstufen zur Wahl. Motorzapfwelle und Transfermatic-Regelhydraulik mit 1560 kg Hubkraft waren serienmäßig vorhandene Ausrüstungsteile. Diesen Schlepper, der – wie auch die übrigen D 06-Typen – in seiner langen Bauzeit bis 1981 mehreren Lackierungsvarianten unterworfen war, gab es auch in einer Allrad- und Schmalspurvariante.

OBEN

Der gleichfalls von dem direkteinspritzenden Dreizylindermotor F 3 L 912 angetriebene D 5006 leistete 48 PS bei 2300 Touren und hatte den um drei PS schwächeren D 5005 zum Vorgänger. Er entstand durch die Kombination dieses Motors mit dem Synchrontriebwerk TW 50.1. Dieses Getriebe war entweder mit 8/2 Gängen ausgestattet oder konnte mit einer zusätzlichen Kriechgruppe, die den Geschwindigkeitsbereich von 0,4 bis 1,7 km/h abdeckte, zu einem 12/4-Getriebe aufgerüstet werden. Das TW 50.1 ermöglichte eine im Vergleich zum TW 35 größere Auswahl an Spurweiten, sodass der D 5006 mit der Kategorie I oder II des Dreipunktgestänges geliefert werden konnte. Je nach Ausführung wurde die Zapfwelle entweder über ein Zweistufenpedal oder über einen Handhebel bei synchronisierten Gängen betätigt. Letztere war als Duo-Zapfwelle mit zwei Geschwindigkeiten ausgeführt. Eine weitere sehr nützliche Besonderheit war die spritzwassergeschützte Scheibenbremsanlage. Der Schlepper wurde bis 1974 fabriziert; hier ein 1972 gebautes Exemplar mit Fritzmeier-Verdeck M 214 und Baas-Frontlader.

D5006

OBEN

Auch das Deutz-Modell D 5506 gehörte 1968 innerhalb der D 06-Reihe zu den Traktoren der ersten Stunde. Es trat die Nachfolge des erst seit 1965 am Markt befindlichen D 5505 mit gleicher Leistung an. Der neue 52 PS starke Vierzylinder-Diesel aus der FL 912-Motorenreihe besaß allerdings mit 3768 ccm einen größeren Hubraum. Ähnlich wie das beim Vorgänger eingebaute ZF-Gruppenschaltgetriebe A 216 bot das nun verwendete Deutz-Triebwerk TW 50.1 acht Vorwärts- und zwei Rückwärtsgänge. Wurde die zur Sonderausrüstung zählende Kriechgruppe geordert, standen 12/4-Gang-stufen zur Verfügung. Wie schon beim D 5006 war die unabhängige Zapfwelle in verschiedenen Ausführungen lieferbar. Ihre Bedienung unterschied sich durch Fuß- oder Hebelbetätigung. 1974 wurde dieser Traktor durch das stärkere Modell D 6206 ersetzt.

LINKS

Ab dem Modell D 4006 konnten alle Schlepper dieser Reihe auch in einer Bauvariante als Allradschlepper – in diesem Fall war es der D 5006 A – käuflich erworben werden. Dabei gelangte eine zuschaltbare Sige-Fronttriebachse des Baumusters 3500 zur Verwendung. Die vierradgetriebene Bauvariante war mit 2355 kg Leergewicht erheblich schwerer als der Hinterradschlepper, der 1995 kg auf die Waage brachte. Motor, Getriebe und Ausrüstung war bei beiden identisch. Diese Abbildung zeigt ein 1972 gebautes Fahrzeug, das mit einem massiven Frontschutz ausgerüstet ist.

OBEN

Diese Abbildung zeigt die Allradausführung D 5506 A, die sich – abgesehen von der angetriebenen Sige 3500-Vorderachse, der Bereifung und dem höheren Gewicht von 2445 kg – vom Hinterradschlepper kaum unterschied. Das gezeigte, 1972 gebaute Fahrzeug ist mit dem seit 1970 von der landwirtschaftlichen Berufsgenossenschaft vorgeschriebenen Schutzrahmen ausgerüstet.

RECHTS OBEN

Von 1968 bis 1972 blieb der ebenfalls mit dem Vierzylindermotor aus der FL 912-Baureihe bestückte D 6006 im Deutz-Fabrikationsprogramm. Mit 62 PS war dies der zunächst stärkste Vierzylinder, den Deutz der Kundschaft anbieten konnte. Er trat an die Stelle des erst seit 1967 in Serie gegangenen D 6005. Diesem entsprach er auch im Wesentlichen, bis auf den Direkteinspritzmotor, der einen vergrößerten Hubraum sowie ein Mehr von vier Pferdestärken gegenüber dem FL 812-Antriebsaggregat des Vormodells aufwies. Anstelle des Deutz-Triebwerks TW 55 gelangte jetzt das überarbeitete, ebenfalls mit 9/3-Gängen ausgestattete TW 55.2 zur Verwendung. Der auch, wie hier gezeigt, als Allradmodell D 6006 A erhältliche Schlepper war mit der ZF-Fronttriebachse APL 1550 bestückt. Mit 3025 kg war dieser zugstarke, auf den Einsatz in größeren Höfen zugeschnittene Traktor gewiss kein Leichtgewicht.

RECHTS UNTEN

Erst 1970 wurde der 67 PS starke Schlepper D 7006 vorgestellt. Der mit dem Vierzylinder-Direkteinspritzer ausgerüstete Traktor schloss die nach Fortfall des D 7506 und seiner Aufwertung zum D 8006 entstandene Leistungslücke zwischen diesem und dem D 6006. Dabei verwendete man Motor und das 9/3-Gang Getriebe vom D 6006 und die Vorderachse des D 8006. Der Traktor war mit der im Jahr 1970 eingeführten ebenen Fahrerplattform ausgerüstet. Auch bei diesem Modell standen unterschiedliche Getriebe- und Zapfwellenausführungen zur Wahl. Der als Allradschlepper D 7006 A mit der ZF-Fronttriebachse APL 1550 ausgerüstete Traktor blieb bis 1972 im Verkaufsprogramm. Hier ein 1970 gebauter Hinterradschlepper mit Fritzmeier-Allwetterverdeck.

D 6006
DH R 561

DEUTZ
D 7006
WES JV 541

OBEN

Zu der 1968 neu vorgestellten D 06-Schlepperfamilie gehörte auch ein starker Sechszylinder. Hierbei handelte es sich um das Modell D 9006, das die Nachfolge des D 9005 antrat. Der starke Großtraktor war sowohl mit Hinterrad- als auch mit Allradantrieb erhältlich. Unter der formschönen, nach vorn gezogenen und mit großzügigen Lüftungsschlitzen versehenen, eckigen Motorhaube verrichtete der Direkteinspritz-Diesel F 6 L 912 mit 5652 ccm Hubvolumen seine Arbeit. Er leistete 92 PS bei 2300/min. Weil die zu erwartenden Stückzahlen in diesem Leistungsbereich zu gering waren, verzichtete man bei Deutz auf eine eigenständige Getriebeentwicklung und kaufte entsprechende Baumuster bei ZF ein. In der Grundvariante stand das unsynchronisierte 8/4-Gang Gruppengetriebe T 330 II zur Verfügung. Auf Wunsch gab es auch ein teilsynchronisiertes 12/5-Gang Getriebe, das durch eine zusätzliche Kriechgruppe auf 16/7 Gänge erweitert werden konnte. Während die Hinterradmaschine mit einer gefederten Teleskopachse ausgerüstet war, erhielt die Allradvariante D 9006 A die ZF-Allradvorderachse APL 3050. Die ebenfalls von ZF bezogene Hydraulikanlage besaß ein Hubvermögen von 2100 kg. 1970 wurde der Traktor zu Gunsten des Typs D 10006 aus dem Programm genommen. Hier ein 1970 entstandener Allradschlepper.

UNTEN

1970 wurde das Deutz D 06-Typenprogramm überarbeitet und ergänzt. Es wurden gleich vier neue Modelle vorgestellt, zu denen auch der D 8006 zählte. Dieses Fahrzeug war mit 80 PS und einem 16/7-Gang Getriebe gleichzeitig der kleinste Sechszylinder im Bauprogramm dieses Herstel-

lers. Schon zwei Jahre später erfolgten weitere Verbesserungen an einigen Modellen. Davon nicht ausgenommen war der D 8006. Neben einer größeren Bereifung und der anstelle von ZF nun von Sige bezogenen Allradachse unterschied sich der neue Schlepper vor allem durch seine mit 3600 kg Hubkraft deutlich leistungsfähigere Hydraulikanlage. Außerdem wurde das vorherige ZF-Getriebe T 325 II nun durch das verbesserte T 3201 bei gleicher Gangzahl ersetzt. Das ab 1974 in hellgrüner Farbe und ab 1978 in Anlehnung an die DX-Traktoren mit silberfarbenen Felgen lackierte Traktormodell behauptete sich bis 1978 erfolgreich in den Verkaufslisten. Ab 1976 wurde auch eine Spezialausführung mit Sicherheitskabine ins Programm genommen. Hier ist ein solches, 1977 gebautes Allradfahrzeug vor einem zapfwellengetriebenen Feldhäksler des Typs Fahr FH 900 zu sehen.

OBEN

Im Jahr 1970 fand der D 9006 im Typ D 10006 seine Ablösung. Dem Baukastensystem entsprechend hatte auch dieses Sechszylinder-Modell den Motor F 6 L 912 eingebaut, der aus 5652 ccm Rauminhalt eine Leistung von 100 PS bei 2300 Touren erzeugte. Der in der Hinterradausführung 3655 kg schwere Traktor besaß das 16/7-Gang ZF-Getriebe T 335 II und eine Walterscheid-Doppelkupplung, um die unabhängige Zapfwelle betätigen zu können. Die verwendete ZF-Bosch-Kraftheberanlage verfügte über eine Hubkraft von 3000 kg an der Ackerschiene. Wie auch die übrigen Modelle, wurde der D 10006 mit einer ebenen Fahrerplattform ausgestattet. Die Sechszylindermodelle waren leicht an dem großen links außerhalb der Motorhaube angeordneten Schalldämpfer zu identifizieren. Dieses Bild zeigt einen 1971 gebauten Hinterradtraktor mit Fritzmeier-Kabine FK 9200.

UNTEN

Dieses Foto zeigt die am Allradschlepper D 9006 A vorhandene, kräftig dimensionierte ZF-Fronttriebachse APL 3050. Diese konnte üblicherweise während der Fahrt und unter Last zu- und abgeschaltet werden.

OBEN

Die technisch nahezu baugleiche Allradvariante D 10006 A war mit der ZF-Fronttriebachse APL 3050 ausgestattet. Abgesehen davon war das Gewicht mit 4015 kg deutlich höher und die Bereifung des Allradschleppers entsprechend größer. Hier ist ein mit Druckluftbremsanlage und Frontgewichten ausgerüsteter, offen ausgeführter D 10006 A zu sehen. An der linken Fahrzeugseite ragt der Vorabscheider zum Ansaugen der Verbrennungsluft empor. Dieses Fahrzeug gehörte leistungsmäßig zu jener Kategorie von Traktoren, die nahezu ausnahmslos Großbetrieben und Lohnunternehmen vorbehalten waren. Dem erforderlichen Leistungsbedarf angepasst und entsprechend hoch belastbar waren die üppig dimensionierten Ausrüstungsgegenstände.

UNTEN

Blick auf das durch ein Axialgebläse mit Luft gekühlte Sechszylinder-Direkteinspritzaggregat F 6 L 912, das beim D 10006 A für die notwendige Antriebskraft sorgte.

UNTEN

Im Jahr 1972 wurden auch am D 10006 verschiedene Änderungen vorgenommen. Während beim Motor kein Handlungsbedarf in dieser Richtung bestand, wurde das bisherige Getriebe gegen das ZF-Baumuster T 3311 mit gleicher Gangzahl ersetzt. Beim Allradschlepper kam nun die Sige-Achse 5200 zum Einbau. In der Leistung stark aufgewertet wurde die jetzt von Deutz beigesteuerte Kraftheberanlage, die mit 5000 kg Hubkraft nun ungleich stärker geworden war. Ebenso wie die übrigen Traktoren der D 06-Schlepperfamilie wurde der D 10006 ab 1974 in einem auffälligeren Hellgrün und vier Jahre später mit silberfarbenen Felgen lackiert. Ab 1976 wurde die hier abgebildete Spezialausführung mit Sicherheitskabine ins Programm genommen. Ebenfalls ab 1976 konnte die Allradvorderachse mit dem Optitrac-Selbstsperrdifferenzial geliefert werden. Dieses System sorgte – ähnlich wie es die Differenzialsperre an der Hinterachse tat – für eine durch eine Doppelklauenkupplung herbeigeführte automatische Sperrung der Vorderachse, wenn die Gefahr des Durchdrehens der Räder gegeben war. Der Vorteil bestand darin, dass mit dieser Einrichtung beim Pflügen unter extremen Verhältnissen kein einseitiger Radschlupf entstehen konnte. Beide Räder drehten also – trotz unterschiedlicher Bodenbedingungen – gleich schnell. Hier ist ein 1977 gebauter D 10006 A mit Kabine und Fronthydraulik zu sehen.

DEUTZ
VIE
IK 89

LINKS

Der nur in einer vierradgetriebenen Ausführung erhältliche D 13006 A war der stärkste Schlepper dieser Reihe. Er trat die Nachfolge des D 12006 A an und war mit der Sige 5200-Vorderachse ausgerüstet. Der Sechszylindermotor bezog seine Leistung von 120 PS bei 2400/min aus einem Abgas-Turbolader. Das synchrongeschaltete 16/7-Gang Getriebe T 3402 stammte von ZF und wies zwei Vorwärts- und eine Rückwärtsgruppe auf. Die Hydraulikanlage entsprach mit 5000 kg Hubkraft der Baugröße des Schleppers. Mithilfe seines 160-Liter-Kraftstofftanks konnte dieser Großschlepper einen Tag lang im Dauereinsatz arbeiten, ohne zwischendurch nachtanken zu müssen. Überwiegend wurde der D 13006 A bereits werksseitig mit einer festen Fahrerkabine ausgeliefert. Ab 1976 konnte der Käufer zwischen dieser und der Spezialkabine wählen. Die schweren Deutz-Sechszylindermodelle der D 06-Reihe erreichten mit insgesamt fast 33.000 gefertigten Traktoren einen überwältigenden Erfolg. Das war ein weiteres Zeichen dafür, wie sehr der Leistungsbedarf in der Landwirtschaft gestiegen war. Dieses Bild zeigt einen offen ausgeführten, gut restaurierten Traktor mit Frontballastierung aus dem Jahr 1972.

RECHTS

Auf der im Jahr 1972 in Hannover stattfindenden 52. DLG-Ausstellung präsentierte Deutz mit dem Intrac-System 2000 ein völlig neues Fahrzeugkonzept. Bei diesem Systemfahrzeug, das in Zusammenarbeit mit mehreren namhaften deutschen Landmaschinenherstellern entwickelt worden war, handelte es sich sozusagen um eine Mischung aus Geräteträger und Standardtraktor. Das Ziel dieses Konzepts bestand darin, mehrere Arbeitsgänge der Feldarbeit zu koppeln und Stand- und Rüstzeiten zwecks Optimierung der Produktivität weiter zu reduzieren. Zu diesem Zweck war der Intrac mit drei Anbauräumen – vorn, mittig und hinten – ausgestattet. Die technische Basis des kleineren Intrac 2002 bildeten hauptsächlich Baukomponenten des D 5006-Standardschleppers. So der als Unterflurmotor ausgebildete und um 70 Grad nach rechts geneigte 51 PS starke Dreizylinder-Diesel aus der FL 912-Reihe und das TW 50.1-Getriebe mit 12/4 Gangstufen. Die Anbindung an die Vorderachse erfolgte über einen Halbrahmen. Die durch eine breite Schiebetür zugängliche Kabine bot eine optimale Rundumsicht und über einen für die damalige Zeit als ungewöhnlich gut zu bezeichnenden Komfort. Sie befand sich aber direkt über dem Motor, der dadurch für Wartung, Service und Reparaturen denkbar schlecht zugänglich war. Trotz aller Bemühungen, die Konstruktion preislich gut umzusetzen, gab es gerade in dieser Hinsicht erhebliche Probleme. Allein das Hinterradfahrzeug kostete 19.700,- DM, rund ein Viertel mehr als ein vergleichbarer Standardtraktor. Diese Tatsache trug wesentlich zu dem nur mäßigen Verkaufserfolg dieses bis 1974 gefertigten Modells bei. Hier ein Intrac 2002 aus dem Jahr 1974 mit Hinterradantrieb. Beachtenswert sind die außergewöhnlich kleinen Vorderräder.

LINKS UNTEN

Eine Neuheit im Deutz D 06-Programm des Jahres 1972 war der Typ D 4506, der technisch weitgehend auf dem Modell D 4006 basierte. Mit seinem 40 PS starken Dreizylinder-Diesel F 3 L 912, füllte er die Lücke zwischen dem D 4006 und dem D 5006. Zur Auswahl stand entweder das 8/2-Gang Getriebe TW 35.2 oder das TW 35.4, das über 8/4 Gangstufen verfügte. Die Deutz-Hydraulikanlage dieses auch als Allrad- und Schmalspurschlepper erhältlichen Modells brachte es auf eine Hubkraft von 1560 kg an der Schiene. Das Fahrzeug war bis 1981 in den Verkaufslisten zu finden.

Diese Abbildung zeigt eine 1974 gebaute, in hellgrüner Lackierung und roten Felgen ausgeführte Hinterradmaschine mit Frontlader und Fritzmeier-Verdeckkabine FK 9200.

OBEN

1974 löste der Intrac 2003 das Modell 2002 ab. Das neue Fahrzeug hatte den mit 60 PS um einiges stärkeren Vierzylindermotor erhalten, denn die Motorleistung des Dreizylinders mit 51 PS hatte sich einfach als zu schwach erwiesen, um die gebotenen Möglichkeiten der Kombination mehrerer Arbeitsgänge optimal nutzen zu können. Obwohl der Kabine verschiedene Verbesserungen in Form einer besseren Geräuschdämmung sowie der aufstellbaren Frontscheibe zuteil wurden, blieb die schlechte Zugänglichkeit zum Motor bestehen. Das Getriebe war mit 8/2- oder 12/4-Gängen lieferbar. Das auch mit Allradantrieb lieferbare Modell blieb bis 1979 im Verkaufsprogramm. Hier ein Intrac 2003 mit Hinterradantrieb aus dem Jahr 1977.

OBEN

Der Deutz-Schlepper D 5206 ersetzte 1974 den Vorgänger 5006, indem seinem Dreizylindermotor eine zusätzliche Leistung von drei Pferdestärken bei gleichgebliebener Drehzahl verabreicht worden war. Zur Verfügung standen die beiden Getriebevarianten TW 50.3 mit 8/4 bzw. mit angeflanschter Kriechgruppe 12/4 Gängen. In seiner Leistungs- und Gewichtsklasse nahm er eine Position zwischen den Typen D 4506 und D 6206 ein. Eine unabhängige Duo-Zapfwelle mit 540 oder 1000/min gelangte hier zum Einbau. Der D 5206 konnte mit Krafthebern der Dreipunktgestänge der Kategorie I oder II, bedingt durch die möglichen Spurverstellmöglichkeiten, geliefert werden. Der ebenfalls in einer Allradvariante erhältliche Schlepper konnte bis 1981 käuflich erworben werden. Das hier mit einem Fritzmeier-Verdeck ausgerüstete Exemplar stammt von 1976.

RECHTS

Bis auf die auf 68 PS gesteigerte Motorleistung des Vierzylindermotors entsprach der seit 1974 ausgelieferte D 6806 dem Modell D 6006, das seit 1972 durch den Einbau einer dritten Getriebewelle als TW 55.4 mit 12/4 Gängen angeboten wurde. Ab 1978 gelangte das ganggleiche Deutz-Synchrontriebwerk TW 56.10, das auch die Synchronisation beim Allradantrieb ermöglichte, zur Verwendung. Der Gangwechsel erfolgte seither mittels Lenkradschaltung. Die Motorzapfwelle wurde per Handhebel betätigt. Beim Allradschlepper D 6806 A wurde noch für kurze Zeit die ZF-Allradvorderachse APL 1550 verwendet, die dann durch das Sige-Produkt SLE 4171 ersetzt wurde. Auf Wunsch konnte der Traktor ab dem Jahr 1976 mit der allseits geschlossenen, besonders intensiv geräuschisolierten und fest installierten Komfortkabine „Spezial“ des dänischen Herstellers Bosal-Sekura geordert werden. Nach wie vor gab es gegen Aufpreis die Fritzmeier-Verdeckkabine FK 9200. Hier ein Allradfahrzeug mit der Fritzmeier-Kabine und Frontlader.

FRITZMEIER
DEUTZ
D 68
NOH
DZ 14

OBEN

Dieses Foto zeigt einen Deutz D 6806 als Hinterradschlepper aus dem Jahr 1974. Diesem Baujahr entsprechen die hellrot lackierte Karosserie in Verbindung mit den roten Felgen. Der mit 2760 kg gegenüber der Allradausführung etwas leichtere Traktor gehörte zur damaligen Zeit leistungsmäßig zur gehobenen Mittelklasse. Es war ein kräftiger Universaltraktor der nicht nur für schwere Feldarbeit, sondern trotz seines Gewichts auch für Bestell- und Pflegedienste eingesetzt werden konnte. Diese Möglichkeiten verdeutlicht die mit 500 mm recht große Bodenfreiheit.

RECHTS OBEN

Mit dem Typ D 6206 erhielt im Jahr 1974 auch der D 5506 einen Nachfolger, dem er – bis auf die auf 58 PS gesteigerte Motorleistung des Vierzylinders und der anfänglich hellgrünen Lackierung mit roten Felgen – im Wesentlichen entsprach. Er gehörte damit zu den vier auf der DLG-Ausstellung in Frankfurt vorgestellten Modellen, welche die D 06-Schlepperreihe im Mittelklassebereich ergänzten. Der Vorteil der auffälligeren Farbgebung wurde von Deutz mit einer erhöhten Signalwirkung im Straßenverkehr und damit einem Plus an Sicherheit begründet. Ab 1978 wurden die Felgen silberfarbig lackiert. Während seiner bis zum Jahr 1981 andauernden Bauzeit wurde das 8/4- bzw. 12/4-Gang Getriebe zum TW 50.4 weiterentwickelt und gleichzeitig die Motorleistung auf 60 PS erhöht. Auch die Hydraulik erfuhr 1976 eine Hubkraftsteigerung auf 2400 kg. Gezeigt wird hier ein Hinterradschlepper in der letzten Lackierungsvariante.

RECHTS UNTEN

Als Nachfolger des D 7006 gelangte im Jahr 1974 das jetzt auf 72 PS Leistung angehobene Traktormodell D 7206 in das Deutz-Verkaufsprogramm. Als größter Vierzylinder war es ein sehr leistungsstarker Schlepper, der nicht nur in mittleren, sondern auch auf größeren Höfen vielfältige Verwendung fand. Anfangs war dieses Fahrzeug mit dem Deutz-Triebwerk TW 55.4 mit 12/4 Gängen ausgerüstet. Hier war nur jeweils der 3. und 4. Gang einer jeden Schaltgruppe synchronisiert. Ab 1978 wurde dieses durch das lenkradgeschaltete, vollsynchronisierte TW 56.10 mit gleicher Gangzahl ersetzt, wobei sich die Endgeschwindigkeit auf 30,1 km/h erhöhte. Die Deutz-Hydraulikanlage mit 2600 kg Hubkraft an der Schiene entsprach der des D 6806. Üblich für diese Baugröße war die unabhängige Zapfwelle, deren Doppelkupplung eine getrennte Bedienung aufwies. Hier wurde die fein dosierbare Zuschaltung über einen Handhebel vorgenommen. Auch der D 7206 blieb bis zur Vorstellung einer neuen Modellreihe im Jahr 1981 in der Fertigung. Hier ist ein Hinterradtraktor mit Dieteg-Allwetterverdeck und improvisiertem Frontgewicht aus dem Jahr 1978 zu sehen.

DEUTZ
DEUTZ
D 62 06

DIETEG
DEUTZ
DEUTZ
D 72 06

Eicher

OBEN

In der zweiten Hälfte der 1960er Jahre konnte die ab 1958 von Eicher angebotene Raubtier-Schlepperreihe aufgrund der laufend vorgenommenen Leistungssteigerungen und Detailverbesserungen zwar immer noch mithalten, war aber insgesamt ein wenig in die Jahre gekommen und nicht mehr jung und frisch. Um weiterhin konkurrenzfähig zu bleiben sprachen alle Indizien dafür, das Standardschlepperprogramm einer umfassenden Erneuerung zu unterziehen. Dieses Vorhaben wurde im Frühjahr 1968 mit zunächst vier Grundmodellen in die Tat umgesetzt. Technisch setzte man im Wesentlichen auf bewährte Baukomponenten. Im Zentrum standen dabei die immer noch aktuellen, klauengeschalteten ZF-Triebwerke der Serie A 200-Serie und die EDK-Motoren mit einzelluftgekühlten Zylindereinheiten. Während die nunmehr vierstelligen technischen Bezeichnungen alle mit 3000er-Nummern begannen – man sprach daher allgemein von der Serie 3000 – blieben die Raubtiernamen den Fahrzeugen weiter erhalten. Darüber hinaus bot Eicher neben Verbesserungen auch bedeutende Neuerungen an, sodass diese Bauserie durchaus Aufsehen erregte. An erster Stelle stand das äußere Erscheinungsbild. Es war vermutlich das erste Mal, dass ein Traktorhersteller bei der Formgestaltung seiner Produkte die Dienste eines externen Designers zu Hilfe nahm. Diese Aufgabe übernahm der Industriedesigner Ernst Hofmann-Igl aus Rosenheim, was den Modellen den zusätzlichen Beinamen „Igl-Traktoren“ einbrachte. Ihr Aussehen glänzte durch eine glatte, schlichte Form mit breiter Frontmaske und die saubere, klar gezeichnete Linienführung wusste zu überzeugen. Weiterhin hatten die Traktoren neue einzelradgefederte Vorderachsen und einen seitlich platzierten Gangschalthebel bekommen.
Die Typen Tiger I und Tiger II gehörten zu den Modellen der ersten Stunde. Der bis 1971 gebaute Tiger II war mit 3002 gefertigten Einheiten recht erfolgreich. Er besaß den radialluftgekühlten Dreizylinder-Direkteinspritz-Diesel EDK 2-3 mit 2944 ccm Hubraum und einer Leistung von 35 PS bei 2000 Touren. Das ZF A 208-Triebwerk hatte ein 8/4-Gangschaltung und erreichte in der schnellen Getriebeausführung 27,5 km/h. Abgebildet ist ein Fahrzeug von 1969.

OBEN

Der unter der Typenbezeichnung 3015 geführte, mit dem Vierzylinder-Diesel EDK 4-7 mit 3927 ccm Hubraum und einer Leistung von 52 PS bei 2000 Touren ausgerüstete Königstiger II gehörte zum Zeitpunkt seines Erscheinens in der Traktorenhierarchie zur gehobenen Mittelklasse. In Anbetracht seiner höheren Leistung war dieses sowohl mit Hinterrad- als auch mit Allradantrieb lieferbare Modell mit dem stärker belastbaren ZF A 212-Getriebe mit 8/4 Gängen ausgerüstet. Hiervon gab es wiederum eine Standard- sowie eine schnelle Ausführung. Wie auch die übrigen Zwei-, Drei- und Vierzylinder der Serie 3000 war auch der Königstiger II mit der von Eicher so bezeichneten Duplokup-Doppelkupplung für den fahrunabhängigen Zapfwellenbetrieb (Motorzapfwelle) ausgerüstet. Die hydraulische Anlage war als Regelhydraulik mit Einhebelbedienung des Regelsteuergeräte ausgeführt, wobei die maximale Hubkraft an den unteren Lenkern 1445 kg (später 1715 kg) betrug. Bis zu drei weitere Steuergeräte konnten zusätzlich angebaut werden. Insgesamt 1816 Hinterradschlepper verließen bis 1971 die Werkstore. Hier ein 1970 gebauter Traktor mit Fritzmeier-Verdeck und Umsturzrahmen.

LINKS

Blick auf den 45 PS starken Dreizylinder-Direkteinspritz-Diesel EDK 3 des Königstiger I. Gut sichtbar sind die radialen Einzelkühlluftgebläse für jeden Zylinder.

NÄCHSTE DOPPELSEITE

Zeitgleich mit der Vorstellung der beiden Tiger-Modelle präsentierte Eicher auch zwei Königstiger-Modelle. Während der Königstiger I den seit 1962 gebauten gleichnamigen Schlepper aus der alten Raubtierklasse ersetzte, war der stärkere Königstiger II ohne Vorgänger. Bei ersterem erfolgte der Vortrieb durch den Dreizylindermotor EDK 3, der 45 PS bei 2000/min mobilisieren konnte. Als Getriebe fungierte das Gruppentriebwerk A 210 III von ZF mit 8/4-Gangstufen, das es mit einer bis 19,4 km/h reichenden Standardabstufung, sowie als schnelle Bauvariante bis 27,5 km/h Höchstgeschwindigkeit gab. Auch dieser Traktor war mit der neuen, für den Schlepperfahrer ergonomisch günstigen Seitenschaltung ausgerüstet, die überdies einen freien Durchstieg zwischen Lenkrad und Fahrersitz ermöglichte. Von dem auch in einer Allradvariante lieferbaren Traktor verließen bis 1973 exakt 2697 Einheiten die Fertigungsbänder. Die Abbildung zeigt einen Allradschlepper 3010 S (mit Schnellgang) und Fritzmeier M 214-Verdeck aus dem letzten Fertigungsjahr.

Eicher
DIESEL
EICHER

EICHER
GM
HB 17

OBEN

Im Jahr 1969 wurde das Traktor-Programm der Eicher-Serie 3000 um das Modell Mammut aufgestockt. Dieser mit dem Vierzylindermotor EDK 4 ausgestattete 62 PS starke Traktor löste das bisherige Modell Mammut EM 600 ab. Die technische Bezeichnung des Hinterradschleppers lautete 3011, während die Allradvariante unter der Nummer 3012 geführt wurde. Das ZF-Gruppenschaltgetriebe A 216 II mit 8/4-Gängen war der hohen Leistung dieses Traktormodells angemessen. Die als Teleskopachse ausgebildete Vorderachse der Hinterradmaschine war einzelradgefedert; der Allradschlepper hingegen verfügte über die ZF-Fronttriebachse GLA 2556. Die Regelhydraulik konnte an der Schiene maximal 1720 kg heben. Infolge der bereits 1970 eingestellten Fertigung wurden vom Hinterradschlepper 247, vom Allradtraktor 220 Stück gebaut. Hier ein vorzüglich restaurierter Mammut Allrad von 1970.

LINKS UNTEN

Wie die Zahnradfabrik Friedrichshafen 1969 verlauten ließ, sollte der Bau der Triebwerksbaureihe A 200 wegen rückläufiger Nachfrage in Kürze eingestellt werden. Das brachte nicht nur die Eicher-Werke in arge Bedrängnis. So war diese Botschaft nicht zuletzt für Güldner der ausschlaggebende Punkt gewesen, sich aus der Produktion von Ackerschleppern zurückzuziehen. Nun war es für Eicher zu spät, eine eigene Getriebefertigung aufzuziehen, die sich angesichts der großen Stückzahlen durchaus gelohnt hätte. Innerhalb kurzer Zeit musste man sich neu orientieren. Die Lösung wurde in einer Zusammenarbeit mit Massey-Ferguson gefunden. Ab 1972 wurde der Tiger II mit einem 8/2-Gang Getriebe von MF ausgerüstet, weiterhin aber mit Eicher-Motor angeboten. Schon ein Jahr später folgte der Tiger 74, der aber nicht nur ein MF-Triebwerk, sondern auch einen 45 PS starken, nach dem Wirbelkammerverfahren arbeitenden wassergekühlten Dreizylinder-Perkins-Diesel des MF-Traktormodells 148 eingebaut bekam. Im Grunde basierte die gesamte Serie 74 fast vollständig auf MF-Modellen, die sich von jenen nur durch ein anderes Blechkleid unterschieden. Ein grundsätzlicher Nachteil der MF-Getriebetechnik bestand in der wenig leistungsfähigen Hydraulikanlage, die in diesem Fall mit 1660 kg nur bescheidenen Ansprüchen genügen konnte. Dieses Modell blieb bis 1978 in der Produktion und wurde in 1279 Exemplaren verkauft.

OBEN

Einen starken Auftritt hatten die beiden großen Eicher-Modelle Wotan I mit 80 und Wotan II mit 95 PS, als sie im Jahr 1968 vorgestellt wurden. Mit ihrer Motorleistung zählten diese Großschlepper zweifelsohne zum stärksten, was es damals auf dem deutschen Schleppermarkt zu kaufen gab. In den Wotan II als den leistungsfähigeren von beiden, war der Sechszylinder-Reihen-Diesel EDK 6 mit 5890 ccm Hubraum eingebaut. Seine Höchstleistung erreichte er bei 2000 Touren. Das ZF T 335 II-Getriebe war mit 16 Vorwärts- und sieben Rückwärtsgängen ausgerüstet. Zur Serienausrüstung gehörte eine unabhängige, lastschaltbare Motorzapfwelle mit zwei Geschwindigkeiten. Der ZF/Bosch Regelhydraulik-Blockkraftheber hob anfänglich 2240 kg. Im Laufe seiner Bauzeit wurde diese schrittweise bis 3200 kg erhöht. Während die Hinterradmaschine kaum nachgefragt wurde, kam der Wotan II Allrad mit 2697 bis zum Jahr 1976 gebauten Traktoren zu eindrucksvollen Verkaufserfolgen. Bis auf die über Gelenkwelle angetriebene und unter Last und Fahrt schaltbare ZF- Lenkpendelachse des Baumusters APL 1551 oder APL 3050 mit Planetenuntersetzung im Radantrieb sowie der Bereifung entsprach der Allradtraktor dem Schlepper mit Hinterradantrieb. Ab 1972 wurde im Wotan II Allrad das ZF-Triebwerk T 3309 mit 20/9 Gangstufen verwendet. Im folgenden Jahr stieg die Motorleistung durch Drehzahlerhöhung auf 100 PS. Abgebildet ist ein mit Druckluftbremse ausgerüsteter Wotan II Allrad von 1969.

KLEINES BILD OBEN RECHTS

Der EDK 6-Direkteinspritz-Reihen-Diesel des Wotan II Allrad in der 95-PS-Ausführung, hier die linke Einspritzseite.

Fendt

OBEN

Die Marktoberdorfer Traktorenfabrik Xaver Fendt hatte seit Oktober 1966 die ersten Modelle einer werksintern als „moderne Serie" bezeichneten neuen Schlepperreihe herausgebracht. Es waren in einer sachlich-kantig gehaltenen Haubenform gestaltete Traktoren, deren Design dem bereits von anderen Herstellern vorgegebenen Zeitgeschmack entsprach. Mit diesem ersten Schritt wurde das Ende der bislang gewohnten, patentrechtlich geschützten rundlichen Motorhaubenform der berühmten „ff"-Baureihe eingeleitet. Bis 1968 hatte Fendt das gesamte Fahrzeugangebot der Fix-, Farmer- und Favorit-Modelle auf die neue Haubenform umgestellt. Die nach dem Baukastensystem gefertigte Angebots-palette umfasste im Mai 1980 nunmehr ein Leistungsspektrum von 22 bis 90 PS. Im Jahr 1970 belegte Fendt mit 8621 im Inland neu zugelassenen Traktoren den dritten Rang mit 13 % Marktanteil. Das kleinste Fendt-Modell war damals der Grünlandschlepper Fix 2 E und gleichzeitig Nachfolger des bewährten Fix 2. Er war mit einem 22 PS starken, wassergekühlten Zweizylinder-Direkteinspritz-Diesel mit 1700 ccm Hubraum von MWM ausgerüstet. Das Fendt-Getriebe war mit einer 6/2-Gangschaltung ausgerüstet. Auf Wunsch war auch ein Feinstufengetriebe mit 12/4 Gängen erhältlich. Der Schlepper verfügte über eine Getriebezapfwelle und einen Regelhydraulik-Kraftheber mit 1500 kg Hubkraft. Mit 682 Einheiten verkaufte sich das kleine Fahrzeug nicht gerade überragend. 1970 wurde es daher aus dem Programm genommen. Ein Nachfolgemodell gab es nicht, denn die kleine Klasse hatte sich überlebt. Das hier abgebildete Modell stammt aus dem letzten Fertigungsjahr.

OBEN

Auch der Farmer 3 S wurde ab 1968 in der neuen Haubenform ausgeliefert. Diese Gelegenheit wurde sogleich genutzt, um die Motorleistung um drei Pferdestärken durch geringfügige Drehzahlerhöhung aufzustocken, sowie den Betriebsdruck der Regelhydraulikanlage, die bis zu 2000 kg an der Schiene heben konnte, auf 175 bar zu steigern. Die Pendelvorderachse war nun einzelradgefedert, was dem Fahrkomfort zu Gute kam. Das Fendt-Synchrongetriebe war als Gruppenschaltgetriebe mit 13/4 Gängen ausgebildet. Auf Wunsch war dieses als Wendegetriebe lieferbar, wodurch zusätzlich weitere 13 Rückwärtsgänge zur Verfügung standen. Als Kriechganggetriebe erhöhte sich die Gangzahl um weitere drei Vorwärtsgänge und einen Rückwärtsgang. Ein Drehmomentwandler sorgte auf Hebeldruck zur Zugkrafterhöhung an Steigungen oder bergab als zusätzliche Motor- und Getriebebremse. Wie schon sein Vorgänger, war auch der neue Farmer 3 S mit einer ölhydraulischen Voith-Strömungskupplung ausgerüstet. Es war der erste Fendt-Traktor, der eine solche Einrichtung besaß. Bei Fendt wurde sie als Turbomatik bezeichnet. 8051 Einheiten wurden bis 1972 allein von der hinterradgetriebenen Ausführung gebaut. Hier ein Fahrzeug mit Fritzmeier-Allwetterverdeck von 1969.

OBEN

Von 1968 bis 1971 in beachtlichen 5188 Stück gebaut wurde der Dreizylinderschlepper Farmer 2 DE. Auch bei diesem 35 PS starken Schlepper ließ sich das klare Konzept der Baukastenfertigung erkennen. Als Triebwerk fungierte das stiftgeschaltete ZF A 210-Gruppengetriebe mit 8/4 Gangstufen. Das Getriebe gab es sowohl in einer Normalausführung bis 19,7 km/h oder auch mit einer schnelleren Übersetzung, die bis 28,4 km/h reichte. Der für kleine bis mittelgroße Betriebe vorgesehene, betont einfach ausgeführte Schlepper hatte ein Gewicht von 1820 kg und war mit einer preiswerten Fendt-Handregelhydraulik mit 1500 kg Hubkraft sowie einer Motorzapfwelle mit Doppelkupplung ausgerüstet. Dieser 1969 gebaute 2 DE ist mit einem Umsturzrahmen ausgerüstet.

KLEINES BILD UNTEN

Kantig-markant präsentierte sich das Kühlerschutzgitter der „modernen Serie" von Fendt. Die eckigen Scheinwerfer waren in die Front integriert.

UNTEN

Sehr gute Verkaufserfolge erzielte das von 1972 bis 1975 angebotene Farmer-Modell 103 S, das innerhalb dieses kurzen Zeitraums genau 4342 Mal verkauft wurde. Hinzu kamen weitere 346 Fahrzeuge als Allradschlepper. Parallel dazu wurde das Einfachmodell Farmer 103 angeboten, das – obwohl in der Leistung und Ausrüstung weitgehend identisch – mit 605 verkauften Traktoren eine nur sehr schwache Nachfrage zu verzeichnen hatte. Lediglich auf die vorgelagerte Turbomatik, das vollsynchronisierte Triebwerk und die lastschaltbare Zapfwelle musste der Erwerber verzichten. Folglich verschwand dieses Modell sehr schnell wieder aus dem Verkaufsprogramm. Die geringen Verkäufe waren auch ein Indiz dafür, dass sich das Vorhandensein einer gehobenen Ausrüstung mittlerweile als unabdingbar erwiesen hatte und von der Mehrzahl der Kunden einfach vorausgesetzt wurde. Der 103 S war mit dem Dreizylindermotor mit 48 PS sowie dem 13/4-Gang Vollsynchron-Feinstufengetriebe, das um vier Superkriechgänge ergänzt werden konnte, ausgerüstet.

LINKS OBEN

Pünktlich zur DLG-Ausstellung des Jahres 1972 traten die Marktoberdorfer Fendt-Werke mit einer komplett neuen Traktorbaureihe an die Öffentlichkeit. Die letzten absatzschwachen Jahre, die nur mit einem konsequent durchgehaltenen Sparkurs erfolgreich überwunden werden konnten, hatte man gleichzeitig sinnvoll zur Entwicklung sowohl der Farmer 100- als auch der Favorit 600-Großtraktoren-Reihe genutzt. Das brachte auch das Ende der nur über einen relativ kurzen Zeitraum angebotenen Schlepper der „modernen Serie". Die Traktoren der Farmer 100-Reihe waren Fahrzeuge der Mittelklasse, die zunächst aus fünf mit Drei- und Vierzylinder-MWM-Motoren ausgerüsteten Grundmodellen bestanden. Das Einstiegsmodell und gleichzeitig das kleinste Fahrzeug von Fendt – die Kleinschlepperserie „Fix" war mittlerweile ausgelaufen – war der 40-PS-Schlepper Farmer 102 S. Es war das einzige Fahrzeug mit einem luftgekühlten Antriebsaggregat. Alle übrigen Modelle verfügten über wassergekühlte Motoren. Das in der Leistung nachfolgende Modell war der Farmer 103 mit 48 PS, aus dem 1978 der mit einem 50 PS starken Dreizylinder-Direkteinspritzmotor von MWM der Typ 103 LS hervorging. Dieses für kleinere bis mittelgroße bäuerliche Betriebe vorgesehene Modell verfügte über ein vollsynchronisiertes 13/4-Gang Gruppenschaltgetriebe, welches durch bei 0.34 km/h beginnende Superkriechgänge auf 16/5 Gangstufen erweitert werden konnte. Der Doppelkupplung für Betätigung der unabhängigen Zapfwelle vorgelagert war eine ölhydraulische, bei Fendt als Turbomatik bezeichnete Strömungskupplung. Während der Regelhydraulik-Kraftheber mit 2110 kg Hubvermögen serienmäßig vorhanden war, gab es die Sicherheitskabine mit Fronteinstieg – wie hier zu sehen – auf Wunsch gegen Sonderberechnung. Der Typ 103 LS entstand 946 Mal und blieb bis 1982 in der Produktion.

OBEN

Zwischen 1978 und 1982 befand sich der Fendt-Schlepper Farmer 104 LS in der Fertigung. Als „LS" bezeichnete Fendt die Luxusausführung eines Modells, die mit zusätzlichen, den Komfort betreffenden Elementen ausgerüstet war. Unter der kantigen grünen Haube wirkte ein Dreizylinder-Direkteinspritzmotor von MWM mit 3116 ccm Hubraum der seine Maximalleistung von 55 PS bei 2300/min hervorbrachte. Er verfügte über das übliche 13/4-Gang bzw. mit Superkriechgängen 16/5-Gang Getriebe mit 30 km/h Schnellgang, Turbomatik, lastschaltbarer Motorzapfwelle und Fendt-Regelhydraulik. Wegzapfwelle, Wendegetriebe, Frontlader der Baugröße II mit 800 kg Hubkraft, Mähwerk, Fronthydraulik und Sicherheitskabine waren aufpreispflichtig. Unter der Typenbezeichnung 104 LSA war auch eine Allradausführung mit angetriebener ZF-Allradachse erhältlich. Die verstärkte Forderung des Marktes nach sparsameren Motoren brachte das Ende für die gesamte 100er-Schlepperreihe.

OBEN

1974 kam als Bindeglied zu den Großschleppern der Favorit-Baureihe und gleichzeitig als stärkstes Fahrzeug der 100er-Reihe das 75-PS-Modell Farmer 108 S hinzu. Der zum Einsatz in mittelgroßen landwirtschaftlichen Betrieben vorgesehene Traktor war mit dem wassergekühlten Vierzylinder-Direkteinspritzer D 226-4 der Motoren-Werke Mannheim (MWM) mit 4160 ccm Hubvolumen bestückt. Seine Höchstleistung erreichte dieser bei 2300/min. Als Triebwerk stand entweder das Fendt-13/4-Gang-Vollsynchron-Feinstufengetriebe oder ein Wendegetriebe mit jeweils 13 Vor- und Rückwärtsgängen zur Verfügung. Eine vollkommen verschleißfreie, ölhydraulische Turbokupplung (Turbomatik) als stufenlose Anfahrautomatik war zwischen Motor und Getriebe installiert. Die hydrostatische ZF-Spindellenkung erleichterte die Arbeit des Schlepperfahrers. Mit der automatischen Fendt-Regelhydraulik, die eine Hubkraft von 3280 kg besaß, ließen sich sechs Steuerfunktionen (Heben, Senken, Zugkraft-, Misch-, Lage- und Schwimmstellung) ausführen. Der bis 1980 angebotene Hinterradschlepper verkaufte sich 2856 Mal. Abgebildet ist ein 1976 gebautes Fahrzeug mit Allwetterverdeck und Baas-Frontlader.

LINKS

Mit 3646 zwischen 1977 und 1980 gebauten Einheiten sehr erfolgreich war das allradgetriebene Traktormodell Farmer 108 LA. Denn Vierradantrieb wurde bei der 75-PS-Leistungklasse immer mehr als Notwendigkeit angesehen, obwohl der 51.560,- DM teure Allradschlepper rund 8500,- DM mehr kostete als die Hinterradmaschine. Als Triebwerk war entweder die 13/4-Gang Standardausführung oder das Superkriechganggetriebe mit 16/5 Gangstufen lieferbar. Der Schnellgang reichte bis maximal 30 km/h. Hier ist ein Farmer 108 LA mit der gegen Aufpreis erhältlichen Sicherheitskabine und einem Frontlader des Fabrikats Baas mit 1200 kg Hubvermögen abgebildet.

OBEN

Mit der Vorstellung der ersten Favorit-Großtraktoren der 600er-Typenreihe eröffnete sich für Fendt ab 1972 ein neues Marktsegment. Vorgestellt wurden zunächst drei Modelle mit Leistungen zwischen 85 und 120 PS. Obwohl von allen Typen auch eine Hinterradausführung angeboten wurde, überwog die Nachfrage nach der Allradvariante diese bei weitem. Der vierradgetriebene Favorit 610 SA beispielsweise wurde bis 1976 1158 Mal verkauft, während der Hinterradtraktor nur 422 Stück erreichte. Das Fahrzeug war mit einem wassergekühlten MWM-Reihensechszylinder mit Direkteinspritzung und 5100 ccm Hubraum ausgerüstet, der eine Leistung von 85 PS hervorbrachte. Für diesen Schlepper gab es verschiedene Getriebevarianten. Zunächst das serienmäßig vorhandene 12/6-Gruppenschaltgetriebe des ZF-Baumusters T 335 II. Dieses gab es mit Kriechgängen als 16/8- und mit Superkriechgängen ab 0,28 km/h als 20/10-Gang Getriebe. Die Höchstgeschwindigkeit des Traktors lag bei 27,6 km/h. Turbomatik, eine Regelhydraulik mit 3000 kg Hubvermögen, die lastschaltbare Zapfwelle und eine planetenuntersetzte Allradvorderachse waren die wesentlichen Merkmale der Serienausstattung. Ein besonderes Kennzeichen der Favorit-Allradtraktoren waren die üppig dimensionierten Vorderräder, wie an diesem 1974 gebauten Expemplar gut zu erkennen ist. Durch die hydrostatische Lenkung wirkungsvoll unterstützt gab es auch bei schwierigen Geländeverhältnissen keine Probleme, mit dem Schlepper sicher in der Spur zu bleiben.

OBEN

Hier der Blick auf den eindrucksvollen Sechszylinder-MWM-Reihendiesel D 225-6, gesehen von der linken Seite.

OBEN

Von 1972 bis 1976 wurde der Großschlepper Favorit 611 gebaut. Auch hier lag die Allradausführung mit 1188 Einheiten bei Weitem stärker in der Gunst der Käufer als der Hinterradschlepper mit nur 215 verkauften Traktoren. Der Sechszylinder-MWM-Diesel D 226-6 mit 105 PS hatte 6240 ccm Hubraum. vDas ZF T 335 II-Getriebe verfügte in der Standardausführung über 16/7 Gangstufen und mit Superkriechgängen über derer 20/9 bei 30 km/h Höchstgeschwindigkeit. Ein Wandlerhebel am Lenkrad ermöglichte eine Drehmomentsteigerung um etwa 30 %. Mit 4435 kg war der mit der angetriebenen ZF-Vorderachse APL 3050 ausgerüstete Allradschlepper Favorit 611 SA schon eine sehr gewichtige Maschine. Der Größe des Fahrzeugs angepasst war die Fendt-Regelhydraulik mit 4900 kg Hubkraft an der Ackerschiene. Die hydraulische Turbokupplung für stufenlose Anfahrautomatik sowie Motorzapfwelle mit Doppelkupplung waren serienmäßig eingebaut. Frontkraftheber, Frontzapfwelle, Frontlader, Druckluft-Anhängerbremse sowie eine schallgedämmte Komfort-Fahrerkabine wurden gesondert in Rechnung gestellt. Abgebildet ist ein 1972 gebautes Allradfahrzeug mit Peko-Kabine.

RECHTS OBEN

Im Jahr 1980 stellten die Fendt-Werke nach intensiver Forschungs- und Entwicklungsarbeit die neue Farmer-Schlepperreihe 300 mit zunächst vier zwischen 62 und 86 PS starken Modellen der gehobenen Mittelklasse vor. Diese Fahrzeuge konnten mit einem großen Bündel an Verbesserungen aufwarten, die da waren: Höchstgeschwindigkeit 40 km/h, Vierradbremse, verbesserte Turbomatik und Overdrive-Getriebetechnik, neue verbrauchsärmere MWM-Motoren mit optimiertem Direkteinspritzverfahren, verbesserter Reiheneinspritzpumpe sowie gummigelagerte Komfortkabinen. Das Design war durch eine schlanke, nach vorn abfallende Haube mit integrierter Plattformkabine geprägt. Der Farmer 306 LS bzw. als Allradschlepper 306 LSA hatte einen Vierzylinder-Reihen-Direkteinspritz-Diesel mit 4154 ccm Rauminhalt und leistete 70 PS. Das 15/4-Gang Vollsynchron-Gruppenschaltgetriebe mit Overdrive hatte 14 Vorwärtsgänge bei 30 km/h und 15 Gangstufen bei 40 km/h Maximalgeschwindigkeit. Mit Superkriechgängen standen 20/6 Gänge zur Verfügung. Der Hinterradschlepper verkaufte sich 3250, die Allradvariante 3834 Mal. Zu sehen ist hier ein Hinterradtraktor mit vorderen Belastungsgewichten.

UNTEN
Der mit 78 PS um einiges stärkere Farmer 308 LS bzw. 308 LSA präsentierte sich ebenfalls im Jahr 1980 dem Publikum. Auch in diesem Fall war ein Vierzylinderaggregat als Kraftquelle für die Fortbewegung verantwortlich. Das Overdrive-Gruppenschaltgetriebe gab es wahlweise für 30- oder 40 km/h Höchstgeschwindigkeit und mit 14 bzw. 15/4 Gängen. Das auf Wunsch erhältliche Superkriechganggetriebe hatte wiederum 20/6-Gänge. Die weitere Technik und Ausrüstung war fast völlig mit dem Farmer 306 identisch. Beim Allradschlepper gelangte allerdings die stärker belastbare ZF-Fronttriebachse APL 1552 zur Verwendung. Mit 5498 innerhalb von vier Jahren produzierten Allradtraktoren übertraf diese Zahl die Hinterradschlepper um mehr als das Doppelte. Denn je stärker der Schlepper, desto häufiger wurde Vierradantrieb verlangt. Auf diesem Bild ist ein Farmer 308 LSA mit Kabine zu sehen.

International Harvester

OBEN

Im Jahr 1970 befand sich International Harvester auf Erfolgskurs. In der Zulassungsstatistik belegte man den zweiten Platz mit 17,4 % Marktanteil. Die in den frühen 1960er Jahren durch das Fehlen eines starken Schleppers entstandene Durststrecke hatte man erstaunlich gut überstanden. Ab 1965 kamen die ersten Mitglieder einer neuen Modellreihe, der „IH-Starserie“, auf den Markt, die in der Käufergunst erstaunlich gut eingeschlagen waren. Die Fahrzeuge dieser Schleppergeneration waren nach dem Baukastensystem konstruiert und brillierten in einer kantig-modernen Optik. Diese war dem Erscheinungsbild aus den USA und Großbritannien weitgehend angepasst, was einen wichtigen Schritt in Richtung Globalisierung bedeutete. 1971 wurde die Reihe durch das 45-PS-Modell 453 ergänzt. Dieser Traktor war ein Fahrzeug der gehobenen Mittelklasse und im Grunde ein 423, dem er bis auf den stärkeren Motor weitgehend entsprach. Wie schon bei den früheren Modellen 353 und 423 wurde auch hier der Dreizylinder-Direkteinspritz-Diesel D-155 mit 2356 ccm Hubvolumen verbaut. Regulär bestand die Triebwerksausstattung dieses Hinterradschleppers aus dem 8+2-Agriomatic-Leichtschaltgetriebe, während als Sonderausstattung ein mit Reduziereinrichtung und Zweifachkupplung versehenes 16+4-Leichtschaltgetriebe oder ein bis 26,75 km/h reichendes Schnellganggetriebe erhältlich war. Die mit Dreipunktkupplung ausgebildete Exact-Regelhydraulik der Kategorien I + II mit 1760 kg Hubkraft an der Ackerschiene, Motorzapfwelle und ein inneres und äußeres Frontgewicht von jeweils 60 kg gehörten zur Standardausrüstung. Mit 12.756 bis 1975 gefertigten Einheiten gestalteten sich die Abverkäufe sehr zufriedenstellend.

OBEN

Auf der DLG-Ausstellung des Jahres 1972 in Hannover präsentierte International Harvester seine insgesamt von 26 bis 100 PS reichende Modellpalette in dem jetzt einheitlichen, werksintern als „Alugrill“ bezeichneten Styling. Darüber hinaus hatte man nicht nur den vorhandenen Modellen verschiedene Verbesserungen angedeihen lassen, sondern auch weitere Traktortypen hinzugefügt. Hierzu gehörte der 35-PS-Typ 383, der den 34-PS-Schlepper 353 ablöste. Den geringfügigen Leistungszuwachs erhielt das Fahrzeug durch Verwendung einer anderen Bosch-Einspritzpumpe, denn die Drehzahl blieb mit 1900/min konstant. Der neue Traktor war allerdings um 15 cm länger und um 100 kg schwerer geworden, was den Zuwachs an Leistung aufzehrte. Die drei angebotenen Getriebevarianten, aber auch die übrigen Ausstattungsmerkmale entsprachen dem des Vorgängers bzw. des Typs 423.

RECHTS

Nicht nur mit Vierradantrieb, sondern in zunehmenden Maße auch mit geschlossenen Kabinen wurden die Traktoren der schweren Leistungsklasse von der Kundschaft bestellt. Das verwundert nicht, denn die Feldarbeit nahm auf die Witterungsbedingungen wenig Rücksicht. Die Hersteller von Schlepperverdecken, allen voran die Firma Georg Fritzmeier aus Großhelfendorf bei München, gingen immer mehr dazu über, solide konstruierte Kabinen in ihr Programm zu aufzunehmen. Dieses Bild zeigt einen IH-Allradschlepper 946 A von 1971, der mit der von diesem Fabrikanten angebotenen Europa-Kabine ausgerüstet ist. Insgesamt 4188 Traktoren entstanden vom Typ 946 bis zum Juni 1977.

LINKS OBEN

Im Mai 1971 gab es von International Harvester bedeutende Neuigkeiten zu vermelden. Der Grund war der Beginn des Serienbaus der beiden ersten Sechszylinder-Schleppermodelle 946 und 1046, mit denen der Hersteller auch auf dem Segment der Großtraktoren in die Offensive ging. Während der 946 mit 85 PS Dauerleistung aufwarten konnte, ging der 1046 mit glatten 100 PS ins Rennen. Nicht nur durch ihre Abmessungen, sondern auch in ihrem äußeren Erscheinungsbild unterschieden sich die neuen Schlepper von den bisherigen Traktoren dieser Baureihe. Im Vorgriff auf die in Kürze geplante Änderung des Schlepperdesigns mit Alugrill, kam dieses schon jetzt bei den beiden Neulingen zur Anwendung. Anfangs war der 946 mit dem D 310-Direkteinspritz-Diesel mit 5073 ccm Hubraum bestückt, der 85 PS Dauer- und 92 PS Höchstleistung mobilisieren konnte. Eine Leistungserhöhung um fünf auf 90 PS durch Drehzahlsteigerung auf 2200 Touren und Installation einer neuen Einspritzpumpe erfolgte ab Mai 1974. Außerdem erfolgte der Motorölwechsel jetzt mittels Wegwerf-Schmierölfilter und brauchte erst nach 250 Betriebsstunden vorgenommen zu werden. Eingebaut war erstmals ein Hochleistungstrockenluftfilter mit automatischem Staubabscheider und permanenter Filterüberwachung. Dieser befand sich in der staubfreien Zone vor dem Kühler.
Das von ZF bezogene Triebwerk T 3313 war serienmäßig mit 12/5-Gängen ausgestattet.
Auf Wunsch stand ein 16/7-Gang Getriebe mit Kriechgruppe zur Verfügung. Überwiegend wurde dieses Schleppermodell in der Allradausführung 946 A – abgebildet ein Fahrzeug mit Sonnendach – geordert.

UNTEN

Das nächststärkere IH-Schleppermodell war der Typ 1046. Unter seiner Haube wirkte der wassergekühlte Sechszylinder-Reihen-Direkteinspritz-Diesel D 358 mit 5867 ccm Hubraum und einer Leistung von 100 PS bei 2100/min. Ebenso wie der 946 war dieser Traktor zunächst in Halbrahmenbauweise mit Seitenträgern, ab September 1972 aber in Blockbauweise mit tragender Ölwanne ausgeführt. Die Getriebeausführungen entsprachen denen des 946, wobei auch hier aus Kostengründen die Triebwerke bei ZF eingekauft wurden. Auch die Allradvorderachse APL 3050 bzw. APL 3052 stammte vom gleichen Zulieferer. Von den bis August 1977 gebauten 3634 Traktoren wurde die überwiegende Zahl in der Allradvariante 1046 A gekauft, wovon – wie abgebildet – fast alle mit geschlossener Kabine ausgerüstet waren.

LINKS

Noch um eine Nummer größer war das ab August 1972 in Serie gegangene neue IH-Flaggschiff 1246. Im Gegensatz zu den Modellen 946 und 1046 besaß der Sechszylindermotor DT 358 einen Abgas-Turbolader und schaffte damit 120 PS Dauerleistung bei 2200/min, mit einer Maximalleistung von 132 PS. Dieses schwere Modell stand zwar auch als Hinterradschlepper in den Listen, wurde in der Praxis aber kaum verlangt. Beim IH 1246 war die Blechölwanne von Anfang an durch eine schwere stabile Wanne aus Gusseisen ersetzt worden, die als tragendes Teil die Längsträger des Halbrahmens überflüssig machten. Als Triebwerk fungierte das ZF-Baumuster T 3411 mit 12/5 Gängen. Im Jahr 1976 wurde die in Zusammenarbeit mit der Firma Fritzmeier entwickelte Kabine „Comfort 2000" eingeführt. Diese bereits werksseitig aufgebaute Kabine lagerte auf Gummipuffern und war mit geräuschdämmendem Verkleidungsmaterial gut isoliert. Neben Lüftungs- und Heizungsanlage war sie auch mit ausstellbaren Scheiben und einer Dachluke ausgerüstet. Bis zum September 1979 verließen 2639 dieser Traktoren die Neusser Werkstore.

RECHTS
Im Januar 1975 wurden die Schlepper 433, 533 und 633 vorgestellt, welche die Modelle 353, 423 und 453 ersetzten. Diese firmenintern der „A-Familie“ zugeteilten Fahrzeuge basierten auf der engen Zusammenarbeit der IH-Werke in Frankreich und Deutschland und sollten alle Anforderungen der kleineren und mittleren landwirtschaftlichen Betriebe erfüllen. Die Direkteinspritzmotoren hatten drei Zylinder bei unterschiedlichen Leistungen. Als Triebwerke fungierten anfangs die IH-8 + 4-Leichtschaltgetriebe. Später gelangten Synchrongetriebe mit gleicher Gangzahl zum Einbau. Mit dem 52-PS-Typ 633, der an die Stelle des nur kurze Zeit gebauten 553 trat, hatte man die Bedürfnisse des Marktes exakt getroffen, sodass sich dieses zum meistgebauten IH-Schleppermodell entwickelte. Das auch in einer Allradausführung lieferbare Fahrzeug blieb bis Dezember 1989 in den Listen und wurde während dieser langen Bauzeit technisch und optisch laufend aktualisiert und dem neuesten Entwicklungsstand angepasst. Genau 31.364 Maschinen – soviel wie von keinem anderen in Neuss gebauten Schleppermodell – wurden von diesem Modell der Mittelklasse in dieser Zeit gefertigt.

LINKS UNTEN
Unter dem anspruchsvollen Slogan „Die Parade der Perfekten“ stellte International Harvester im April 1974 eine neue Traktorbaureihe der mittleren Leistungsklasse vor. Es waren die Fahrzeuge der „B-Familie“, welche aus den Typen 554, 644, 744 und 844 bestand, die als Ersatz für die Modelle 553, 654, 724 und 824 antraten. Verbesserungen gab es in den Bereichen Aufbau und Fahrgestell. So hatten die neuen Fahrzeuge längere Radstände, eine bessere Gewichtsverteilung und vergrößerte Kraftstofftanks erhalten. Der Fahrerstand war ebenfalls nach ergonomischen Gesichtspunkten geändert worden und wirkte nun sehr aufgeräumt. Alle Bedienungselemente waren griffgünstig platziert; die Armaturen befanden sich im Blickfeld. Allen Fahrzeugen gemeinsam war die Ausrüstung mit Vierzylindermotoren mit unterschiedlichen Hubräumen im Leistungsbereich zwischen 54 und 75 PS. Das Modell 644 hatten den D 206-Diesel mit 3382 ccm Hubraum der 60 PS bei 2180 Touren leistete. Als Triebwerk diente ein IH-8 + 4-Synchrongetriebe mit einer Höchstgeschwindigkeit von 28,3 km/h. Das auch als Allradschlepper erhältliche Modell blieb bis April 1980 in der Produktion und verkaufte sich 14.295 Mal. Hier ein Hinterradfahrzeug mit Sonnendach.

OBEN
Das kleinste Modell der A-Traktoren war der Typ 433, der mit dem 35 PS starken Dreizylinder-Direkteinspritzer D-155 mit 2536 ccm Hubraum ausgerüstet war und über das IH-8 + 4-Teilsynchrongetriebe verfügte. Weitere Schaltwerksvarianten einschließlich eines Reduziergetriebes gab es als Sonderausstattung. Die Höchstgeschwindigkeit betrug beim Standardgetriebe 23 km/h, während mit der Schnellgangausführung 27,3 km/h erreichbar waren. Den 2115 kg wiegenden Schlepper gab es nur als Hinterradmaschine. Motorzapfwelle und Regelhydraulik mit Oberlenker-Steuerung und Dreipunktaufhängung der Kategorie II waren serienmäßig vorhanden. Der Traktor blieb bis zum März 1990 im Bauprogramm und entstand 17.487 Mal. Während dieser langen Bauperiode kam der 433 in den Genuss vieler im Rahmen der Modellpflege durchgeführter Verbesserungen, wozu bereits frühzeitig die Einführung der schlauchlosen Bereifung zählte.

Schlüter

OBEN

Obwohl sich die Aktivitäten des Freisinger Traktorherstellers Schlüter immer stärker den oberen Leistungsklassen zugewandt hatten, entfielen Ende der 1960er Jahre immer noch rund 40 % der neu zugelassenen Schlepper auf Fahrzeuge zwischen 35 und 55 PS. Daher dürfte die zu Beginn der 1970er Jahre getroffene Entscheidung der Unternehmensleitung zur Produktionseinstellung aller bisherigen Typen der Super-Reihe unterhalb von 80 PS nicht leicht gefallen sein. Allerdings gab es kaum Alternativen, zumal der Getriebelieferant ZF die als Kraftübertragungen für Schlepper dieser Leistungsklasse unerlässliche Triebwerksbaureihe A 200 komplett aus dem Programm genommen hatte. Schlüter beschloss sein Engagement in der schweren Klasse zu verstärken, in der man ohnehin schon die stärksten Modelle anbot. Um auch im leistungsschwächeren Bereich weiterhin präsent zu sein, mussten jetzt die stärkeren ZF-Triebwerke der Reihen T 300 und ab 1973 T 3000 in der ab August 1971 neu angebotenen Compact-Schlepperbaureihe verwendet werden. Es waren zeitweise recht erfolgreiche Traktormodelle, die den Leistungsbereich von 58 bis 130 PS abdeckten. Das kleinste Fahrzeug dieser Reihe war der Compact 750 bzw. in der nahezu ausschließlich georderten Allradausführung 750 V. Dieser Halbrahmentraktor hatte einem hauseigenen Direkteinspritz-Diesel mit 3564 ccm Hubraum und einer Leistung von 68, ab April 1973 70 PS bei 2100 Touren. Als Triebwerk fungierte das T 318 II mit 12/6 Gängen, das es mit Kriechgängen ausgestattet auch auf Wunsch als 16/8-Getriebe gab. Seit April 1973 wurde das Baumuster T 3102 verwendet. Eine Voith-Turbokupplung war zwischen Motor und Getriebe zwischengeschaltet. Motorzapfwelle und eine mit 3200 kg Hubkraft sehr leistungsstarke Regelhydraulik waren selbstverständlich serienmäßig vorhanden. Der hier abgebildete Allradschlepper ist mit der ZF-Vorderachse AL 1550 ausgestattet.

OBEN

Mit insgesamt 1726 zwischen seinem Erscheinen im April 1971 und dem Fertigungsende im Februar 1982 gebauten Traktoren war das Compact-Modell 850 bzw. 850 V das bei weitem erfolgreichste innerhalb dieser Reihe. Bei diesem Fahrzeug erfolgte der Antrieb durch einen großvolumigen Vierzylindermotor mit 4752 ccm Hubraum mit 80, ab Ende des Jahres 1974 85 PS Leistung. Getriebe und übrige Ausstattung entsprachen weitgehend dem Compact 750. Die überwiegende Mehrzahl dieser Traktoren besaß bereits werksseitig einen Kabinenaufbau und die Allradvariante Compact 850 V wurde mit einer hydrostatischen Lenkung ausgeliefert. Dieses Bild zeigt einen solchen, 1974 gebauten Traktor.

OBEN

Das Modell Super 1050 V wurde ab August 1974 innerhalb der Schlüter Super-Reihe durch Überarbeitung des Modells Super 950 und Leistungserhöhung des Sechszylindermotors auf 100 PS angeboten. Mit insgesamt 820 bis Dezember 1986 gebauten Traktoren gehörte dieses zu den erfolgreicheren Modellen im Schlüter-Bauprogramm. Ab 1976 stieg die Motorleistung auf 105 PS. Als Getriebe stand das T 3202 von ZF mit 12/6 Gangstufen, wahlweise auch mit Kriechgängen in einer 16/8-Ausführung, zur Verfügung. Während der langen Bauzeit kam es zu zahlreichen Detailverbesserungen sowie zu einem 20/10-Getriebe mit einer Maximalgeschwindigkeit von 33,5 km/h. Im September wurde sowohl der Radstand als auch durch einen geänderten Verkleidungsträger der vordere Überhang verlängert und die Schlepperserie mit geänderten Motorhauben versehen. Seit Beginn des Jahres 1978 erhielt dieser Traktor eine hydraulisch kippbare Super-Silence-Kabine mit zwei zusätzlichen Hilfsfenstern im Fußraum. Anfangs wurde zwar auch eine Ausführung mit Hinterradantrieb angeboten, diese fand jedoch keine Käufer. Der abgebildete Super 1050 V entstand im Jahr 1978.

LINKS

Dieser gewaltig wirkende Schlüter Sechszylinder-Direkteinspritz-Diesel SDM 108 W 6 mit 6871 ccm Hubraum und 105 PS Motorleistung ist für den Antrieb des Super 1050 V verantwortlich.

OBEN

Das zur Super-Baureihe zählende Schlüter Modell Super 1250 VL erschien erstmals im Juli 1972 auf dem Markt. Es entstand aus dem Modell 1250 V und unterschied sich von jenem durch den auf 125 PS Leistung angewachsenen Motor und durch eine zusätzliche Konsole zwischen der Vorderachse und dem Verkleidungsträger. Dadurch wuchs seine Baulänge um 13 Zentimeter. Der mit dem Motor des Modells 1250 V identische Direkteinspritz-Diesel SDM 110 W 6 arbeitete jetzt mit 2000 anstelle von 1800/min. Das ZF T 3315-Triebwerk hatte in der Normalausführung zwölf Vorwärts- und sechs Rückwärtsgänge. In der Bauvariante mit Kriechgängen kam dieses auf 16/8-Gangstufen. Die Maximalgeschwindigkeit lag bei 32 km/h. Eine Motorzapfwelle mit zwei Geschwindigkeiten sowie eine leistungsstarke ZF-Hydraulik mit 5600 kg Hubkraft gehörten zu den serienmäßig vorhandenen Ausrüstungsgegenständen. Auf Wunsch konnte auch eine Frontzapfwelle angebaut werden. Im Bild zu sehen ist ein Schlepper mit Fronthydraulik.

UNTEN

Die hier gezeigte Seitenansicht eines 1979 gebauten Super 1500 TVL demonstriert die sachlich-klare Linienführung der schweren Schlüter-Modelle. Diese Bauausführung hatte bereits die hydraulisch kippbare Kabine erhalten. Damit verbunden war eine hydrostatische Lenkung und seitlich am Kabinenboden angebrachte Schalthebel. Innerhalb von zwei Jahren verkaufte sich dieser Großschlepper 252 Mal.

OBEN

Parallel zum Super 1250 VL erschien der Super 1500 TVL, der sich gegenüber dem Typ Super 1500 TV durch eine um 20 PS auf 145 PS gestiegene Motorleistung und größere Länge durch die zusätzliche Konsole zwischen Vorderachse und dem Verkleidungsträger unterschied. Anfang 1974 stieg die Leistung des Sechszylinders auf 150 PS. Zu Beginn wurde dieser Großschlepper mit dem wahlweise in einer 12/6- bzw. 16/8-Ausführung lieferbaren ZF-Synchrongruppenschaltgetriebe T 3406, ab April 1975 mit dem Baumuster T 3450 ausgerüstet. Die auch bei diesem Modell verwendete Super-Silence-Kabine hatte die steilere Heckscheibe und auf die Hilfsfenster im vorderen Fußraum wurde verzichtet. Der bereits 1970 entwickelte Sechszylinder-Direkteinspritz-Diesel mit Zentralbrennraum war mit einem Abgasturbolader ausgerüstet. Der gewaltige Schlepper verfügte über die ZF-Fronttriebachse APL 3052. Hydraulik und Bereifung waren den diesem Fahrzeug zugedachten Aufgaben durchaus angemessen. 328 Traktoren dieser Ausführung wurden bis Juli 1976 hergestellt.

OBEN
Im Laufe der Zeit wurde die Angebotspalette der Super-Schlepperreihe von Schlüter ständig ausgebaut, modifiziert und vor allem leistungsmäßig angehoben. Bereits seit 1966 befanden sich im Serienprogramm Achtzylindermodelle, die jedoch nur in äußerst geringen Stückzahlen produziert und verkauft wurden. 1975 begann mit dem Super 2000 TVL die Weiterentwicklung in dieser Zylinderklasse. Dieses Modell war das erste Fahrzeug, bei dem man mit einer gewissen Berechtigung zumindest von einer Kleinserienfertigung sprechen konnte. Trotz einer Erweiterung der Super-Baureihe zu Beginn des Jahres 1981 durch sechs neue, zwischen 130 und 160 PS starke Maschinen, sollte schon bald mit einer Typenreduzierung begonnen werden. Der seit Juni 1981 lieferbare Super 2000 TVL Spezial hob sich vom Super 2000 TVL durch seinen größeren und mit 200 PS stärkeren, mit einem Abgasturbolader ausgerüsteten Motor ab. Der große Achtzylinder hatte ein Hubvolumen von 9852 ccm und erreichte seine Höchstleistung bei 2000 Touren. Der gewaltige Traktor war mit dem wahlweise als 12/5 oder 20/9 ZF-Triebwerk T 3550 ausgerüstet. Die Höchstgeschwindigkeit betrug 41,5 km/h. Eine hydraulisch kippbare Kabine, Motorzapfwelle, Voith-Turbokupplung und eine auf Wunsch bis zu 8400 kg starke Regelhydraulik waren weitere, erwähnenswerte Ausrüstungsdetails.

LINKS

Dieses Bild zeigt die mit einem Betriebsdruck von 175 bar arbeitende Heckhydraulik ZF KR 25 des Profi Trac 3000 TVL. Sie besaß eine Hubkraft von 5800 kg. Auch die gewaltige Bereifung ist mehr als bemerkenswert.

LINKS OBEN UND UNTEN

Für erhebliches Aufsehen in Fachkreisen sorgte der 1973 erstmals der Öffentlichkeit präsentierte Prototyp des Großschleppers Profi Trac 3000 TVL. Mit seinen 280 PS war dieser mit einem Halbrahmen ausgeführte Gigant immerhin mehr als doppelt so stark wie die Spitzenmodelle der meisten anderen deutschen Hersteller. Da es bei Schlüter ein Antriebsaggregat dieser Größenordnung nicht gab, verwendete man erstmals einen mit einem Holset-Abgasturbolader ausgerüsteten, nach dem M-Verbrennungsverfahren arbeitenden Motor aus der Lkw-Fertigung. Der wassergekühlte Sechszylinder-Reihen-Direkteinspritzdiesel der MAN-Werke wurde unter der Bezeichnung D 2556 MTE geführt. Der Lader verhalf dem Motor zu einer um 40 PS höheren Leistung und zusätzlichem Drehmoment. Das Aggregat hatte ein Hubvolumen von 11045 ccm und erzeugte die vorgenannte Leistung bei 2200/min. Das ZF-Synchrontriebwerk des Typs 5 S-110 GPA kam ebenfalls aus dem Lkw-Bereich und wies wahlweise 8/2 oder 16/4 Gangstufen auf. Dieses Getriebe trieb über ein Verteilergetriebe die beiden, jeweils rund eine Tonne schweren, aus dem Baumaschinensektor entnommenen ZF-Außenplaneten-Lenkachsen APL 8 L-6,2 an. Die Höchstgeschwindigkeit lag entweder bei 29,2 oder 34,3 km/h. Nicht nur die bisher unerreichten Abmessungen, wie die Länge von 6080 mm und das Leergewicht von 11500 kg waren bemerkenswert. Auch durch viele andere technische Details trat dieser Gigant hervor. Neben vier gleich großen Rädern der Größe 18.4-38 oder 20.8-38, der ölhydraulischen Voith-Turbokupplung und Allrad-Knicklenkung verfügte das Fahrzeug im Interesse einer verbesserten Wartungsfreundlichkeit über die hydraulisch kippbare Schlüter-Kabine 2130. Von den zwischen September 1975 und August 1977 gefertigten 13 Serienmaschinen gingen allein 12 nach Jugoslawien.

RECHTS
Im Rahmen einer zweiten Trac-Baureihe stellte Schlüter im Jahr 1980 eine aus den drei Modellen 1300 VL, 1600 TVL und 2000 TVL bestehende Schlepperfamilie vor. Das besondere Kennzeichen dieser Halbrahmenfahrzeuge waren die vier gleich großen Rädern, wobei im Gegensatz zu der Profi Trac-Reihe auf eine Hinterradlenkung verzichtet wurde. Abgesehen von der Einbaulage über der Vorderachse und der entsprechend angepassten Ölwanne, glichen die Motoren denen der ebenfalls neuen Super-Schlepper in Spezial-Ausführung. Für die Kraftübertragung sorgte bei den Super Trac-Modellen ein ZF-Getriebe aus der Serie T 3000 mit wahlweise 12/5 oder 20/9 Gangstufen. Die Maximalgeschwindigkeit lag zwischen 39,3 und 46,0 km/h. Der seit August 1981 gefertigte Super Trac 1600 TVL avancierte zum meistgebauten Traktor dieser Reihe. Dieser hatte einen Sechszylindermotor mit 7389 ccm Rauminhalt, der eine Leistung von 165 PS bei 2100/min mobilisieren konnte. Ab August 1985 erhielt das Fahrzeug einen neuen Verkleidungsträger, der zusätzlich zu den bisher üblichen, vorn zu befestigenden Ballastgewichten weitere Einhängegewichte aufnehmen konnte. Durch die zusätzliche Schwerpunktverlagerung nach vorn wurde die Zugkraft weiter gesteigert. Bis Anfang 1985 entstanden immerhin 65, bis Juni 1988 noch weitere 25 Exemplare dieses 7400 kg schweren Ungetüms. Das hier gezeigte, imposante Fahrzeug stammt aus dem Jahr 1986.

Schlüter
Schlüter
JMU-260

Die ausgehenden achtziger Jahre

Das Ende des Krisenjahrzehnts

Die 80er Jahre waren keine gute Zeit für die Landtechnikbranche. Nur wenige Traktorenhersteller überstanden das Jahrzehnt unbeschadet. Selbst einst bedeutende internationale Konzerne verschwanden, wurden aufgekauft oder mussten die Produktion einstellen. Es gab mehrere Faktoren, die zu dieser Entwicklung führten, aber der Hauptgrund lag in der Landwirtschaft selbst. Nach Jahrzehnten steiler Wachstumsraten und Produktivitätssteigerungen sah man sich in Europa plötzlich Milchseen, Butter- und Fleischbergen gegenüber, die sich nicht mehr verkaufen ließen. Die staatlichen Subventionen für die Produktion mussten verringert werden, was wiederum zu einem Nachfragerückgang im Landtechniksektor führte.

Eine regelrechte Krise erfasste in diesem Zusammenhang die nordamerikanische Landwirtschaft der 80er Jahre. Die amerikanischen und kanadischen Farmen galten als die weltweit größten Exporteure von Getreide. In der Erwartung, dass die Nachfrage nach amerikanischem Getreide anhalten würde, hatten viele Farmer mit Hilfe von Krediten Investitionen getätigt. Aber die Hochzinspolitik der amerikanischen Zentralbank Anfang der 80er Jahre sorgte für ein jähes Ende dieser Hoffnungen. Die Schuldentilgung wurde so teuer, dass viele ihre Farm aufgeben oder zumindest beim Kauf neuer Traktoren und Landmaschinen sparen mussten. Die Landtechnikbranche rutschte daraufhin ebenfalls in die Krise.

Doch führten nicht immer nur die wirtschaftlichen Rahmenbedingungen zum Fall eines großen Konzerns. Manchmal waren es auch fehlerhaftes Management und Hybris. Als Beispiel dafür kann IHC gelten. Die International Harvester Company war 1902 durch den Zusammenschluss fünf bedeutender amerikanischer Landmaschinenhersteller entstanden. Der in Europa bekannteste Name darunter war McCormick. Nach der Gründung besaß das Unternehmen mit Sitz in Chicago einen Anteil von rund 90 Prozent am amerikanischen Landmaschinenmarkt. In Deutschland wurden ab 1922 in Neuss am Rhein Getreidemäher, Heurechen und andere Erntemaschinen produziert. Anfang der 1930er Jahre arbeiteten weltweit ungefähr 100.000 Menschen für IHC. In dieser Zeit erzielte das Unternehmen mit dem Farmall auch den Durchbruch in der Traktorsparte. In Neuss wurden ab 1937 Schlepper hergestellt, die an die Bedingungen in Deutschland angepasst waren. 1972 erreichte IHC in Deutschland den ersten Platz bei den Neuanmeldungen und Mitte der 70er Jahre fuhren die roten Schlepper von International Harvester an die Spitze der Verkaufszahlen in Westeuropa. Sinkende Gewinne führten jedoch gegen Ende des Jahrzehnts zu Werksstilllegungen und Entlassungen in den USA. Die amerikanische Gewerkschaft UAW war anfangs noch kompromissbereit, beschloss 1979 aber den Generalstreik, als bekannt wurde, dass sich die Unternehmensleitung Boni in Millionenhöhe gegönnt hatte. Der Arbeitskampf zog sich ein halbes Jahr hin, und als schließlich eine Einigung zustande kam, sah sich der angeschlagene Konzern einem stagnierenden Markt gegenüber. 1985 wurde die IHC-Landtechniksparte von Tenneco übernommen und mit Case vereinigt, einem weiteren bedeutenden Hersteller der Branche. Das aus der Fusion entstandene Unternehmen hieß Case IH.

Ein anderer Traktorhersteller, der in den 80er Jahren einen scheinbar unaufhaltsamen Abstieg durchmachte, war Eicher. Das Unternehmen, das ursprünglich in dem Dorf Forstern bei München und später in Landau an der Isar angesiedelt war, gehörte zu den Stars der deutschen Landtechnikbranche der Nachkriegszeit. Es hatte zwar nicht die Verkaufszahlen von Deutz, IHC oder anderer großer Hersteller erreicht, glänzte aber durch Innovationsfreude und zuverlässige Produkte. Eicher hatte mit der Einführung des ersten luftgekühlten Traktors Geschichte gemacht. Aber die wachsende Marktsättigung, der Wegfall des Getriebelieferanten und der zunehmende Konkurrenzkampf ließen die bayerische Firma nach einem starken Partner suchen. 1970 beteiligte sich der große, weltweit operierende Konzern Massey Ferguson zunächst zu 30 Prozent an Eicher. Später wuchs der Anteil, bis er schließlich bei 100 Prozent lag. Wassergekühlte Perkins-Motoren lösten 1973 bei den Eicher-Standardtraktoren die luftgekühlten Aggregate ab, was bei den Kunden nicht gut ankam. 1978 wurden zwar wieder einige Modelle mit Luftkühlung angeboten, aber die Verkaufszahlen schmolzen weiter dahin. Anfang der 80er Jahre kam Massey Ferguson selbst in die roten Zahlen, und zwar in einem solchen Ausmaß, dass nur das Eingreifen der kanadischen Regierung einen Konkurs des Konzerns verhinderte, der in Toronto seine Zentrale hatte. 1982 wurde die Traktorenproduktion in Landau von dem indischen Unternehmer Vikram Lal übernommen, der jedoch schon zwei Jahre später Konkurs anmelden musste. Eine Gruppe von Landmaschinenhändlern gründete daraufhin gemeinsam mit einem Investor aus der Schweiz die Eicher GmbH. Aber der Teufelskreis konnte nicht durchbrochen werden. Durch die mangelnden Verkäufe fehlte das Geld für die nötigen Investitionen. 1988 wechselte Eicher erneut den Eigentümer. Diesmal ging das Unternehmen in die Hände eines Hamburger Reeders über. Aber die Produktion der Standardtraktoren und das Werk in Landau waren nicht mehr zu retten. Was von Eicher Anfang der 90er Jahre noch übrig war, waren lediglich die Schmalspurtraktoren.

International Harvester und Eicher sind zwei Beispiele für das Schicksal vieler Landtechnikunternehmen in den turbulenten 80er Jahren. Als das neue Jahrzehnt anbrach, war die Riege der Traktorenhersteller bedeutend kleiner.

Case IH

OBEN

Case IH war eines der Unternehmen, die in den 80er Jahren durch eine Fusion entstanden. Der in Racine im amerikanischen Bundesstaat Wisconsin ansässige Traktorhersteller Case war bereits 1970 von dem Mischkonzern Tenneco aufgekauft worden. Zwei Jahre später wurde auch David Brown, die bekannteste britische Traktormarke, übernommen und mit Case vereinigt. 1985 kam schließlich auch die Landtechniksparte der einst so bedeutenden, weltweit operierenden International Harvester Company (IHC) in den Besitz von Tenneco. Ein Zusammenschluss mit Case war naheliegend. Noch im selben Jahr entstand das neue Unternehmen Case IH. Die Traktoren wurden von nun an im Rot der International Harvester Company lackiert. Der 845 XL, den dieses Bild zeigt, gehörte bereits seit 1981 zum IHC-Traktorenprogramm. Unter dieser Typenbezeichnung wurde er in Frankreich im IHC-Werk von Saint Dizier hergestellt. In Neuss am Rhein lief das Modell dagegen als 844 XL aus der Produktionshalle. Das XL in der Typenbezeichnung stand für die neu entwickelte Kabine, die auch „Control Center" hieß. In ihr sollte der Fahrer nicht nur die Funktionen des Traktors, sondern auch sein eigenes Wohlbefinden unter Kontrolle haben. Deswegen war die Kabine möglichst dicht verschlossen. Die Lüftung erzeugte einen leichten Überdruck, um das Eindringen von Staub zu verhindern. Die getönten Scheiben dämpften die Sonnenstrahlen, was vor allem in der heißen Erntezeit wichtig war. Und natürlich bot auch der Fahrersitz einen Komfort, wie man ihn früher nicht kannte. Angetrieben wurde der Schlepper von einem IHC-Motor, der mit seinen vier Zylindern und 4,4 Litern Hubraum eine Leistung von 80 PS erbrachte.

Der 845 XL ist in den Jahren nach Produktionsbeginn mehrmals technisch verändert worden. Eine äußerliche Umgestaltung erfolgte 1987 mit der Einführung eines neuen Kühlergrills.

1990 ging die Fertigung nach Doncaster in England. Dort gab es einige Neuerungen, darunter eine Plus-Ausführung mit 87 PS und eine Super-Plus-Version mit 94 PS, die bis 1996 in Produktion war.

OBEN

Dieser Case IH Magnum 7120 arbeitet mit einer Drillmaschine von Väderstad. Die 7100-Reihe stellte die erste reine Case-IH-Baureihe dar. Das heißt, sie war erst nach dem Zusammenschluss von IHC und Case entwickelt worden. Der Magnum 7120 lief von 1987 bis 1993 in Racine vom Band. Angetrieben wurde er von einem Sechszylinder-Turbomotor von Cummins. Mit einem Hubraum von 8,3 Litern leistete er 180 PS. Der Oberklassenschlepper wurde in verschiedenen Ländern mit unterschiedlichen Getrieben angeboten. In Europa am häufigsten war das Powershift-Getriebe mit 18 Vorwärts- und vier Rückwärtsgängen. Es gab das Modell jedoch auch in Ausführungen mit 17V/4R- sowie 23V/6R-Getrieben. Für den europäischen Markt stand der Magnum 7120 nur mit Allradantrieb zur Verfügung. Auf der anderen Seite des Atlantiks gab es ihn auch mit Hinterradantrieb.

LINKS

Der Magnum 7140 gehörte zur 7100-Reihe, die von 1987 bis 1993 in dem früheren Case-Werk in Racine im amerikanischen Bundesstaat Wisconsin entstand. Wie bei den anderen Modellen der Baureihe war auch beim Magnum 7140 ein Cummins-Motor für den Antrieb zuständig. Das Sechszylinder-Dieselaggregat war mit einem Turbolader und Ladeluftkühlung ausgestattet. Der Hubraum lag bei 8,3 Litern. Als Nennleistung wurden 230 PS angegeben. Die Höchstleistung lag bei 246 PS. 1991 erfuhr das Modell mit der Vergrößerung seiner Kotflügel eine leichte Änderung. Auf dem nordamerikanischen Markt wurde der Magnum 7140 mit Hinterrad- und Allradantrieb angeboten. In Europa gab es ihn nur mit Allradantrieb. Die Kabine war für die damalige Zeit besonders geräuscharm. Der Lärmpegel lag bei höchstens 73 dB(A).

OBEN

Steiger war ein Hersteller von Großtraktoren in Fargo, North Dakota, der Farmer belieferte, denen selbst die großen Schlepper der Marktführer noch zu klein waren. Aber durch die Landwirtschaftskrise der 80er Jahre ging die Nachfrage nach den Ackergiganten so weit zurück, dass die Produktionskapazitäten nur noch zu einem Viertel ausgelastet waren. 1986 erfolgte die Übernahme durch Tenneco und die Vereinigung mit Case IH. Seitdem werden die Case-IH-Schlepper der obersten Leistungsklasse in Fargo produziert. Die 9100-Serie war die erste Baureihe, die in Fargo unter dem Markennamen Case IH und mit rotem Lack erschien. Wie andere Modelle wurde sie bis 1989 aber auch in grüner Farbe und mit dem Namen Steiger vertrieben. Vorgänger der 9100-Modelle war die Steiger-1000-Reihe, deren Modelle anstelle von Nummern Raubtiernamen hatten.

Die 9100-Reihe umfasste die fünf Modelle 9110 mit 200 PS, 9130 mit 220 PS, 9150 mit 280 PS, 9170 mit 335 PS, 9180 mit 375 PS und 9190 mit 525 PS. Die Motoren der beiden kleineren Modelle stellte Case IH selbst her. Für die Modelle 9150, 9170, 9180 und 9190 wurden die Antriebsaggregate von Cummins geliefert. Alle Motoren besaßen sechs Zylinder, einen Turbolader und Ladeluftkühlung (mit Ausnahme des 9110). Der Hubraum lag im Bereich von 8,3 bis 18,8 Litern. Ein Getriebe mit zwölf Vorwärts- und zwei Rückwärtsgängen gehörte zur Standardausstattung.

Bei allen Modellen der 9100-Reihe handelte es sich um Knicklenker. Das heißt, zum Lenken wurden nicht die Vorderräder eingeschlagen, sondern der Rumpf knickte ein. Da die Großschlepper mit einer doppelten oder dreifachen Bereifung ausgestattet waren, wäre eine herkömmliche Vorderradlenkung nur mit einem sehr großen Wendekreis möglich gewesen. Die 9100-Modelle kamen mit einem Wendekreis von ungefähr 7,8 bis 10,7 Metern aus. Das Gewicht der Großschlepper lag im Bereich von etwa 7700 bis 18.600 Kilogramm.

Die 9100-Reihe befand sich bis 1990 im Traktorenprogramm von Case IH.

Deutz-Fahr

LINKS

Deutz gehört sicherlich zu den bedeutendsten Traktormarken im deutschsprachigen Raum. Das Kölner Unternehmen, das die Deutz-Traktoren herstellte, hieß seit 1938 Klöckner-Humboldt-Deutz (KHD). Seit 1981 erfolgte der Vertrieb der Traktoren unter dem Markennamen Deutz-Fahr. Damit erinnerte man an ein anderes wichtiges Unternehmen der Landtechnikbranche, das von KHD 1970 übernommen worden war, nämlich die Maschinenfabrik Fahr. Ab 1986 war die KHD Agrartechnik GmbH als Tochterunternehmen von KHD für die Deutz-Fahr-Traktoren zuständig.
Die 07-Baureihe gehörte zu den wichtigsten Schlepperserien der 80er Jahre aus dem Hause Deutz-Fahr. Mit den Zwei-, Drei- und Vierzylindermodellen deckte sie den unteren und mittleren Leistungsbereich ab. Unter den Motorhauben arbeiteten luftgekühlte Deutz-Motoren. Die meisten Modelle der 07-Reihe wurden noch in den 80er Jahren von der DX-Reihe abgelöst. Der D 45 07 befand sich jedoch bis 1990 im Bau.

LINKS

Es waren die drei Dreizylindermodelle DX 3.10, DX 3.30 und DX 3.50, mit denen KHD 1984 die DX-3-Klasse startete. Sie lösten drei Modelle der 07-Reihe ab. Die Leistung der luftgekühlten Deutz-Motoren betrug 46, 54 und 60 PS. Alle drei DX-Schlepper waren mit Hinterrad- und Allradantrieb verfügbar. 1985 bis 1987 wurde die DX-Klasse um stärkere Modelle erweitert. Diesmal handelte es sich dabei um die Vierzylinderschlepper DX 3.60, DX 3.65, DX 3.70 und DX 3.90, die einen Leistungsbereich von 65 bis 75 PS abdeckten. Der DX 3.65 war nur mit Allradantrieb erhältlich. Die anderen Modelle waren optional auch mit Hinterradantrieb erhältlich. Die Traktoren der DX-3-Klasse gab es in Ausführungen mit offenem Fahrerstand, mit der Kabine namens StarCab sowie wahlweise mit einem Fritzmeier-Verdeck. Die Produktion der DX-3-Klasse dauerte bis 1996.

RECHTE SEITE OBEN

Die DX-4-Klasse bestand aus vier Modellen. Die Typen DX 4.30 mit 75 PS, DX 4.50 mit 82 PS und DX 4.70 mit 90 PS Leistung erschienen 1983.

Ein Jahr später folgte der DX 4.10 mit 70 PS Leistung. Alle Traktoren der Klasse wurden von luftgekühlten Vierzylinder-Deutz-Motoren angetrieben, wobei die beiden stärksten Modelle mit einem Turbolader ausgestattet waren. Der Hubraum betrug bei den drei ersten Modellen vier Liter, beim DX 4.10 hatte er eine Größe von 3,8 Litern. Das Deutz-Getriebe verfügte in der Standardausstattung über 18 Vorwärts- und 6 Rückwärtsgänge. Auf Wunsch war eine 24V/6R-Version verfügbar. Auf der Straße betrug die Höchstgeschwindigkeit 40 km/h. Alle Schlepper der DX-4-Klasse standen in Ausführungen mit Allrad- und Hinterradantrieb zur Verfügung.

RECHTS
Die Kabine der DX-4-Modelle hieß MasterCab. Sie zeichnete sich durch einen ebenen Kabinenboden und eine seitliche Anordnung der Bedienhebel aus, wodurch der Gehbereich nicht behindert wurde. An heißen Tagen ließen sich die Kabinenscheiben aufstellen. Für die Frischluftzufuhr konnte auch die Dachluke geöffnet werden. Eine Ölheizung verschaffte dem Fahrer an kalten Tagen eine angenehme Temperatur. Dabei sorgten acht Düsen für die Verteilung der Warm- und Kaltluft. Die Kabine war elastisch gelagert, um eine Übertragung von Schwingungen des Motors zu vermeiden. Die DX-4-Modelle befanden sich in ihrer ursprünglichen Ausführung bis 1989 in Produktion. Der DX 4.30 und der DX 4.50 bekamen jedoch eine neue Kabine, die StarCab. Sie wurden als DX 4.31 und DX 4.51 noch bis 1990 hergestellt.

LINKS

Den oberen Leistungsbereich deckten die Sechszylindermodelle der DX-6-Klasse ab. 1983 begann die Produktion des DX 6.10, der mit einem Hubraum von 5,7 Litern eine Leistung von 100 PS erreichte, sowie des DX 6.30 und des DX 6.50, die beide einen Hubraum von 6,1 Litern besaßen und eine Leistung von 115 bzw. 137 PS vorweisen konnten. Der DX 6.50 erzielte die PS-Zahl mit Hilfe eines Turboladers. 1987 wurde die Baureihe um ein weiteres Modell ergänzt. Es handelte sich um den DX 6.05, der mit seinen 5,7 Litern Hubraum und der Motorleistung von 98 PS das Angebot nach unten abrundete. Als Getriebe standen für das kleinste Modell der Klasse eine 18V/6R- und eine 24V/6R-Variante zur Auswahl. Der DX 6.10 und der DX 6.30 besaßen ein 15V/6R-Getriebe. Über 40 Vorwärts- und 10 Rückwärtsgänge verfügte der DX 6.50. KHD produzierte die drei stärksten DX-6-Modelle bis 1990. Der DX 6.05 lief noch ein Jahr länger von der Produktionsstraße in Köln.

RECHTS

Die DX-6-Klasse richtete sich überwiegend an große landwirtschaftliche Betriebe und Lohnunternehmer. Übertroffen wurden die Modelle im Deutz-Fahr-Programm nur noch vom DX 7.10 und dem in Amerika produzierten DX 8.30. Entsprechend ihrer Zielgruppe waren die DX-6-Schlepper so konzipiert, dass sie auch mit einem Frontanbauraum ausgestattet werden konnten. Dazu gehörten ein Frontkraftheber und eine Frontzapfwelle, die mit 1000/min arbeitete. Die Heckzapfwelle besaß zwei Stummel, von denen einer für 540 und der andere für 1000/min vorgesehen war. Der Heckkraftheber entwickelte eine Hubkraft von 5200 Kilogramm. Beim Frontkraftheber lag dieser Wert bei 2900 Kilogramm. Das Gewicht der Traktoren lag im Bereich von 4100 Kilogramm (im Fall der Hinterradausführung des DX 6.05) bis 5480 Kilogramm (bei der Allradversion des DX 6.50).

Fendt

OBEN

Fendt war nicht das erste Unternehmen, das Geräteträger zu bauen begann, aber es war mit Abstand das erfolgreichste. Der Allgäuer Traktorhersteller brachte das erste Modell dieses Typs 1957 auf den Markt und stellte das letzte Exemplar 2004 her. Was die Geräteträger (im Bild ein F 380 GT) auszeichnete, war der Umstand, dass sie über mehrere Anbauräume verfügten, nämlich am Heck, zwischen den Achsen und im Frontbereich. Zusätzlich besaßen sie eine Ladepritsche. Gegenüber den Standardschleppern, die meist lediglich am Heck Maschinen anbauen konnten, und selbst gegenüber den Tragschleppern, die noch einen Zwischenachsanbauraum besaßen, war dies ein erheblicher Vorteil. Fendt warb noch dazu mit seinem Einmannsystem, denn das An- und Abbauen der Geräte und Maschinen sollte bei den Geräteträgern von einer Person erledigt werden können und innerhalb kurzer Zeit möglich sein. Der Nutzen davon zeigte sich zu Zeiten, als der Landwirt alleine arbeiten musste.

OBEN LINKS

Der Geräteträger F 380 GT, den dieses Bild zeigt, wurde am längsten produziert. Das erste Exemplar lief 1984 aus der Montagehalle in Marktoberdorf, das letzte wurde 2003 gefertigt. Der F 380 GT war in mehreren Varianten erhältlich, nämlich neben der normalen Ausführung mit Hinterradantrieb auch als 380 GTA mit Allradantrieb. Der 380 GTH stand als hinterradgetriebene Hochradausführung und der 380 GHA als Hochradversion mit Allradantrieb zur Verfügung.
Einer der Gründe, warum Fendt im Gegensatz zu anderen Herstellern mit seinen Geräteträgern so erfolgreich war, lag darin, dass die Konstrukteure in Marktoberdorf relativ leistungsstarke Motoren in dem beschränkten Platz unterbringen konnten. Dies war durch den Einbau liegender Motoren möglich. Beim F 380 GT leistete der Motor 80 PS.

OBEN RECHTS

Fendt ist heute vor allem durch seine großen, leistungsstarken Schlepper bekannt, bei denen die Allgäuer Firma zumindest in Deutschland Marktführer ist. Allerdings hat Fendt seit jeher auch kleinere Traktoren hergestellt. Der Farmer 275 S wurde von 1988 bis 1995 produziert. Eine Allradversion, der 275 SA, befand sich ein Jahr länger in Bau.
Von der Ausführung mit Vierradantrieb wurden bedeutend mehr Exemplare verkauft als von der hinterradgetriebenen Variante, nämlich 6039 Stück gegenüber 178.
Der luftgekühlte Vierzylindermotor von Deutz leistete bei beiden Versionen 75 PS. Neben der 21V/6R-Ausführung war das Getriebe in einer Superkriechgang-Variante mit 20 Vorwärts- und 6 Rückwärtsgängen erhältlich.

UNTEN

Der Farmer 280 P war ein Spezialtraktor für den Obst- und Hopfenbau. Er wurde in der Hinterrad-

ausführung von 1988 bis 2001 hergestellt. Die Allradversion 280 PA befand sich bis 2002 im Bau. Von der Allradausführung verkaufte man immerhin 2835 Exemplare. Bei der hinterradgetriebenen Version waren es nur 209 Einheiten. Der luftgekühlte Vierzylindermotor leistete mit einem Hubraum von 4 Litern 80 PS.

Von besonderer Bedeutung bei dem Spezialtraktor war die kompakte Bauweise. Die Breite lag bei 1666 Millimetern. Damit war er um fast 22 Zentimeter schmaler als die Ausführung als Standardtraktor des Farmer 280. Ein Wendekreis von 360 Zentimetern bei der Hinterradversion und von 364 Zentimetern bei der vierradgetriebenen Ausführung ermöglichte das handliche Navigieren unter den beengten Verhältnissen in den Plantagen.

RECHTS

Der Farmer 309 LS und seine allradgetriebene Version 309 LSA kamen als Schlepper der oberen Mittelklasse 1981 auf den Markt. Im Laufe der Zeit erfuhren sie mehrere Überarbeitungen. Als Antrieb diente bei diesem Farmer-Modell ein wassergekühlter Vierzylindermotor von MWM, der eine Leistung von 86 PS erbrachte. Das Getriebe war in einer Ausführung mit 15 Vorwärtsgängen und einer Höchstgeschwindigkeit von 40 km/h sowie einer Variante mit 14 Vorwärtsgängen und einer Höchstgeschwindigkeit von 30 km/h erhältlich. Es gab vier Rückwärtsgänge. Zusätzlich waren 20 Superkriechgänge für die Vorwärts- und sechs für die Rückwärtsfahrt erhältlich.

Die erste Überarbeitung des Schleppers erfolgte 1984 mit dem Einbau eines neuen Getriebes, das nun in der Standardausführung 21 Vorwärts- und sechs Rückwärtsgänge bot. Zusätzliche Kriechgänge waren ebenfalls verfügbar. Eine weiterentwickelte Version des MWM-Motors wurde ab 1989 eingebaut. Der Hubraum blieb gleich, aber die Leistung konnte auf 90 PS gesteigert werden.

Die Hubkraft des Heckkrafthebers erhöhte sich von 3820 auf 4420 Kilogramm. Außerdem stieg das Gewicht der Hinterradversion von 3805 auf 3950 Kilogramm und dasjenige der Allradausführung von 4010 auf 4125 Kilogramm. 1990 bekamen der Farmer 309 LS und LSA eine neue Vorderachse. Lieferant war die Zahnradfabrik Friedrichshafen. Ein Jahr später endete die Produktion der Hinterradausführung, die sich immer bedeutend schlechter verkauft hatte als die allradgetriebene Variante. Der Farmer 309 LSA wurde weiterhin gebaut, aber 1991 mit einem 92 PS leistenden Motor und einem Wendegetriebe mit 21 Gängen in beide Fahrtrichtungen ausgestattet. Die Höchstgeschwindigkeit lag bei dieser Ausführung bei 40 km/h.

Die letzte Überarbeitung des Modells erfolgte 1995. Diesmal wurde die Motorleistung auf 95 PS gesteigert. 1998 lief das letzte Exemplar von den Produktionsbändern in Marktoberdorf.

OBEN

Die Produktion des Farmer 312 LSA begann 1987. Das Modell war nur mit Allradantrieb verfügbar. Angetrieben wurde es von einem wassergekühlten MWM-Motor, der über sechs Zylinder und einen Hubraum von 6,2 Litern verfügte. Die Leistung lag bei 115 PS. Als Triebwerk diente ein 21V/6R-Vollsynchrongetriebe, das eine Höchstgeschwindigkeit von 40 km/h ermöglichte. Zusätzlich waren 20 Kriechgänge für die Vorwärtsfahrt und sechs für die Rückwärtsfahrt verfügbar. Die Hubkraft des Heckhubwerks lag bei 5800 Kilogramm. Bis 1990 wurden von dem Farmer 312 LSA 3148 Exemplare verkauft. Eine erste Überarbeitung des Modells fand 1990 statt. Die Leistung des MWM-Motors konnte bei gleichem Hubraum auf 120 PS gesteigert werden. Als zusätzliche Getriebevariante stand eine 20V/6R-Version für eine Höchstgeschwindigkeit mit 30 km/h zur Verfügung.

LINKS

Von der zweiten Version des Farmer 312 LSA wurden bis 1991 über 1120 Exemplare verkauft. In jenem Jahr erfolgte eine erneute Überarbeitung. Diesmal wurde ein 21V/21R-Wendegetriebe eingebaut. Die Höchstgeschwindigkeit lag bei 40 km/h. Die langsamere Variante stand nicht mehr zur Verfügung. Die Heckzapfwelle drehte sich mit drei Geschwindigkeiten, nämlich 540, 750 und 1000 Umdrehungen pro Minute. Auf Wunsch konnte eine Frontzapfwelle mit 1000/min eingebaut werden. Das Eigengewicht des Farmer 312 LSA lag bei 5190 Kilogramm. Als zulässiges Gesamtgewicht wurden 8000 Kilogramm angegeben. Die Lenkung und die Vorderachse stammten auch bei diesem Modell von der Zahnradfabrik Friedrichshafen.

Von 1991 bis 1993 verkauften sich von der neuesten Version über 1160 Exemplare.

Fiatagri

LINKS

Das ursprüngliche Unternehmensziel von Fiat war die Herstellung von Automobilen. Aber der Einstieg in den Traktorenbau erfolgte bereits 1919. In den folgenden Jahrzehnten kaufte das Turiner Unternehmen mehrere kleine italienische Hersteller auf und baute dadurch seine Marktposition aus. Die Expansion in den internationalen Bereich erfolgte vor allem nach dem Zweiten Weltkrieg. Ab 1974 war für den Traktorenbereich das Tochterunternehmen Fiat Trattori zuständig. 1984 fand die Umbenennung in Fiatagri statt. 1988 erfolgte die Vereinigung von Fiatagri und Fiat-Allis, einem weiteren Tochterunternehmen, zu FiatGeotech, das nun auch Baumaschinen im Programm führte. Dieses Bild zeigt einen Fiat 70-90 mit einem Mulcher von Kverneland. Das eckige Design galt in den 80ern bei vielen Herstellern als modern.

RECHTS

Die Baureihe 90 begann 1984 mit den Modellen 55-90, 60-90, 70-90, 80-90, 90-90, 100-90, 115-90, 130-90, 140-90, 160-90 und 180-90, wobei die erste Zahl die Motorleistung wiedergab. 1986 gesellten sich der 110-90 und 1987 die Modelle 65-90 und 85-90 zur Baureihe. Der 55-90 und der 60-90 besaßen als Antrieb einen Dreizylindermotor, während unter der Haube der Modelle 70-90 bis 85-90 ein Motor mit vier Zylindern arbeitete. Über fünf Zylinder verfügte der 90-90. Alle stärkeren Modelle waren mit einem Sechszylindermotor ausgerüstet. Die meisten Schlepper der 90er-Reihe liefen bis 1992 vom Band. Einige Modelle wurden sogar bis ins neue Jahrtausend vertrieben, allerdings später unter dem Namen New Holland.
Das Bild zeigt einen Fiat 70-90 mit der Bodenfräse GS80 von Kverneland.

Ford

OBEN

Der Ford 6410 kam 1988 als Teil der 10er-Baureihe auf den Markt und wurde drei Jahre lang hergestellt. Die Maximalleistung des Vierzylindermotors wurde mit 80 PS angegeben. Der Schlepper besaß serienmäßig 19 Vorwärts- und acht Rückwärtsgänge.

Ford hatte die achtziger Jahre relativ unbeschadet überstanden. Dies lag sicherlich daran, dass das Unternehmen nicht nur im Landtechnikbereich tätig war, sondern seinen Schwerpunkt in der Automobilbranche hatte. Im Rahmen weiterer Expansionsbemühungen übernahm Ford 1986 den Landmaschinenhersteller New Holland von Sperry. Mit dieser Akquisition konnte Ford die Präsenz auf dem Landtechniksektor bedeutend verstärken und erweitern. „Ford New Holland“, wie die Landtechniksparte des Unternehmens nun hieß, hatte neben Schleppern auch Mähdrescher, Ballenpressen und andere Erntemaschinen im Programm.

Ford nahm seit jeher eine besondere Stellung in der Geschichte des Traktorenbaus ein. Henry Ford, der Unternehmensgründer, ist vor allem dadurch bekannt geworden, dass er mit seinem Model T den Automobilbau revolutionierte. Aber was er beim Individualverkehr erreichte, wollte er auch in der Landwirtschaft bewirken, nämlich die Motorisierung einer breiten Schicht von Landwirten. Dies gelang ihm tatsächlich 1917 mit dem Model F, einem einfachen, in großer Stückzahl hergestellten Traktor. Henry Ford überraschte damit die Konkurrenz und es gelang ihm durch die einfache Bauweise und die rationelle Produktionsmethode die Kosten so weit zu senken, dass er alle anderen Hersteller preislich unterbieten konnte. Der Model F Traktor hatte seine Macken, aber er gewann eine enorme Verbreitung. Es dauerte eine Zeit lang, bis sich die überlebenden Konkurrenten mit neueren und leichteren Modellen der Herausforderung durch Ford gestellt hatten. Eine weitere Entlastung brachte ihnen 1928 die Verlagerung von Fords Schlepperproduktion nach Cork in Irland.

Henry Ford stieg 1938 in Amerika erneut in den Schlepperbau ein. Diesmal in Zusammenarbeit mit dem aus Irland stammenden Erfinder Harry Ferguson, an dessen Dreipunktaufhängung er interessiert war. Ford eroberte sich erneut bedeutende Marktanteile, konnte aber gegen die diesmal besser gerüstete Konkurrenz nicht die gleichen Erfolge feiern wie beim ersten Mal.

John Deere

OBEN

Die Krise der 80er Jahre ging auch an der Firma „Deere & Co.“, die wegen dem Markennamen meist John Deere genannt wird, nicht vorbei. Das Unternehmen mit Hauptsitz in Moline, im amerikanischen Bundesstaat Illinois, hatte sich langsam zu einem der führenden Hersteller der Traktorbranche hochgearbeitet. Auf den Nachfragerückgang musste John Deere jedoch mit einem starken Personalabbau reagieren. Werkstilllegungen ließen sich zwar vermeiden, aber 1986 kam es in den USA zu einem Arbeitskampf, der sich über 163 Tage hinzog und zu enormen Verlusten führte. Trotzdem bewahrte sich John Deere ohne Verkäufe und Fusionen die Unabhängigkeit.

Einer der Gründe für das Überleben von John Deere war die Produktoffensive, die in den schwierigen Jahren gestartet wurde. Dazu gehörte die Baureihe 50, die eigentlich in mehrere Baureihen aufgeteilt werden kann. Bereits 1982 rollten aus dem Hauptwerk in Waterloo, im Bundesstaat Iowa, die großen Sechszylindermodelle der 50er-Reihe: John Deere 8450, 8650 und 8850. Sie hießen wegen ihrer Typenbezeichnung auch „Achttausender“. Im folgenden Jahr erweiterte John Deere die Baureihe um weitere Sechszylindermodelle aus Waterloo, die „Viertausender“ 4050, 4250, 4450, 4650 und 4850 sowie die „Zweitausender“ 2150, 2350, 2550, 2750 und 2950 mit drei, vier und sechs Zylindern aus Mannheim.

Zu den anschließenden Modellen gehörten die Dreizylinder-Modelle , darunter der 1850, den dieses Bild zeigt.

Der John Deere 1850 kam 1986 auf den Markt und wurde bis 1994 produziert. Sein wassergekühlter Motor verfügte über einen Hubraum von 2,9 Litern und leistete 56 PS bei einer Drehzahl von 2400/min. Standardmäßig war er mit einem Synchrongetriebe mit acht Vorwärts- und vier Rückwärtsgängen versehen. Auf Wunsch konnte er mit dem PowerSynchron- Getriebe ausgestattet werden, das die doppelte Gangzahl bot.

Der 1850 war wahlweise mit Hinterrad- oder mit Allradantrieb lieferbar

NACHFOLGENDE SEITEN

Aus der Mannheimer Traktorschmiede stammte auch der John Deere 3350. Er gehörte gemeinsam mit dem 3050 und dem 3650 zu den Sechszylindermodellen, deren Produktion 1986 in dem deutschen John-Deere-Werk begann und bis 1993 andauerte. Ein Jahr zuvor hatte in Mannheim bereits die Montage des 4350 begonnen, ebenfalls ein Sechszylindermodell, das aber mit 7,6 Litern einen bedeutend größeren Hubraum besaß. Er glich äußerlich nicht ohne Grund den amerikanischen Schleppern der 50er-Reihe, denn die Einzelteile stammten aus Waterloo und wurden in dem Werk am Rhein zusammengebaut. Der Hubraum des 3350 maß 5,8 Liter. Mit seinen 100 PS Leistung gehörte das Modell zu dieser Zeit bereits zu den Traktoren der Oberklasse auf dem europäischen Markt.

Die Kabine des 3350 wurde SG2 genannt. Die Abkürzung stand für „Sound Guard 2“. Damit war gemeint, dass es sich um eine Weiterentwicklung der ursprünglichen Sound-Guard-Kabine handelte, die durch eine sehr effektive Schalldämmung und einen besonderen Komfort aufgefallen war. Die SG2-Kabine war neben der Normalversion in einer niedrig gebauten Ausführung erhältlich, um die Einfahrt mit dem Traktor durch Scheunen- und Stalltore zu ermöglichen. An heißen Tagen konnten die Seiten- und das Rückfenster sowie die Dachluke der Kabine aus- oder hochgestellt werden. Optional gab es für die Kabine eine Klimaanlage. Eine Heizung gehörte zur Standardausstattung und ein Filtersystem hielt die Luft frisch.

Für eine niedrige Geräuschbelastung sorgten nicht nur Gummielemente, auf denen die Kabine gelagert war, sondern auch die gebogene Frontscheibe, die die Schallwellen reflektierte.

3350
JOHN DE

Massey-Ferguson

LINKS

Massey Ferguson war einer der ganz großen Global Player der Traktorbranche mit Produktions- und Vertriebsstandorten in allen wichtigen Ländern der westlichen Welt. Das ursprünglich aus Kanada stammende Unternehmen rutschte jedoch schon Ende der 70er Jahre in die Verlustzone.
1982 steckte der einst größte Traktorenhersteller der Welt so tief in den roten Zahlen, dass die kanadische Regierung eingreifen musste, um eine Insolvenz zu vermeiden.
Die 3000-Reihe wurde 1986 gestartet. Die Baureihe bestand aus sieben Modellen, deren Produktion in der nördlich von Paris gelegenen Stadt Beauvais stattfand. Die Antriebsaggregate lieferte der ebenfalls zum Massey-Ferguson-Konzern gehörende englische Motorenhersteller Perkins. Die 3000-Reihe deckte den Leistungsbereich von 68 bis 107 PS ab. Einige Schlepper der Modellpalette wurden bis 1995 hergestellt.

OBEN

Zur Oberklasse zählten die Modelle der 3600-Reihe. Ab 1987 entstanden im Massey-Ferguson-Werk im französischen Beauvais der MF 3610 mit 113 PS, der MF 3630 mit 133 PS und der MF 3650 mit 180 PS. Angetrieben wurden sie von Sechszylindermotoren aus dem Hause Perkins. Der Hubraum lag bei 5,8 Litern.
Zwei Jahre später folgte der 3680 mit einem Valmet-Motor als Kraftgenerator.
Mit seinen sechs Zylindern und dem Hubraum von ebenfalls 5,8 Litern konnte dieser Schlepper eine Leistung von 180 PS vorweisen. Alle vier Modelle der 3600-Reihe waren nur mit Allradantrieb verfügbar. Ein Wendegetriebe mit 16 Gängen in beide Fahrtrichtungen gehörte zur Standardausstattung. Die Höchstgeschwindigkeit lag beim MF 3680 bei 37 km/h; die drei anderen Modelle erreichten auf der Straße 40 km/h.

Schlüter

LINKS
Das in der nördlich von München gelegenen Kleinstadt Freising ansässige Unternehmen Schlüter war durch seine Großtraktoren weit über die Grenzen hinaus bekannt geworden. Aber nicht nur Ackergiganten rollten aus der Freisinger Werkshalle. Eine breitere Käuferschicht sollte mit den Compact-Modellen angesprochen werden, die im Leistungsbereich der oberen Mittelklasse lagen. Einer dieser Schlepper war der Compact 950 V 6, dessen Produktion 1982 begann und der sich bis 1993 im Bau befand. Angetrieben wurde er von einem Sechszylindermotor von MAN mit 5,7 Litern Hubraum. In der ursprünglichen Ausführung des Compact 950 V 6 lag die Maximalleistung bei 90 PS. Eine erste Überarbeitung des Modells erfolgte 1984. Mit einem neuen Getriebe wurde die Höchstgeschwindigkeit von 40 auf 50 km/h erhöht. 1990 konnte die Motorleistung auf 95 PS gesteigert werden.

OBEN
Der Super 1500 TVL gehörte zur Klasse der Großtraktoren. Die erste Version dieses Modells kam bereits 1972 auf den Markt. Im Laufe der Zeit erfolgten immer wieder Überarbeitungen und Verbesserungen. 1984 bekam der Schlepper eine neue Vorderachse sowie eine Tandempumpe für den Kraftheber und die Lenkung. Ab 1986 war eine Version mit einer Höchstgeschwindigkeit von 50 km/h verfügbar. Angetrieben wurde der Schlüter-Traktor von einem Sechszylindermotor aus eigener Produktion, dessen Leistung bei 150 PS lag. Der Heckkraftheber hatte eine Hubkraft von 6200 Kilogramm. Auf Wunsch bekam das Modell einen stärkeren Kraftheber, sodass die Leistung bei 7200 oder 8400 Kilogramm lag. Der Super 1500 TVL wurde bis 1992 hergestellt. Die ab 1990 gebauten Exemplare erkennt man an den weiter nach unten reichenden hinteren Kotflügeln.

Steyr

OBEN

Steyr ist die bedeutendste Traktormarke in Österreich. Die Steyr-Daimler-Puch AG stieg 1947 in die Traktorenproduktion ein. In Sankt Valentin entstanden ab 1957 Traktoren. Später verlegte man die gesamte Traktorenfertigung in die niederösterreichische Stadtgemeinde. Zu den bekanntesten Baureihen der rot-weißen Marke gehört die 80er-Serie, für die der Startschuss bereits gegen Ende der 70er Jahre gegeben worden war.

Der 8090, den dieses Bild zeigt, entstand von 1983 bis 1992. Angetrieben wurde der Schlepper von einem wassergekühlten Motor aus eigener Produktion. Mit vier Zylindern, dem Turbolader und einem Hubraum von 3,5 Litern leistete er 80 PS. Der 8090 war mit Hinterrad- und Allradantrieb verfügbar. Auf der Straße erreichte der Oberklassenschlepper eine Höchstgeschwindigkeit von 37 km/h.

OBEN

Der Steyr 8110 zählt ebenfalls zur 80er-Serie. Der Baubeginn des Modells erfolgte 1984. Die Allradausführung befand sich bis 1994 in Produktion, während die Version mit Hinterradantrieb schon 1987 wieder eingestellt wurde. Der Sechszylindermotor des 8110 verfügte über einen Hubraum von 5,2 Litern. Bei 2300 Umdrehungen pro Minute leistete er 90 PS. Das Steyr-Gruppenschaltgetriebe des 8110 besaß 15 Vorwärts- und 5 Rückwärtsgänge. Auf Wunsch waren Getriebevarianten mit 18 Vorwärts- und 6 Rückwärtsgängen, 20 Vorwärts- und 5 Rückwärtsgängen sowie 24 Vorwärts- und 6 Rückwärtsgängen erhältlich. Die Höchstgeschwindigkeit betrug bei der Standardausführung 38 km/h. Auf Wunsch konnte der 8110 mit einer Frontzapfwelle, einem Fronthubwerk, einer besseren Kabine oder einer elektronischen Hubwerksregelung ausgestattet werden.

Die 90er Jahre

Konsolidierung und Wiederaufstieg

In den 90er Jahren hatte sich die Landtechnikbranche zwar stabilisiert, große Wachstumsraten waren jedoch keine zu erwarten. Der Markt wurde von wenigen großen Anbietern beherrscht. Einige kleine Hersteller hatten sich jedoch eine Nische gesichert, in der sie durchaus gedeihen konnten. Dazu gehörten beispielsweise die italienischen Firmen Carraro in Rovigo und Antonio Carraro in Campodarsego, die sich auf Klein- und Schmalspurtraktoren für den Weinanbau, Obstplantagen, Sonderkulturen, Kommunen und Pflegeaufgaben spezialisiert hatten. Bei dem bayerischen Traktorbauer Eicher waren es ebenfalls die Schmalspurtraktoren, die überlebt hatten und für die man immerhin noch eine Zukunft sah. Anders war die Situation bei den Herstellern am oberen Ende des Leistungsspektrums. Schlüter in Freising konnte immer weniger seiner Ackergiganten an den Mann bringen und rollte langsam aber sicher auf den Abgrund zu. In den USA war das Steiger-Werk in Fargo von Case IH aufgekauft worden, und in Kanada ging Versatile, das einst mit seinen großen Schleppern Aufsehen erregte, in die Hände von Ford New Holland über.

Traktorenhersteller wurden aber nicht nur aufgekauft und fusioniert, es entstanden auch neue Unternehmen. Das bekannteste davon ist sicherlich AGCO. Es erhob sich wie ein Phönix aus der Asche, den das KHD-Abenteuer in Amerika zurückgelassen hatte. Dieses Ereignis hatte eine Vorgeschichte. Für Klöckner-Humboldt-Deutz war Nordamerika seit jeher ein interessanter Markt, auch wenn es nie gelungen war dort richtig Fuß zu fassen. Eine Chance für den großen Sprung glaubte man 1985 in der Kölner Konzernzentrale entdeckt zu haben, als das bekannte amerikanische Landtechnikunternehmen Allis-Chalmers erklärte, seine Traktoren- und Landmaschinensparte verkauften zu wollen. KHD übernahm den Verluste schreibenden Unternehmensteil für einen erheblichen Betrag und machte sich an die schwierige Aufgabe, wieder in die schwarzen Zahlen zu kommen. Durch eine Politik der radikalen Sparmaßnahmen gelang es zwar, die Bilanz der KHD-Tochter Deutz-Allis in die Nähe der Kostendeckung zu bekommen, aber in der Zwischenzeit kämpfte der Kölner Mutterkonzern selbst ums Überleben. 1990, als die Zukunft des amerikanischen KHD-Ablegers auf der Kippe stand, übernahmen einige Führungskräfte im Zuge eines Management-Buy-Out das Unternehmen, änderten den Firmennamen in Allis-Gleaner Corporation (AGCO) und verlegten den Sitz nach Duluth in Georgia. Was folgte, war eine beispiellose Expansion durch Zukäufe. 1991 übernahm AGCO den bedeutenden Landmaschinenhersteller Hesston und den Traktorproduzenten White Tractor. Zwei Jahre später folgte die einst weltweit wichtigste Landtechnikmarke Massey Ferguson. Weitere amerikanische, brasilianische und argentinische Marken vergrößerten in den nächsten Jahren die AGCO-Familie. 1997 kam auch die für den deutschen Traktorenmarkt so wichtige Xaver Fendt GmbH & Co. KG aus Marktoberdorf in den Besitz des Konzerns aus Duluth. AGCO wuchs innerhalb kurzer Zeit von einem rein amerikanischen Unternehmen zu einem der wichtigsten Global Player der Landtechnikbranche.

Ein anderes Unternehmen, das durch Akquisitionen unter die ersten Ränge der Branche aufstieg, war Same beziehungsweise Same Deutz-Fahr, wie der Name seit 1995 lautet. Der Ursprung des Unternehmens liegt in der italienischen Stadt Treviglio, wo die Brüder Cassani 1942 die Firma „Società Accomandita Motori Endotermici“ (Same) gründeten. Traktoren wurden in Treviglio ab 1947 hergestellt. Ein wichtiger Schritt in der Unternehmensgeschichte stellte 1971 der Kauf des angeschlagenen italienischen Traktorbauers Lamborghini dar. 1979 konnte auch die renommierte Schweizer Traktormarke Hürlimann übernommen werden. Der wirklich große Wurf gelang jedoch Same 1995 mit der Übernahme der KHD-Tochter Deutz-Fahr. Kurz darauf änderte sich der Firmenname in Same Deutz-Fahr.

Ein wichtiges politisches und wirtschaftliches Ereignis in den 90er Jahren war natürlich der Fall des Eisernen Vorhangs, der Europa in zwei Teile getrennt hatte. Für die Unternehmen der Landtechnikbranche war dies von besonderer Bedeutung, weil sich ein neuer Markt im Osten öffnete. Die Landwirtschaft in den ehemaligen sozialistischen Staaten besaß Größenstrukturen, wie man sie in Westeuropa kaum kannte. Traktoren und Landmaschinen der obersten Größenklasse fanden in Osteuropa ein wichtiges Einsatzfeld.

Der Trend zu größeren Traktoren und höherer Leistung bestand allerdings auch in Westeuropa. Die Anzahl der Landwirte schrumpfte kontinuierlich – man sprach vom Bauernhofsterben – gleichzeitig wuchs aber die Fläche der übrig gebliebenen landwirtschaftlichen Betriebe. Ein rentables Arbeiten erforderte immer größere Maschinen sowie entsprechend leistungsstarke Schlepper. Was den Trend noch verstärkte, war der Umstand, dass immer mehr Aufgaben von Lohnunternehmern übernommen wurden.

Traktoren wurden nicht nur größer und stärker, sie sollten auch schneller werden. Die Landwirte und Lohnunternehmer hatten immer weitere Strecken zurückzulegen. Einen großen Teil ihrer Arbeitszeit verbrachten sie auf der Straße. Die Traktorhersteller erkannten, dass eine Steigerung der Fahrgeschwindigkeit eine Zeit- und Kostenersparnis für den Landwirt bedeuten konnte. Höchstgeschwindigkeiten von 40 oder 50 km/h wurden die Norm. Für eine Überraschung sorgte aber das englische Unternehmen JCB, das Traktoren baute, die bis zu 80 km/h schnell waren.

Größer, stärker, schneller, so könnte das Motto der Landtechnikbranche der 90er Jahre lauten.

Case IH

OBEN

Der Case IH 4230 entstand von 1994 bis 1998 im englischen Doncaster. Dieses Bild zeigt den Traktor bei der Arbeit mit einer Rollex-Walze von Väderstad. Das Modell war mit Hinterrad- und Allradantrieb erhältlich. Eine Kabine gehörte für den europäischen Markt zur Standardausstattung. War eine niedrigere Höhe erforderlich, konnte der 4230 anstelle der XL- mit einer LP-Kabine ausgerüstet werden, also einer niedrig gebauten „Low-Profile"-Kabine. In technischer Hinsicht war das Modell ein Nachfolger des Case IH 845 XL, dessen Motor vom Typ D-268 auch unter der Motorhaube des 4230 arbeitete. Die Leistung wurde mit 82 PS angegeben. Als Getriebe standen eine 16V/8R-Ausführung und ein 8V/8R-Wendegetriebe zur Verfügung. 1997, also kurz vor Produktionsende, bekam das Modell noch einmal eine höhere Hubkraft und u.a. einen größeren Kraftstofftank. Sogar die Länge des Schleppers wuchs um einige Zentimeter.

NACHFOLGENDE SEITE

Der Maxxum 5150 von Case IH gehörte zu den letzten Modellen, die in Neuss am Rhein hergestellt wurden. Das Modell, das Teil der 5100-Reihe war, kam Ende 1992 auf den Markt. Ein Sechszylindermotor mit Turbolader von Cummins diente als Antrieb. Der Hubraum lag bei 5,9 Litern und die Nennleistung betrug 125 PS. Ein 16V/12R-Getriebe gehörte zur Standardausstattung. Auf Wunsch war eine 24V/20R-Version verfügbar. 1996 erfuhr der Maxxum 5150 einige Änderungen. Dazu gehörte eine Vergrößerung des Kraftstofftanks von 170 auf 220 Liter.
Aufgrund der Überkapazitäten des Unternehmens wurde die Traktorproduktion 1997 von Neuss nach Doncaster verlagert. Dies war das Ende des Neusser Werks, in dem seit 1910 für International Harvester und später für Case IH Landmaschinen und Traktoren hergestellt worden waren.

5150

OBEN

Case IH hatte 1996 die österreichische Steyr Landmaschinentechnik GmbH übernommen, die 1990 als Tochterunternehmen der Steyr-Daimler-Puch AG entstanden war. Der Unternehmenssitz in Sankt Valentin wurde daraufhin zum wichtigsten europäischen Produktionsstandort von Case IH ausgebaut. In der niederösterreichischen Stadt liefen Schlepper sowohl in rot-weißer Farbe unter dem Markennamen Steyr als auch mit rotem Anstrich mit der Aufschrift Case IH von den Produktionsbändern. Abgesehen von der Motorhaube und der Ausstattung waren jedoch manche Modelle der beiden Marken gleich. Dazu gehörte der CS 150, der dem Steyr 9145 entsprach. Das Steyr-Modell gab es bereits seit 1995. Zwei Jahre später wurde es auch als Case-IH-Modell vertrieben. Der Motor stammte vom finnischen Hersteller Sisu. Die sechs Zylinder verfügten über einen Hubraum von 6,6 Litern. Zur Modellspezifikation gehörten eine Nennleistung von 145 PS und eine Höchstleistung von 150 PS. Standardmäßig verfügte der CS 150 über ein 24V/24R-Wendegetriebe. Optional bekam der Schlepper ein Getriebe mit 40 Gängen in beide Fahrtrichtungen. Als Höchstgeschwindigkeit waren 50 km/h möglich. Dieser Wert ließ sich jedoch auf 40 km/h beschränken. Die Geräuschbelastung des Fahrers betrug in der komfortorientierten Kabine nur 72 dB(A).
Der CS 150 wurde bis 2003 in Sankt Valentin hergestellt. Die anderen Modelle der CS-Baureihe waren der CS 110 mit 105 PS, der CS 120 mit 115 PS und der CS 130 mit 25 PS Nennleistung.

UNTEN

Aus amerikanischer Produktion stammte der Magnum 7220, der von 1994 bis 1999 in Racine hergestellt wurde. Das Arbeiten mit der Scheibenegge Carrier 420 von Väderstad, die in diesem Bild gezeigt wird, war für den 7220 auch unter schwierigen Bedingungen kein Problem. Angetrieben wurde der Oberklassenschlepper von einem Cummins-Motor, der über sechs Zylinder und einen Hubraum von 8,3 Litern verfügte. Die Nennleistung lag bei 185 PS. Als Höchstleistung wurden 195 PS angegeben. Die anderen Modelle der 7200-Baureihe waren der 7210 mit 155 PS, der 7230 mit 207 PS, der 7240 mit 234 PS sowie der 7250 mit 249 PS Nennleistung. Für den europäischen Markt war der Traktor mit einem 24V/6R-Standardgetriebe ausgestattet. Als Höchstgeschwindigkeit wurden 40 km/h angegeben. Auf der anderen Seite des Atlantiks begnügte man sich mit einem 18V/4R-Getriebe. Eine feinere Gangabstufung war auf Wunsch erhältlich.
Ab 1997 erschienen die Modelle der 7200-Reihe als Magnum Pro mit einem etwas stärkeren Motor. Die Nennleistung lag nun im Bereich von 170 bis 261 PS. Als Höchstleistung wurden Werte von 174 bis 276 PS genannt. In einigen mitteleuropäischen Ländern wie Österreich, Ungarn und der Tschechischen Republik vertrieb man die Magnum-Pro-Modelle als Steyr-Traktoren der 9200-Reihe. Die Schlepper behielten das Case-IH-Rot als Lackierung und bekamen nur einen anderen Markennamen und einen weißen Streifen mit der Typenbezeichnung an der Motorhaube. In den USA dagegen wurde aus der Magnum-Pro-Reihe die Baureihe 8900.

OBEN

Dieses Bild zeigt einen Case IH vom Typ MX170 mit der Drillmaschine Rapid 600 F von Väderstad. Der MX170, auch Maxxum 170 genannt, stammte aus der Traktorschmiede Doncaster. Die Produktion der Maxxum-MX-Reihe begann 1997 mit zunächst vier Modellen: MX100, MX110, MX120 und MX135. Im folgenden Jahr wurde die Baureihe um den MX150 und den MX170 erweitert. Die Zahl in der Typenbezeichnung entsprach der jeweiligen Nennleistung. Eine Ausnahme bildete der MX170, dessen Nennleistung mit 166 PS und Maximalleistung mit 177 PS angegeben wurden. Cummins lieferte auch für diese Baureihe die Sechszylindermotoren.

Als Folge des Zusammenschlusses mit New Holland musste Case IH 1999 das Werk Doncaster abtreten. Als Käufer fand sich die italienische Argo-Gruppe. Die Maxxum-MX-Reihe wurde jedoch noch bis 2002 weitergeführt. Danach entstand aus dieser Baureihe die MTX-Serie von McCormick.

UNTEN

Aus Racine stammten die Großtraktoren der Magnum-MX-Reihe. Sie bestand aus fünf Modellen: MX180 mit 182 PS, MX200 mit 204 PS, MX220 mit 224 PS, MX240 mit 246 PS sowie MX270 mit 279 PS Nennleistung. Die Maximalleistung lag höher. Sie deckte den Bereich von 204 bis 306 PS ab. Die CDC-Motoren, die bei dieser Baureihe für den Antrieb sorgten, besaßen jeweils sechs Zylinder und einen Hubraum von 8,3 Litern. Alle Motoren verfügten über Turboladung und Ladeluftkühlung, mit Ausnahme des Antriebsaggregats des MX180, das ohne Ladeluftkühlung auskam. Standardmäßig waren die Modelle mit einem 18V/4R-Getriebe ausgestattet. Auf Wunsch war ein Getrie-

be mit 24 Vorwärts und sechs Rückwärtsgängen verfügbar. Das Leerwicht der Schlepper lag bei ungefähr 8700 bis 9300 Kilogramm. Die Magnum-MX-Reihe befand sich von 1999 bis 2002 im Produktprogramm von Case IH.

OBEN
Nach der Übernahme von Steiger durch Case IH verschwand der Name Steiger zunächst von der Typenbezeichnung der Großschlepper. Selbst bei Case IH intern sprach man von den „Fargo-Traktoren", wenn die Großschlepper aus North Dakota erwähnt wurden. Im Sommer 1995 kam jedoch die neue 9300-Reihe der großen Knicklenker auf den Markt. Auf dem Kühlergrill prangte wieder deutlich sichtbar der Name Steiger. Grund hierfür war der gute Ruf, den dieser Markenname im Segment der Großtraktoren genoss. Er stand für Schlepper im obersten Leistungsbereich, für Qualität, Zuverlässigkeit und auch Komfort in Hinsicht auf den Arbeitsplatz. Diesen Erwartungen sollte auch die 9300-Reihe gerecht werden. Die ersten Modelle der Baureihe, die an den Start gingen, waren der 9310 mit 205 PS, der 9330 mit 240 PS, der 9350 mit 310 PS, der 9370 mit 360 PS sowie der 9380 mit 400 PS. 1997 folgte der 9390 mit 425 PS Nennleistung. Alle Motoren verfügten über sechs Zylinder sowie Turboladung und Ladeluftkühlung. Die Antriebsaggregate des 9310 und des 9330, die einen Hubraum von 8,3 Litern besaßen, stammten von Case IH. Für die stärkeren Modelle wurden die Kraftgeneratoren von Cummins geliefert. Mit 10,1 Litern Hubraum war der 9350 ausgestattet. 14 Liter fasste der Hubraum der drei stärksten Modelle. Eine erneute Erweiterung der Baureihe erfolgte 1998. Diesmal handelte es sich um Quadtrac-Ausführungen des 9370 und des 9380. Anstelle der doppelt- oder dreifachbereiften Räder hatten diese Modelle vier Raupenlaufwerke. Damit reagierte Case IH, wie andere Hersteller, auf die wachsende Nachfrage nach Raupentraktoren.

RECHTS
Die Modelle der 9300-Serie glänzten nicht nur durch ihre Motorleistung. Sie besaßen eine Hubkraft von 5783 bis 7711 Kilogramm. Das Gewicht lag bei ungefähr elf bis annähernd 15 Tonnen. Eine Quadtrac-Ausführung konnte fast 20 Tonnen schwer sein. Auf der Straße erreichten die Giganten eine Höchstgeschwindigkeit von fast 30 km/h.
Die Steiger-9300-Reihe wurde bis 2000 in Fargo hergestellt.

Claas

LINKS

Das in Harsewinkel ansässige Unternehmen Claas hatte sich seit jeher auf die Erntetechnik spezialisiert. Nach dem Zweiten Weltkrieg war Claas vor allem mit den Mähdreschern und Feldhäckslern zu einem der bedeutendsten Hersteller in diesem Bereich aufgestiegen. Einen Versuch, in die Traktorenbranchen einzusteigen, hatte es erstmals 1956 mit dem Huckepack gegeben. Dabei handelte es sich um eine Maschine, die mit den entsprechenden Aufbauten als Mähdrescher und ansonsten als Geräteträger verwendet werden konnte. Erfolg hatte der Huckepack jedoch nicht.
1994 erfolgte ein weiterer Versuch des Harsewinkeler Unternehmens, sich in der Traktorbranche zu engagieren. Claas übernahm drei Challenger-Modelle des ansonsten für seine Baumaschinen bekannten Herstellers Caterpillar, strich sie mit weißem und saatengrünem Lack an und vertrieb sie als Claas Challenger 35, 45 und 55 (im Bild). Die Caterpillar-Motoren der Challenger-Traktoren leisteten 212, 242 und 270 PS, wodurch sie in der damaligen Zeit zur oberen Schlepperklasse zählten.

OBEN

Noch stärkere Challenger-Modelle führte Claas im Frühjahr 1998 ein. Die vier Modelle Challenger 65E, 75E, 85E (den dieses Bild mit einer Sämaschine von Väderstad zeigt) und 95E verfügten über eine Nennleistung von 310 bis 410 PS. Die Maximalleistung betrug 329 PS beim kleinsten und 435 PS beim größten Modell. Sechszylindermotoren von Caterpillar dienten als Antrieb.
Von der Motorleistung abgesehen, war das Besondere an den Ackergiganten das von Caterpillar entwickelte Gummibandlaufwerk.
Die Raupen sollten sich als besonders bodenschonend erweisen, da sie wegen der großen Auflagefläche den Bodendruck verringerten, was bei einem Gewicht von 14,5 Tonnen nicht belanglos war. Die Challenger-Traktoren wurden von Claas bis 2001 vertrieben.

Deutz-Fahr

OBEN

Ende der 80er und Anfang der 90er Jahre baute KHD das Deutz-Traktorenprogramm um. Drei neue Baureihen ersetzten die DX-Reihe, mit Ausnahme der Dreizylindermodelle.

Eine neue Serie von Mittelklassetraktoren wurde 1989 mit den beiden Modellen AgroPrima 4.31 und 4.51 eingeführt. Es handelte sich dabei um Vierzylindermodelle, die eine Leistung von 75 bzw. 82 PS erbrachten.

1991 folgten zwei weitere Modelle: das Vierzylindermodell AgroPrima 4.56 mit 90 PS und der Sechszylinderschlepper AgroPrima 6.06 mit 100 PS. Der AgroPrima 6.16 schloss die Baureihe 1992 mit seinen sechs Zylindern und einer Nennleistung von 110 PS nach oben ab. 1993 gelang es den Technikern in Köln, die Nennleistung der drei Vierzylinderschlepper um jeweils drei PS zu erhöhen. Mit Ausnahme des AgroPrima 4.31 waren alle Modelle der Baureihe nur noch mit Allradantrieb verfügbar.

RECHTE SEITE OBEN

Insgesamt sieben Modelle umfasste die AgroXtra-Reihe. Es handelte sich um einen Dreizylinder-, vier Vierzylinder- und zwei Sechszylinderschlepper. Die ersten beiden AgroXtra-Modelle kamen 1990 auf dem Markt. In den beiden folgenden Jahren wurde die Baureihe mit den anderen Typen vervollständigt.

Ein AgroXtra-Modell schrieb Geschichte, als ein schwedischer Deutz-Fahr-Importeur auf die Idee kam, die Motorhaube abzuschrägen, um die Sicht auf die Frontanbaugeräte freizugeben. Die nach vorne abfallende Motorhaube setzte sich daraufhin nicht nur bei den Deutz-Fahr-Schleppern durch, sondern auch bei anderen Traktorenherstellern.

Die AgroXtra-Reihe umfasste das breite Spektrum der Mittelklassetraktoren und stand damit in Konkurrenz zur AgroPrima-Reihe.

Die beiden Baureihen unterschieden sich vor allem in der Ausstattung.

UNTEN

Ab 1. Januar 1995 gehörten die Deutz-Fahr-Traktoren und -Landmaschinen zu dem italienischen Unternehmen Same, das von nun an Same Deutz-Fahr

hieß. Die Schlepper entstanden zunächst weiterhin bei Klöckner-Humboldt-Deutz in Köln.
Ein Brand an Weihnachten 1996 zerstörte jedoch mehrere Büros und Hallen. Die Produktion wurde daraufhin ins bayerische Lauingen verlagert. Zum unternehmerischen Neuanfang gehörte auch ein neues Produktprogramm. Die Speerspitze bildete dabei die Agrotron-Reihe.
Diese Schlepper der Mittel- und Oberklasse waren noch in Köln entwickelt und auf der Agritechnica 1995 vorgestellt worden.
Die Baureihe bestand aus Vier- und Sechszylindermodellen im Leistungsbereich von 68 bis 145 PS. Die Motoren kamen von KHD, das ab 1997 wieder Deutz AG hieß.

RECHTS

Der Agrotron 90 in diesem Bild gehörte der zweiten Generation der Agrotron-Reihe an. Die Deutz-Fahr-Ingenieure in Lauingen entwickelten die Baureihe gezielt weiter, merzten die Fehler der ersten Generation aus und konnten schon auf der Sima 1997 die ersten Vertreter der überarbeiteten Serie vorstellen. Neben technischen Verbesserungen beinhaltete die zweite Generation auch eine Erweiterung nach oben. Das stärkste Modell war nun der Agrotron 260 mit 260 PS Leistung. Die Typenbezeichnung gab in etwa die Nennleistung wieder, die beispielsweise beim Agrotron 80 bei 75 PS und beim Agrotron 90 bei 88 PS lag. Die neue Agrotron-Reihe leistete einen wichtigen Beitrag dazu, nach der Produktionsverlagerung und Absatzproblemen das Vertrauen der Kunden in die Deutz-Fahr-Schlepper wieder herzustellen.

NACHFOLGENDE SEITE 214 OBEN

Bei der Agroplus-Reihe handelte es sich um Mittelklassetraktoren, die im Leistungsbereich unterhalb der Agrotron-Serie lagen. Die ersten drei Agroplus-Modelle kamen 1996 auf den Markt. Hier machte sich der Einfluss aus Italien bemerkbar, denn die Traktoren basierten technisch auf dem Same-Modell Dorado. Was sie vom Dorado unterschied, war jedoch der luftgekühlte Deutz-Motor, der beim Agroplus 60 drei Zylinder sowie beim Agroplus 70 und 80 jeweils vier Zylinder besaß. Die Nennleistung war wieder in der Typenbezeichnung enthalten. Sie lag bei 60, 70 und 80 PS. Was die Agroplus-Modelle außerdem von den größeren Agrotron-Modellen unterschied, war die relativ kompakte Bauweise. Der Radstand lag bei 211 bis 224 Zentimetern. Mit einem Wenderadius von 4,1 Metern zeigten die Agroplus-Schlepper eine sehr gute Manövrierfähigkeit.

UNTEN

Die Agroplus-Reihe wurde 1998 um vier Schleppertypen erweitert. Es handelte sich um die Vierzylindermodelle Agroplus 75, 85, 95 und 100 mit einer Nennleistung von 75, 84, 94 und 99 PS. Anders als bei den ersten drei Modellen war der Motor von Deutz diesmal luftgekühlt. Die Agroplus-Schlepper wurden als Allround-Traktoren für Grünlandbetriebe, Pflegearbeiten und Hofeinsätze vermarktet. Bei den neuen Modellen war die Auswahl an Getrieben wesentlich größer. Es standen nun Versionen mit 20, 45 oder 60 Gängen in beiden Fahrtrichtungen oder mit 30 Vorwärtsgängen und 15 Rückwärtsgängen zur Auswahl. Die erste Agroplus-Generation wurde bis 2004 hergestellt. Bei der folgenden Generation dienten Lamborghini-Motoren als Antrieb.

Agrotron
90
DEUTZ-FAHR
TM 700

DEUTZ-FAHR

Eicher

OBEN

Die Produktion der Eicher-Standardtraktoren fand 1990 ein Ende. Aber die nach wie vor lukrativen Schmalspurschlepper wurden weiterhin hergestellt. Allerdings fand seit 1991 die Montage bei den Dieselmotorenwerken Cunewald in Sachsen statt. Später wurde aus dem Unternehmen die Motoren und Fahrzeugtechnik (MFT) GmbH. Die Herstellung der Baureihe 600 VC begann 1993. Die kleinen Schlepper waren für den Weinbau und andere Aufgaben konzipiert, die geringe Ausmaße und eine große Wendigkeit erforderten. Man sah sie deshalb nicht nur in dem typischen Eicher-Blau, sondern auch mit gelbem Anstrich im kommunalen Einsatz beim Grasmähen, bei der Reinigung von Wegen oder beim Schneeräumen. Unter den Motorhauben arbeiteten luftgekühlte Dreizylinder-Eicher-Motoren. Der 656 VC (im Bild) leistete 56 PS. Neben der Version mit Hinterradantrieb gab es eine Ausführung mit der Bezeichnung 656 VAC, die mit Allradantrieb ausgestattet war. Der stärkere Bruder des Modells war der 66 PS leistende 666 VC, der ebenfalls mit Hinterrad- und Allradantrieb zur Verfügung stand. Beide Modelle erreichten eine Höchstgeschwindigkeit von 30 km/h. Zum Schalten diente ein Wendegetriebe des italienischen Herstellers Carraro mit zwölf Vorwärts- und zwölf Rückwärtsgängen.
Die 600-CV-Modelle waren die letzten Eicher-Traktoren, die hergestellt wurden. Die Produktion wurde 2001 vor allem deshalb eingestellt, weil die Motoren angesichts der verschärften Abgasbestimmungen veraltet waren. Eine Weiterentwicklung war allerdings nicht mehr rentabel. Mit der 600-VC-Reihe endete die Eicher-Geschichte, auch wenn hin und wieder Traktoren anderer Hersteller im Eicher-Blau auftauchen.

Fendt

OBEN

Der Favorit 514 C kam im Herbst 1993 auf den Markt. Er war Teil der Baureihe Favorit 500 C, die insgesamt aus sechs Modellen bestand. Der 514 C wurde von einem wassergekühlten Sechszylindermotor von MWM angetrieben. Der Hubraum lag bei 6,2 Litern, und die Leistung wurde mit 140 PS angegeben. Das Getriebe bot 44 Gänge in beide Fahrtrichtungen, wovon 24 als Arbeits- und 20 als Kriechgänge dienten. Die Höchstgeschwindigkeit betrug 40 km/h, konnte auf Wunsch jedoch auf 50 km/h erhöht werden. Der Favorit 514 C war nur mit Allradantrieb verfügbar.

Zu den Zulieferern bei der Produktion dieses Modells gehörte wieder die Zahnradfabrik Friedrichshafen. Sie lieferte die Vorderachse. Bei manchen Exemplaren wurde jedoch auch eine Fendt-Achse mit Einzelradfederung verwendet. Von ZF kam außerdem die hydrostatische Lenkung.

RECHTE SEITE OBEN LINKS

Die Favorit-Reihen stellten die oberen Klassen von Fendt dar. Der Favorit 514 C genügte den Ansprüchen eines Großtraktors nicht nur in Bezug auf die Motorleistung, sondern auch bei anderen Leistungsdaten. Dazu gehörte die Hubkraft, die bei 6885 Kilogramm lag. Gleich mit vier Geschwindigkeiten konnte die Motorzapfwelle am Heck aufwarten: 540, 750, 1000 und 1400 Umdrehungen pro Minute. Die Frontzapfwelle mit 1000/min. war optional. Dass der Favorit 514 C zu den großen Schleppern seiner Zeit gehörte, zeigte sich auch bei den Abmessungen. Er besaß eine Länge von 4,48 Metern. Der Wenderadius lag bei 5,5 Metern. Der Favorit 514 C, von dem 3094 Exemplare das Fendt-Werk in Marktoberdorf verließen, wurde bis 1999 produziert .

OBEN RECHTS

Die Favorit-700-Reihe startete mit den Modellen 714 Vario und 716 Vario. Beide Schlepper waren mit dem Vario-Getriebe ausgestattet. Für den Antrieb sorgten Sechszylindermotoren von Deutz mit einem Hubraum von 5,7 Litern. Beim 714 Vario lag die Nennleistung bei 140 PS; 160 PS leistete der Favorit 716 Vario. Trotz seines Gewichts von über 5,7 Tonnen beschleunigte der Vario 714 von Null auf 50 km/h in zehn Sekunden.

1999 ergänzten zwei weitere Modelle die Baureihe. Der 711 Vario und der 712 Vario verfügten über eine Nennleistung von 115 bzw. 125 PS. Bei den Motoren handelte es sich ebenfalls um Sechszylinderaggregate aus dem Hause Deutz.

UNTEN

Die Baureihe Farmer 400 erschien 1999. Es handelte sich dabei erstmals um Schlepper der Mittelklasse, die mit dem modernen stufenlosen Vario-Getriebe ausgestattet waren. Die drei ersten Modelle hatten Vierzylindermotoren von Deutz. Der Farmer 409 Vario leistete 86 PS. Die Nennleistung beim Farmer 410 Vario lag bei 100 PS. Das stärkste Modell war der Farmer 411 Vario, dessen Motorleistung mit 110 PS angegeben wurde. Alle Modelle standen mit Allradantrieb zur Verfügung.

Die Höchstgeschwindigkeit lag bei 50 km/h. Die Heckzapfwelle drehte sich mit drei Geschwindigkeiten: 540, 750 und 1000/min. Die Baureihe wurde 2001 mit der Einführung des Farmer 412 Vario erweitert, der einen 120 PS starken Motor besaß.

FENDT
FAVORIT 514C

FENDT

FARMER 409
FENDT

VOHERGEHENDE DOPPELSEITE

Die Baureihe Favorit 700 startete 1998. Zuvor hatte es zwei für das Schicksal des Unternehmens Fendt bedeutende Ereignisse gegeben. 1995 stellte Fendt auf der Landtechnikmesse Agritechnica in Hannover das neuartige Vario-Getriebe vor. Es handelte sich dabei um eine technische Meisterleistung, denn das Getriebe erlaubte eine stufenlose Geschwindigkeitsanpassung. Den Ganghebel ersetzte ein Joystick.
Das Vario-Getriebe besaß eine hydrostatische und eine mechanische Komponente, die je nach Bedarf in Aktion traten. Man sprach deshalb auch von einer Leistungsverzweigung. Anders als bei früheren rein hydrostatischen Getrieben ließen sich dadurch Leistungsverluste bei hohen Anforderungen vermeiden.
Das zweite wichtige Ereignis fand 1997 statt. In diesem Jahr wurde Fendt von dem rasch expandierenden Landtechnikkonzern AGCO übernommen. Für Fendt bedeutete dies nicht nur den Verlust der Unabhängigkeit, sondern in positiver Hinsicht auch die Öffnung weltweiter Vertriebskanäle und die Zukunftssicherung durch die Einbindung in eine finanzstarke Gruppe.

UNTEN

Von 1993 bis 1999 befand sich der Favorit 512 C in Produktion. Mit 4542 hergestellten Exemplaren war er das erfolgreichste Modell der Baureihe Favorit 500 C. Sein Sechszylindermotor von MWM besaß einen Hubraum von 6,2 Litern und erbrachte eine Nennleistung von 125 PS. Der Schlepper war wie die anderen Mitglieder der Baureihe mit einem 44V/44R-Getriebe ausgestattet. Auf der Straße erreichte der Favorit 512 C in der Standardausführung eine Geschwindigkeit von 40 km/h. Die Motorzapfwelle am Heck arbeitete mit 540, 750, 1000 und 1400 Umdrehungen pro Minute. Eine Frontzapfwelle mit 1000/min. war auf Wunsch erhältlich. Auch bei diesem Modell bezog Fendt die Vorderachse von ZF. Lieferant für die nasse Lamellenkupplung war Voith. Gegen Ende seiner Produktionszeit lag der Listenpreis des Favorit 512 C bei etwas über 150.000 DM.

OBEN

Die Baureihe Favorit 800 kam 1993 mit vier Modellen auf den Markt. Von Fendt wurde sie gerne als „Königsklasse" beworben. Sie bestand aus den Modellen Favorit 816, 818, 822 und 824 mit 165, 190, 210 und 230 PS Nennleistung. Die Leistung des Favorit 816 wurde 1996 auf 170 PS gesteigert. Die Zielgruppe der Baureihe waren große landwirtschaftliche Betriebe und Lohnunternehmer. Aus diesem Grund waren die Schlepper auf eine hohe Leistung im Dauerbetrieb ausgelegt. Sie verfügten über die modernste Technik aus der Entwicklungsabteilung von Fendt. Bei allen vier Modellen kam ein wassergekühlter Motor mit Turbolader von MAN zum Einsatz. Die Motoren der drei stärksten Modelle verfügten über Ladeluftkühlung. Für verbesserte Verbrauchswerte sorgte bei den Favorit-Modellen 816 und 818 eine neuartige Verteilereinspritzpumpe. Beim Favorit 822 und Favorit 824 kam eine Hochdruckreihenpumpe zum Einsatz. Das Turboshift-Wendegetriebe stellte insgesamt 44 Gänge in beiden Fahrtrichtungen zur Verfügung; 24 Gänge waren dabei für den Hauptarbeitsbereich von 3,4 bis 50 km/h bestimmt. Bei einer Geschwindigkeit von 0,4 bis 4,5 km/h fanden die 20 Kriechgänge Verwendung. Mittels der Wendeschaltung am Lenkrad ließ sich die Fahrtrichtung bequem ändern.

Die Vorderachse der Favorit-800-Schlepper war mit einer hydropneumatischen niveaugeregelten Federung ausgestattet. Sie stellte sich automatisch auf unterschiedliche Belastungen ein. Für Einsätze, bei denen es auf eine exakte Arbeit mit Geräten ankam, konnte die Federung per Knopfdruck ausgeschaltet werden.

UNTEN

Das stufenlose Vario-Getriebe wurde 1995 mit dem Favorit 926 Vario erstmals auf der Agritechnica dem breiten Publikum vorgestellt. Aber Aufsehen erregte nicht nur das neue Getriebe, sondern auch der Schlepper selbst, mit dem Fendt in neue Leistungsbereiche vorstieß. Der mit einem 6,9 Liter großen Hubraum versehene Sechszylindermotor von MAN leistete 260 PS. Der Favorit 926 Vario, der 1996 in Serienfertigung ging, war das erste Modell der Baureihe Favorit 900 Vario, mit der Fendt eine neue Serie von Großtraktoren einführte. 1997 folgten die Modelle 916 Vario mit 170 PS, 920 Vario mit 200 PS und 924 Vario mit 230 PS Nennleistung.

Neben der Leistungssteigerung und dem neuartigen Getriebe konnten die Modelle der Baureihe auch durch einen erhöhten Bedienkomfort glänzen. Der Kraftheber und die Zapfwelle verfügten über eine Automatikfunktion, die sich über zwei Tasten bedienen ließ. Bei der entsprechenden Aktivierung wurde das Anbaugerät vom Kraftheber abgesenkt und beim Erreichen einer bestimmten Höhe die Zapfwelle automatisch eingeschaltet. Ebenso konnte das Gerät per Tastendruck wieder gehoben werden, wobei sich die Zapfwelle selbstständig ausschaltete. Die Favorit-900-Vario-Modelle waren für Arbeiten mit schweren Maschinen ausgelegt. Dies ermöglichte eine starke Hydraulik: Die Hubkraft der Heckkraftheber lag bei 9180 Kilogramm.

Das Eigengewicht des Favorit 926 betrug 8250 Kilogramm, etwas leichter waren die anderen Modelle. Das zulässige Gesamtgewicht wurde bei allen Modellen der Baureihe mit 14 Tonnen angegeben. Der Wenderadius der 494 Zentimeter langen Großschlepper betrug 5,9 Meter.

Ford

OBEN

1989 überarbeitete die für die Landtechnik zuständige Ford-Tochter Ford New Holland ihr Traktorprogramm. Das Ergebnis war die 30er-Serie, die im folgenden Jahr an den Start ging. Der Ford 4630 war das stärkste Modell unter den Dreizylindertraktoren. Mit einem Hubraum von 3,3 Litern leistete er 65 PS. Das Getriebe stand in einer 8V/8R-Ausführung zur Verfügung. In manchen Ländern wurde der Ford 4630 in der Standardausstattung mit einem 8V/2R-Getriebe angeboten. Dieser Traktor war mit und ohne Allradantrieb erhältlich. Die Höchstgeschwindigkeit lag abhängig von der Ausführung bei 30 oder 40 km/h. Der Käufer konnte sich zudem für eine offene Fahrerplattform oder eine Kabine entscheiden. Beim Cockpit lag der Lärmpegel bei höchstens 82 dB(A).

RECHTE SEITE OBEN

Zur 30er-Baureihe zählte auch der Ford 5030, der erst 1993 auf den Markt kam und den Ford 4830 ersetzte. Zu dieser Zeit hatte Fiat bereits die Ford-Traktorenfertigung übernommen. Ford New Holland wurde mit der Fiat-Tochter Fiat Geotech vereinigt, doch der Markenname Ford blieb für die Traktoren zunächst erhalten. Der 5030 wurde von einem Vierzylindermotor mit einem Hubraum von

4,2 Litern angetrieben. Mit einer Maximalleistung von 70 PS übertrumpfte er den Vorgänger um 5 PS. Zu den Weiterentwicklungen gehörte außerdem eine neue Kabine, die mehr Komfort und eine bessere Sicht bot. Der maximale Einschlagwinkel der Vorderräder betrug bei diesem Modell 55 Grad. Bei der Allradausführung lag der Wendekreis bei 7,96 Metern; die Version mit Hinterradantrieb benötigte 7,3 Meter

UNTEN

Der Ford 8970 war das stärkste Mitglied der Baureihe 8070, zu der außerdem die Modelle 8670, 8770 und 8870 gehörten. Der Start der Baureihe erfolgte im Jahr1993.

Da die Ford-Traktoren nun zu Fiat gehörten, kamen die Modelle neben der Ausführung im Ford-Blau auch mit roter Lackierung als Fiat-Schlepper auf den Markt. Das Fiat-Äquivalent des Ford 8970 war der G240. Trotz der blauen Farbe und dem Markennamen Ford konnte man jedoch erkennen, dass ein Eigentümerwechsel stattgefunden hatte, da an der Frontseite der Motorhaube das Fiatagri-Logo, eine Ähre, prangte.

Als Antrieb diente ein Ford-Motor mit sechs Zylindern und 7,5 Litern Hubraum. In der roten Version war die Motorleistung, nämlich 240 PS, in der Typenbezeichnung enthalten. Als Maximalleistung wurden 260 PS angegeben.

Zur Grundausstattung des Ford 8970 gehörte ein Getriebe mit 16 Vorwärts- und 8 Rückwärtsgängen. Auf Wunsch war eine Version mit zusätzlichen Kriechgängen verfügbar, wodurch sich die Anzahl der Vorwärtsgänge auf 32 und die Zahl der Rückwärtsgänge auf 18 erhöhte. Den Schlepper gab es in manchen Ländern ausschließlich mit Allradantrieb, in anderen auch mit Hinterradantrieb. In der Kabine, die beim Ford 8970 zur Verfügung stand, erreichte der Geräuschpegel höchstens eine Stärke von 73 dB(A).

Der Traktor verfügte über eine Hydraulik, die seiner Größe und Leistungsklasse entsprach. Die maximale Hubkraft am Heck lag bei 8870 Kilogramm. Zur Grundausstattung gehörte die Heckzapfwelle mit 1000/min. Eine Frontzapfwelle und ein Frontkraftheber standen als optionale Ausrüstung zur Verfügung.

JCB

OBEN

In den 90er Jahren hatten sich die Reihen der Traktorhersteller deutlich gelichtet. Aber es gab auch Unternehmen, die zum ersten Mal den Einstieg in die Branche wagten. Dazu gehörte die in England ansässige Firma JCB, die vorher vor allem im Baumaschinenbereich tätig war. Dem Unternehmensgründer Joseph Cyril Bamford war aufgefallen, dass die Landwirte sehr viel Zeit auf dem Traktor verbrachten, um an den Einsatzort zu gelangen oder Transportaufgaben durchzuführen. Mit einem schnelleren Schlepper konnten die Landwirte also viel Zeit sparen. JCB brachte 1991 nach vierjähriger Entwicklungsarbeit den ersten Fastrac auf den Markt. Das Modell entsprach dem Konzept eines Systemtraktors: es besaß mehrere Anbauräume und gleich große Räder an der Vorder- und Hinterachse. Der Name war Programm, denn der Fastrac erreichte eine Höchstgeschwindigkeit von 75 km/h.

RECHTE SEITE

JCB war mit seinen Fastracs in eine Marktlücke gestoßen und erzielte innerhalb kurzer Zeit einen beachtlichen Marktanteil. Das Unternehmen brachte weitere Modelle auf den Markt. 1998 lief der Fastrac 3185 vom Stapel. Der Traktor stand in drei Versionen zur Verfügung: mit 50, 65 und 80 km/h Höchstgeschwindigkeit. Alle Versionen waren mit einem 36V/12R-Getriebe ausgestattet. Für den Antrieb sorgte ein Sechszylindermotor von Cummins mit einem Hubraum von 5,9 Litern. Die Nennleistung lag bei 188 PS. Die Hubkraft am Heck betrug 7000 Kilogramm. Die standardmäßige Zapfwelle drehte sich mit 540 und 1000 Umdrehungen pro Minute. Gegenüber früheren Modellen hatte der Fastrac 3185 einen größeren Tank, der 350 Liter Kraftstoff fassen konnte.
Der Fastrac 3185 befand sich bis 2002 im Programm von JCB.

AR CA 44
JCB
FASTRAC
JCB
3185

John Deere

OBEN

In den 90er Jahren stellte John Deere das Traktorenprogramm mit der Einführung neuer Baureihen um. Inzwischen dienten nicht mehr die letzten Ziffern in der Typenbezeichnung zur Bestimmung der Baureihe, sondern die Tausender. Die 5000-Serie gehörte zu den ersten Baureihen der neuen Schleppergeneration. Sie wurde der Öffentlichkeit Ende 1991 vorgestellt und kam ein Jahr später auf den Markt. Zunächst waren nur drei Modelle im Angebot: der 5200, der 5300 und der 5400. Sie lagen im Leistungsbereich von 40 bis 60 PS, die, wie in Amerika oft üblich, an der Zapfwelle gemessen wurden. Die Fahrzeuge entstanden in Augusta im amerikanischen Bundesstaat Georgia, wo John Deere kurz vorher ein Werk für die Produktion von Traktoren der unteren Mittelklasse in Betrieb genommen hatte. Die drei Modelle wurden von Dreizylindermotoren mit einem Hubraum von 2,9 Litern und Direkteinspritzung angetrieben. Der John Deere 5400 verfügte zudem über einen Turbolader. 1995 wurde die Baureihe um das Modell 5500 erweitert, angetrieben von einem 3,9 Liter großen Vierzylindermotor. Als Leistung an der Zapfwelle wurden 73 PS angegeben. Die 5000-Reihe aus Augusta entstand vor allem für den amerikanischen Markt. Einige Exemplare gelangten jedoch auch über den Atlantik nach Europa. Eine speziell für die europäische Landwirtschaft konzipierte 5000-Reihe kam 1996 auf den Markt. Den Anfang machten die Modelle 5300 mit 55 PS und 5400 mit 70 PS Motorleistung. Als Antrieb dienten ebenfalls Dreizylindermotoren aus der John-Deere-Fertigung. 1998 kam ein weiteres Modell dazu: der 80 PS starke 5500, den ein Vierzylindermotor antrieb. Die europäische 5000-Reihe stellte John Deere nicht selbst her. Die Schlepper kamen aus den Werkstätten des italienischen Traktorbauers Carraro in der venetischen Stadt Rovigo. Neben der Standardversion, die für landwirtschaftliche Arbeiten vorgesehen war, gab es sie auch in einer Schmalspurausführung für Einsätze in Weinbergen. Alle Modelle der europäischen 5000-Reihe standen sowohl mit Hinterrad- als auch mit Allradantrieb zur Verfügung.

RECHTE SEITE OBEN

1992 begann in Mannheim die Produktion der John-Deere-Reihe 6000. Die Baureihe startete zunächst mit vier Modellen, dem 6100 (im Bild), 6200, 6300 und 6400, die alle Vierzylindermotoren hatten und 75 bis 100 PS leisteten. Im folgenden Jahr gesellten sich drei Sechszylindermodelle zur Baureihe. 110 PS leistete der John Deere 6600, 120 PS der 6800 und 130 PS der 6900.

und das Mannheimer Werk war dies ein durchschlagender Erfolg. Die Baureihe war ein bedeutender Faktor beim Erringen der Marktführerschaft von John Deere.
Die Modelle der 6000-Reihe waren mit der modernsten Technik ausgestattet. Dazu gehörte das PowrQuad-Getriebe, mit dem die Sechszylindermodelle serienmäßig ausgerüstet waren und das für die kleineren Mitglieder der Baureihe optional zur Verfügung stand. Bei diesem Getriebe ließ sich die Fahrtrichtung mit dem Reversierer-Hebel komfortabel ändern.

Zielgruppe für diese Reihe waren vor allem mittelgroße und große landwirtschaftliche Betriebe. Die Dreizylindermodelle waren wahlweise mit Hinterrad- oder mit Allradantrieb erhältlich. Die Sechszylindertraktoren standen nur mit Hinterradantrieb zur Verfügung. Eine große Auswahl bestand, wie bei den modernen John-Deere-Traktoren üblich, bei den Getrieben. 12, 15 oder 18 Vorwärtsgänge bei den Dreizylindermodellen bzw. 12, 16 oder 24 Vorwärtsgänge bei den Sechszylindermodellen ermöglichten es dem Fahrer, die richtige Kombination von Drehzahl und Geschwindigkeit zu finden.

UNTEN
Bereits 1995 lief in Mannheim das 50.000ste Exemplar der 6000-Reihe vom Band, ein John Deere 6400. Zwei Jahre später hatte sich die Anzahl der hergestellten Schlepper verdoppelt. Für John Deere

NACHFOLGENDE SEITE OBEN
Während in Mannheim die Produktion der 6000-Reihe anlief, begann in Waterloo im amerikanischen Bundesstaat Iowa die Herstellung der 7000-Reihe. Sie bestand ursprünglich aus den drei Modellen 7600, 7700 und 7800, die mit einer Nennleistung von 130, 150 und 170 PS aufwarteten. 1993 wurde die Serie um zwei neue Schleppermodelle erweitert, den 7200 mit 110 PS und den 7400 mit 120 PS Nennleistung. Alle Ausführungen der 7000-Reihe verfügten über einen Sechszylindermotor. Das Leistungsspektrum der 7000er überschnitt sich mit dem der 6000-Serie. Die drei kleineren Modelle besaßen die selbe Leistung wie die drei stärksten Mitglieder der 6000er. Kleinere Unterschiede gab es aber bei den Maßen und der Ausstattung. Im Großen und Ganzen kann man sagen,

dass die 7000-Serie mehr für den nordamerikanischen Markt bestimmt war, während die Baureihe 6000 zu den Verhältnissen und Bedürfnissen der europäischen Landwirtschaft passte.
Auch in Hinsicht auf die verfügbaren Varianten unterschied sich die 7000- von der 6000-Reihe. Für den amerikanischen Markt gab es die Modelle der 7000-Reihe sowohl mit Vierrad- als auch mit Hinterradantrieb. Der Allradantrieb ließ sich über einen Schalter leicht ein- und ausschalten. Bei einer bestimmten Geschwindigkeit deaktivierte er sich von selbst. Die Kabine war in den warmen Gegenden kein Muss. Man konnte die Schlepper auf Wunsch auch mit offenem Fahrerstand oder mit einem Sonnenschutzdach haben. Für Arbeiten auf Reihenfruchtfeldern oder im Gemüsebau gab es die Traktoren in Versionen mit einer vergrößerten Bodenfreiheit und mit zusätzlichen Kriechgängen, die ein besonders langsames Fahren ermöglichten.

OBEN
1997 erhielt die Baureihe 8000 Zuwachs. Bei den neuen Modellen handelte es sich um besondere Ausführungen der bereits vorhandenen 8000er. Anstatt auf Rädern fuhren die Traktoren in dieser Version auf Raupen. Mit den 8000T-Modellen folgte John Deere wie andere Hersteller dem Beispiel von Caterpillar und bot die größeren Schlepper mit Bandlaufwerken an. John Deere setzte jedoch nicht alleine auf das neuartige Laufwerk, sondern beließ die Radtraktoren weiterhin im Programm. In der Entwicklungsabteilung war man überzeugt, dass die richtige Bereifung die gleichen Vorteile wie das Laufwerk bieten konnte.
Der John Deere 8400T in diesem Bild zieht ein Universal-Ackerbau-Mulchgerät vom Typ RM 610 R von Kuhn, das eine Arbeitsbreite von 610 Zentimetern besitzt und vom Traktor eine Mindestleistung von 190 PS verlangt.

UNTEN MITTE
Dieses Bild zeigt einen John Deere 8200 mit einem Cultus-Grubber von Väderstad. Die Modelle der 8000-Reihe rollten ab 1994 aus dem John-Deere-Werk in Waterloo. Die vier Traktoren der Oberklasse hatten Sechszylindermotoren. Das stärkste Mitglied der Baureihe war der John Deere 8400 mit einem Hubraum von 8,1 Litern und einer Nennleistung von 260 PS. Die drei anderen 8000er-Schlepper besaßen einen Hubraum von 7,6 Litern und leisteten 185 bis 230 PS.
Für die meisten landwirtschaftlichen Betriebe in Westeuropa waren die 8000-Schlepper überdimensioniert. Interessant dagegen waren sie für Lohnunternehmer, die mit großen Maschinen arbeiteten. Das Hauptabsatzgebiet war natürlich die großflächige nordamerikanische Landwirtschaft. Aber auch der osteuropäische Markt mit seinen großen Feldern wurde nach dem Fall des Eisernen Vorhangs zunehmend interessant.

RECHTS
Eine Baureihe der obersten Leistungsliga führte John Deere 1996 mit der 9000-Reihe ein. Die in Waterloo hergestellte Baureihe bestand aus vier Modellen, die von Sechszylindermotoren angetrieben wurden. Das „schwächste“ Modell der Serie war der 9100, dessen Motor mit einem Hubraum von 8,1 Litern eine Nennleistung von 260 PS erbrachte. Der John Deere 9200 besaß einen Hubraum von 10,4 Litern und leistete 310 PS. 360 PS generierte der Motor des John Deere 9300. Die Größe seines Hubraums lag bei 10,5 Litern. Das gleiche Volumen besaß der John Deere 9400, das Flaggschiff aus Waterloo, der eine Nennleistung von 425 PS hatte. Die Ackergiganten besaßen an der Vorder- und der Hinterachse gleich große Räder. Gesteuert wurde nicht mit den Vorderrädern, sondern durch das Abknicken des Rumpfes (so genannte Kicklenker-Traktoren). Dadurch war der Wendekreis der Maschinen trotz ihrer Größe relativ klein.

OBEN

Die Knicklenker der 9000-Reihe zählten zu den Schwergewichten: 12,8 Tonnen wog das leichteste Exemplar. Auf etwas über 17 Tonnen kam der John Deere 9400. Um den Bodendruck zu verringern gab es an beiden Achsen deshalb oft eine Doppel- oder Dreifachbereifung. 1998 kamen auch bei der 9000-Serie Modellvarianten mit den bodenschonenden Bandlaufwerken auf den Markt. Trotz ihrer imposanten Ausmaße fuhren die Großschlepper bis zu 30 km/h. Die Radtraktoren waren standardmäßig mit einem Zwölfganggetriebe ausgestattet. Auf Wunsch konnte ein Aggregat mit 24 Vorwärts- und 6 Rückwärtsgängen eingebaut werden. Die Raupenausführungen standen serienmäßig mit der feiner abgestuften Schaltung zur Verfügung.

RECHTS

1997 wurde die erfolgreiche 6000-Reihe von der Baureihe 6010 abgelöst. Die Anzahl der Modelle, nämlich acht, blieb gleich. Der Hauptunterschied zu den Vorgängern waren die neuen Motoren, die sich durch einen geringeren Schadstoffausstoß und einen verbesserten Kraftstoffverbrauch auszeichneten. Auch war die Leistung leicht gestiegen. Vier der Schlepper waren mit Vierzylindermotor ausgestattet, die vier stärksten hatten einen Sechszylindermotor. Den Abschluss nach unten im Leistungsbereich bildete der 6110, der eine Nennleistung von 80 PS besaß. Das stärkste Modell war der 6910 mit 135 PS. Eine erweiterte Auswahl an Getriebevarianten stellte ebenfalls eine Verbesserung gegenüber der Vorgängerreihe dar. Das PowrQuad-Wendegetriebe bot 16 oder 24 Gänge in beide Fahrtrichtungen. Auf Wunsch war das Getriebe mit zwölf zusätzlichen Kriechgängen erhältlich. Das PowrQuad Plus besaß 24 Gänge in beide Fahrtrichtungen, wobei die vier Lastschaltstufen über eine Drucktaste bedienbar waren. Beim AutoQuad wurden die Lastschaltstufen automatisch geschaltet, abhängig von der Motordrehzahl und der Last.

RECHTE SEITE OBEN

Das erfolgreichste Modell der Baureihe war der John Deere 6910. Eine spezielle Ausführung des Schleppers für einen erhöhten Leistungsbedarf, der 6910 S, wurde ab 2000 angeboten. Sein Motor verfügte über eine Leistung von 152 PS. Preisgünstigere Modelle der Baureihe für weniger anspruchsvolle Kunden wurden 1998 eingeführt. Diese „Special Edition“ bestand zunächst aus den vier Vierzylindermodellen sowie dem 6010 SE mit 75 PS Leistung. 2000 folgten der 6510 SE und der 6610 SE. Die SE-Modelle unterschieden sich von den normalen Ausführungen vor allem hinsichtlich der Ausstattung. Zielgruppe waren in erster Linie kleinere Grünlandbetriebe und Nebenerwerbslandwirte.

RECHTS

Das Traktorenprogramm aus Waterloo wurde 1997 neu aufgestellt. Die 7010-Reihe löste die 7000er ab. Große Änderungen gab es jedoch nicht. Das Leistungsspektrum der Baureihe reichte nach wie vor von 110 PS im Fall des John Deere 7210 bis zu 170 PS beim 7810. Die neue Reihe hatte sich jedoch um ein Modell erweitert. Der 7510 besaß keinen Vorgänger in der 7000-Reihe. Für den amerikanischen Markt wurden die Schlepper nach wie vor in mehr Varianten als für die europäische Kundschaft angeboten. Dazu gehörten Versionen mit offenem Fahrerstand und Umsturzbügel, mit Sonnenschutzdach sowie mit der komfortablen Kabine. Während man in Europa bei dieser Traktorengröße fast immer auf Allrad setzte, fanden in Nordamerika auch hinterradgetriebene Ausführungen für Arbeiten auf Reihenfrucht- und Gemüsefeldern Abnehmer. Für diese Einsatzgebiete waren auch die Ausführungen mit einer erhöhten Bodenfreiheit und zusätzlichen Kriechgängen konzipiert. Ein flexibles Rangieren ermöglichte der Lenkeinschlag der Vorderräder von bis zu 52 Grad. Der Wenderadius ließ sich damit auf 5,13 Meter beschränken. Viel Wert legte man auch auf die leichte Wartung. So konnte über ein Schauglas an der Heckhydraulik bequem der Ölstand von Getriebe und Hydraulik geprüft werden. Verglichen mit früheren Modellen hatten sich die Wartungsintervalle bei den 7010-Schleppern weiter verlängert, was Zeit und Kosten sparen half. Da Arbeiten mit Gerätekombinationen immer wichtiger wurden, wiesen die Modelle der 7010-Reihe

neben einem Heck- auch einen starken Frontkraftheber sowie eine Fronthydraulik auf. 2001 erhöhte sich die Motorleistung der beiden stärksten Modelle, des John Deere 7710 und des 7810, um 5 PS auf 160 bzw. 180 PS.

OBEN

Der John Deere 8410 in diesem Bild arbeitet mit einer Kreiseleggen- und Drillkombination von Kuhn. Mindestens 105 PS an Leistung verlangt der Betrieb der sechs Meter breiten Kreiselegge. Für Arbeiten mit großen Gerätekombinationen und Maschinen, die eine hohe Leistung erfordern, war die 8010-Reihe konzipiert, die 1999 die Baureihe 8000 ablöste. Die neue Baureihe bestand aus vier Modellen. Die Nennleistung hatte sich im Vergleich zu den Vorgängern um 5 bis 10 PS erhöht. Das schwächste Modell war der John Deere 8110 mit 195 PS, den Abschluss nach oben bildete der 8410 mit 270 PS. Alle 8010-Schlepper besaßen Allradantrieb. Zusätzlich zu den bereiften Traktoren waren auch wieder Ausführungen mit einem Bandlaufwerk im Angebot. Die Radschlepper waren auf der Straße bis zu 40 km/h schnell. Ein Getriebe mit 16 Vorwärts- und 5 Rückwärtsgängen gehörte zur Standardausstattung.

RECHTS

Dieses Bild zeigt einen John Deere 8410 mit einer Mähkombination. Für den Transport ist das Heckmähwerk hochklappbar. Die Modelle der 8010-Baureihe wurden in Waterloo gefertigt, fanden aber auch Käufer unter den europäischen Lohnunternehmern und den großen landwirtschaftlichen Betrieben. Für Arbeiten auf großen Flächen konnten die 8010-Schlepper mit einer Lenkhilfe oder einem automatischen Spurführungssystem ausgerüstet werden. Dies ermöglichte es dem Fahrer, gerade Linien zu fahren und Überschneidungen von Spuren zu vermeiden.

Eine Kabine war bei den Großschleppern die Regel. Sie schützte den Fahrer an langen Arbeitstagen vor Staub, Lärm, schlechtem Wetter und frühzeitiger Ermüdung.

Massey-Ferguson

OBEN

Seit 1993 befand sich die Massey Ferguson unter dem Dach des aufstrebenden Landtechnikkonzerns AGCO. Traktoren wurden nur noch an wenigen Standorten hergestellt. Die beiden größten Werke befanden sich im französischen Beauvais und im englischen Coventry. Kleinere Traktorenwerke von Massey Ferguson fertigten in Brasilien und Mexiko. Für den europäischen Markt hatten die lateinamerikanischen Standorte jedoch keine Bedeutung.
Zu den in Coventry hergestellten Baureihen gehörte die 4200-Serie, die in dem englischen Werk 1997 vom Stapel lief. Sie setzte sich aus zwei Dreizylinder-, vier Vierzylinder- und zwei Sechszylindermodellen zusammen. Die Motoren lieferte das in Peterborough ansässige Unternehmen Perkins. Der bedeutende Motorenhersteller hatte seit 1959 zu Massey Ferguson gehört, war aber von AGCO nicht mit übernommen worden. 1997 wurde Perkins von Caterpillar gekauft.
Die Massey-Ferguson-4200-Reihe deckte das Leistungsspektrum von 52 bis 110 PS ab. Einige der Modelle wurden neben der Normalversion in zwei weiteren Varianten angeboten. Dazu gehörte die Freisichtversion, die an der abgeschrägten Motorhaube erkennbar war. Vor allem bei Arbeiten mit Frontanbaugeräten wie einem Frontmähwerk oder einem Frontlader war diese Ausführung durch die bessere Sicht auf den Bereich vor den Vorderrädern von Nutzen. Die LoProfile-Version stand für die beiden Dreizylindermodelle und für das kleinste der Vierzylindermodelle zur Verfügung. Merkmale dieser Variante waren die niedrigere Bauhöhe und die nach vorne abfallende Motorhaube. Die LoProfile-Modelle waren als Hoftraktoren konzipiert. Durch die relativ niedrige Höhe konnten sie in Ställe, Scheunen und Lagerhallen fahren. Aber auch andere Arbeiten, beispielsweise in Obstplantagen, kamen für die niedrig gebauten Traktoren in Frage.

UNTEN

Aus dem Massey-Ferguson-Werk im französischen Beauvais kam ab 1995 die 6100-Serie. Die Baureihe bestand aus fünf Vierzylinder- und vier Sechszylindermodellen. Sie deckte den Leistungsbereich von 71 bis 130 PS ab. Die Motoren stammten auch in diesem Fall von Perkins. Der Hubraum betrug beim kleinsten Modell, dem Vierzylinder MF 6110, 3,9 Liter. Mit 4 Litern Hubraum waren die Vierzylindermodelle MF 6120, MF 6130, MF 6140 und MF 6150 ausgestattet. Sechs Liter Hubraum zeichneten die vier Sechszylindermodelle aus. Alle Schlepper der 6100-Baureihe waren wahlweise mit Hinterrad- und Allradantrieb verfügbar. Die beiden größten Modelle, der 120 PS starke MF 6180 und der 130 PS leistende MF 6190, wurden in manchen Ländern nur mit Allradantrieb angeboten.

RECHTE SEITE OBEN LINKS

Alle Modelle der 6100-Baureihe gab es mit Kabine. Die größeren Modelle verfügten über ein komfortableres Cockpit als die kleinen. Beim MF 6120 konnte der Geräuschpegel in der Kabine bei Volllast höchstens 78 dB(A) betragen. Am leisesten waren die Dreizylindermodelle MF 6130 und MF 6140, in deren Kabinen höchstens 75 dB(A) gemessen wurden.
Als Getriebe besaßen die beiden kleinsten Modelle eine 16V/16R-Schaltung. Mit 32 Gängen in beide Fahrtrichtungen waren alle anderen Mitglieder der Baureihe ausgestattet. Die Höchstgeschwindigkeit aller 6100er-Traktoren lag bei rund 40 km/h. Sehr unterschiedlich war die Leistung des Heckkrafthebers. Das kleinste Modell besaß eine Hubkraft von 4055 Kilogramm. 7100 Kilogramm konnte der MF 6190 heben.

OBEN RECHTS

Da in Nordamerika schon seit Ende der 80er Jahre keine Massey-Ferguson-Traktoren mehr hergestellt wurden, war die Aufgabe der Produktion von Großtraktoren auf das Werk in Beauvais übergegangen, das ohnehin schon für die obere Mittelklasse zuständig war. Aus Beauvais kam deshalb 1999 auch die neue Massey-Ferguson-Oberklasse, die 8200-Reihe. Die Baureihe bestand aus acht Sechszylinderschleppern, nämlich den Modellen MF 8210 mit sechs Litern Hubraum und 145 PS, MF 8220 mit sechs Litern Hubraum und 155 PS, MF 8240 mit 6,6 Litern Hubraum und 170 PS, MF 8245 (im Bild) mit 7,4 Litern Hubraum und 174 PS, MF 8250 mit 7,4 Litern Hubraum und 185 PS, MF 8260 mit 7,4 Litern Hubraum und 210 PS, MF 8270 mit 8,4 Litern Hubraum und 230 PS sowie MF 8280 mit 8,4 Litern Hubraum und 260 PS. Die Motoren stammten bei den beiden kleineren Modellen von Perkins. Die anderen Schlepper der 8200-Reihe waren mit Dieselaggregaten des skandinavischen Herstellers Valmet ausgestattet.

UNTEN

Die Modelle der 8200-Reihe wurden nur mit Allradantrieb angeboten. Die drei stärksten Schlepper besaßen ein 18V/8R-Getriebe. Die kleineren Modelle waren mit einem 32V/32R-Wendegetriebe ausgestattet. In manchen Ländern war die Standardausführung jedoch mit einen 18V/6R-

Getriebe versehen. Die Höchstgeschwindigkeit lag bei 40 km/h.

Die 8200-Reihe befand sich in der ursprünglichen Konfiguration bis 2002 im Programm. Sechs der Modelle wurden anschließend überarbeitet und mit dem Zusatz Xtra in der Typenbezeichnung noch bis 2004 angeboten. Zu den Verbesserungen gehörten eine Leistungssteigerung des Motors von ungefähr fünf PS sowie neue Achsen.

New Holland

LINKS

Das Unternehmen New Holland hatte sich ursprünglich auf die Erntetechnik spezialisiert. Der Name leitet sich von der gleichnamigen Kleinstadt im amerikanischen Bundesstaat Pennsylvania ab, wo das Unternehmen 1895 gegründet worden war. Erst nach der Übernahme durch Ford im Jahr 1986 gehörten Traktoren zum Programm, die jedoch weiterhin unter dem Markennamen Ford vertrieben wurden. 1991 wurde Ford New Holland von Fiat aufgekauft. Das neue Fiat-Tochterunternehmen N. H. Geotech, das ab 1993 nur noch New Holland hieß, ersetzte nach und nach die Markennamen Fiat und Ford durch New Holland. Was an Ford noch erinnerte, war die blaue Lackierung, während das Rot der Fiat-Traktoren verschwand.
Zur Oberklasse der New-Holland-Traktoren in den 90er Jahren zählte die 8070- beziehungsweise 70-Reihe, die anfangs in blau auch als Ford Genesis-Reihe oder in rot als Fiat G-Reihe bezeichnet wurde. Das Bild zeigt einen New Holland 8670.

RECHTS

New Hollands 8070-Reihe umfasste vier Modelle, die ab 1993 produziert wurden: den 8670 mit 170 PS, den 8770 mit 190 PS (im Bild), den 8870 mit 210 PS sowie den 8970 mit 240 PS Nennleistung. Die Maximalleistung lag im Bereich von 172 bis 260 PS. Der Hubraum der Motoren von Ford fasste bei allen Modellen 7,5 Liter. Zur Standardausstattung gehörte das Getriebe mit 18 Vorwärts- und 9 Rückwärtsgängen. Auf Wunsch war eine Getriebeversion mit zusätzlichen Kriechgängen verfügbar. Auf der Straße fuhr der 8070-Schlepper bis zu 40 km/h. Die niedrigste Geschwindigkeit bei Nenndrehzahl betrug 2,8 km/h. Mit den zusätzlichen Kriechgängen ließ sich die Arbeitsgeschwindigkeit weiter verringern. Alle Modelle gab es wahlweise mit Hinterrad- oder Allradantrieb.

Same

OBEN

Die Argon-Baureihe kam 1993 auf den Markt. Sie bestand aus den Modellen Argon 50, Argon 60 und Argon 70. Es handelte sich um Mittelklassemodelle, die in der Grundausstattung ohne Kabine waren, jedoch über einen Sicherheitsrahmen oder einen Umsturzbügel verfügten. Die Zahl in der Typenbezeichnung entsprach der Motorleistung. Angetrieben wurden die Modelle von luftgekühlten Dreizylindermotoren, die einen Hubraum von drei Litern besaßen. Das stärkste Mitglied der Baureihe, der Argon 70, erreichte seine Leistung mit Hilfe eines Turboladers.

Die italienische Traktorenmarke Lamborghini und die Schweizer Marke Hürlimann gehörten bereits seit den 70er Jahren zu Same. Die Modelle dieser Marken wurden inzwischen auch im Same-Werk in Treviglio produziert. Die Argon-Schlepper erschienen deshalb in einem etwas anderen Design und mit anderen Farben auch als Lamborghini Crono 554-50, 564-60 und 574-70 sowie als Hürlimann H-305, H-306 und H-307.

Alle Modelle der Baureihe gab es wahlweise mit Hinterradantrieb oder mit Allradantrieb. Die Allradausführung verfügte über einen fünf Zentimeter kürzeren Radstand. Dadurch bestand kein großer Unterschied beim Wendekreis zwischen den beiden Ausführungen. Der Wenderadius der beiden größeren Modelle lag bei 3,55 Metern im Fall der Hinterradausführung und bei 3,6 Metern bei der allradgetriebenen Version. Der Argon 50 hatte einen Wenderadius von 3,4 bzw. 3,45 Metern.

Alle drei Argon-Typen waren mit einem 16V/8R-Getriebe ausgestattet. Die Höchstgeschwindigkeit lag bei 40 km/h.

Die kräftige Hydraulik ermöglichte eine Hubleistung von immerhin 2960 Kilogramm. Wer nicht mit dem offenen Fahrerstand zufrieden war, konnte die Argon-Traktoren mit einer Kabine kaufen. Sie schützte den Fahrer nicht nur vor schlechtem Wetter, sondern auch vor einem Lärmpegel, der größer als 85 dB(A) war. Die Argon-Modelle wurden bis 2001 produziert.

OBEN

Die Arbeit mit Gerätekombinationen wurde immer wichtiger, weshalb die Rubin-Schlepper eine leistungsfähige Hydraulik bekamen. Die Hubkraft betrug am Heck 7000 Kilogramm. Bei 103 Litern pro Minute lag die Pumpenleistung. Die drei Rubin-Modelle waren nur mit Allradantrieb erhältlich. Zur Grundausstattung gehörte ein 18V/18R-Wendegetriebe. Die Höchstgeschwindigkeit lag bei 40 km/h. Die Schlepper der Rubin-Reihe hatten Äquivalente bei den beiden anderen in Treviglio hergestellten Same-Deutz-Fahr-Marken. Es handelte sich um die Lamborghini-Modelle Champion 120, 135 und 150 sowie um die Hürlimann-Typen H-1200 SX, H-1350 SX und H-1500 SX.

Die erste Generation der Rubin-Reihe sowie der entsprechenden Lamborghini- und Hürlimann-Reihen befanden sich bis 2004 im Bau.

RECHTS

Zur Oberklasse zählten die Modelle der Rubin-Reihe (im Bild ein Rubin 150 mit einem Frontmähwerk von Kuhn). Same präsentierte die Baureihe im Herbst 1998 der Öffentlichkeit. Mit ihrem runden Design und der abfallenden Motorhaube boten sie das Bild eines hochmodernen Traktors. Nicht weniger futuristisch wirkte das Innere der Kabine, die vorne bis zum Boden verglast war. Der Fahrer konnte direkt auf die Vorderräder blicken. Rechts vom Fahrer befanden sich das Schaltpult, der Multifunktionshebel und andere Bedienelemente.

Die Baureihe setzte sich aus den drei Modellen Rubin 120, 135 und 150 zusammen. Als Antrieb dienten wassergekühlte Sechszylindermotoren, die eine Leistung von 120, 135 und 150 PS erbrachten. Die Turboladung und die elektronische Motorsteuerung gehörten zur Sonderausstattung.

150 RUBIN
SAME
GMD802 F

Das Bild zeigt einen Silver 100.6 mit einer Sämaschine von Kuhn. Bei einem Test erzielte der Silver 100.6 vor allem in Hinsicht auf die Leistung und die Durchzugskraft des Motors eine hervorragende Bewertung. Auch beim Kraftstoffverbrauch punktete der Sechszylindermotor.

UNTEN

Beim Kauf eines Silver-Modells bestand die Wahl zwischen einem 15V/15R-Getriebe und einer Ausführung mit 45 Gängen in beide Fahrtrichtungen. Die Höchstgeschwindigkeit betrug bei allen Modellen 40 km/h. In manchen Ländern wurden auch Ausführungen mit 30 km/h sowie mit 12V/12R-, 16V/16R- und 24V/12R-Getrieben angeboten.

Der Heckkraftheber verfügte bei den beiden stärksten Modellen über eine Hubkraft von 4500 Kilogramm. Bei den beiden kleineren Schleppern lag dieser Wert in der Grundausführung bei 3600 Kilogramm. Allerdings waren die beiden Modelle auf Wunsch mit einer leistungsstärkeren Hydraulikpumpe und einer Hubkraft von ebenfalls 4700 Kilogramm verfügbar.

GANZ OBEN

Im Frühjahr 1995 stellte Same die neue Silver-Baureihe vor. Die vier Modelle mit der Bezeichnung Silver 80, 90, 100.4 und 100.6 zählten zu den Traktoren der oberen Mittelklasse. Die angegebene Nennleistung lag bei 80, 90 und im Fall des Silver 100.4 und Silver 100.6 bei 100 PS. Die beiden stärksten Modelle unterschieden sich durch die Anzahl ihrer Zylinder, nämlich vier im Fall des Silver 100.4 und sechs beim Silver 100.6. Die Motoren waren luftgekühlt.

Schlüter

OBEN

1991 stieg Schlüter in den Bau der Euro-Trac-Reihe ein. Zeitgleich zog sich Daimler-Benz aus der Produktion der MB-tracs zurück, und bei Schlüter wollte man die dadurch entstandene Lücke füllen. Die Euro-Trac-Modelle waren deshalb so gestaltet, dass Geräte, die für Arbeiten mit den MB-tracs konstruiert worden waren, auch zu ihnen passten. Wie die MB-Modelle besaßen die Euro Tracs zudem mehrere Anbauräume.

Das stärkste Fahrzeug der Baureihe war der Euro Trac 2000 LS. Die Produktion des Modells begann im Juli 1993, doch schon Ende des Jahres musste Schlüter die Werkstore schließen. Bis dahin waren nur drei Exemplare entstanden und so ist der Euro Trac 2000 LS eine wahre Rarität.

Der Motor des Traktors, den MAN lieferte, war in Schräglage unterhalb der kippbaren Kabine eingebaut. Mit seinen sechs Zylindern und dem Hubraum von 6,9 Litern brachte er eine Maximalleistung von 200 PS. Von der Zahnradfabrik Friedrichshafen stammte das Getriebe, das 24 Vorwärts- und zwölf Rückwärtsgänge zu bieten hatte. Die Höchstgeschwindigkeit lag bei 40 km/h. Von ZF wurde auch die Vorderachse geliefert. Sie war im Vergleich zu den anderen Euro-Trac-Modellen schwerer und stabiler und ermöglichte eine höhere Achslast. Besonders wendig war der Euro Trac 2000 LS jedoch nicht. Sein Radstand betrug 317 Zentimeter. Der Wendekreis lag bei Verwendung der Lenkbremse bei 13 Metern.

Nach dem Ende der Produktion in Freising wurde das Ersatzteillager zur Landtechnik AG Schönebeck in Sachsen-Anhalt verlagert, um den Bau der Euro Tracs fortzuführen. Allerdings musste die Montage der Euro Tracs 1995 auch am neuen Produktionsstandort eingestellt werden.

Steyr

UNTEN

Die 9000-Reihe wurde von der Steyr Landmaschinentechnik GmbH in Sankt Valentin von 1993 bis 1995 hergestellt. Sie ergänzte das Schlepperprogramm, das ein Jahr vorher mit dem Start der 900-Modelle überarbeitet worden war, im oberen Leistungsbereich. Die Baureihe bestand aus drei Modellen, von denen zwei – der Steyr 9078 (im Bild) und der Steyr 9086 – in Ausführungen mit Allrad- und Hinterradantrieb zur Verfügung standen. Der Steyr 9094 war nur mit Allradantrieb erhältlich. Alle Modelle wurden von Vierzylindermotoren mit Turbolader angetrieben, die von MWM stammten. Die letzten zwei Ziffern in der Typenbezeichnung gaben die jeweilige Motorleistung wieder. Der 9094 leistete demnach 94 PS. Ein Vollsynchron-Wendegetriebe mit 16 Vorwärts- und acht Rückwärtsgängen gehörte zur Standardausstattung. Auf Wunsch konnte ein 16V/16R- oder ein 32V/16R-Getriebe eingebaut werden. Die Höchstgeschwindigkeit lag je nach Ausführung bei 30 oder 40 km/h.

STEYR
STEYR
9105
745XL

LINKS UND NÄCHSTE SEITE OBEN

Die Oberklasse der Steyr-Traktoren wurde von der 9100-Reihe abgedeckt. Die erste Generation dieser Reihe wurde ab 1993 montiert. Diese Modelle waren das Ergebnis der Zusammenarbeit mehrerer Hersteller: Massey Ferguson, Valmet und Steyr trugen verschiedene Bauteile bei. Als Antrieb dienten Sechszylindermotoren des skandinavischen Unternehmens Valmet. Die letzten drei Ziffern in der Typenbezeichnung der drei 9100-Modelle (9155, 9170 und 9190) gaben die jeweilige Motorleistung wieder. Alle Modelle verfügten über einen Allradantrieb.

1995 ersetzten drei neue 9100-Schlepper die alten Modelle: der 9160, der 9180 und der 9200. Die Motorleistung war wieder in der Typenbezeichnung enthalten. Diese Generation der 9100-Reihe wurde bis 1995 hergestellt.

Die Zusammenarbeit zwischen der Steyr Landmaschinentechnik GmbH und Case IH begann bereits 1995, also ein Jahr vor der Übernahme des österreichischen Herstellers durch das große Landtechnikunternehmen. In diesem Jahr ging in Sankt Valentin eine neue 9100-Reihe an den Start. Die fünf Modelle wurden diesmal von einem Motor des finnischen Herstellers Sisu angetrieben. Der 9105 war mit einem Vierzylindermotor mit 4,4 Litern Hubraum ausgestattet. Von Sechszylindermotoren mit 6,6 Litern Hubraum wurden die Modelle 9115, 9125 und 9145 angetrieben. Auch bei dieser Baureihe gaben die letzten drei Ziffern in der Typenbezeichnung die Motorleistung wieder. Alle Modelle verfügten über einen Allradantrieb. Die Steyr-Schlepper der 9100-Reihe wurden ab 1997 auch in roter Lackierung als Case-IH-Traktoren der CS-Serie verkauft.

RECHTS

Die Case Steyr Landmaschinentechnik GmbH, wie das Unternehmen in Sankt Valentin nach der Übernahme durch Case IH hieß, produzierte die beiden kleineren M-900-Modelle bis 2001, den M 968 sogar bis 2004.

Mit roter Lackierung wurden die Modelle als CS-Reihe von Case IH verkauft. Alle Modelle der Baureihe waren mit Allrad- und Hinterradantrieb verfügbar. Das Getriebe besaß in der Standardausführung 16 Vorwärts- und acht Rückwärtsgänge. Auf Wunsch war eine Version mit der doppelten Gangzahl erhältlich. Die Höchstgeschwindigkeit betrug wahlweise 30 oder 40 km/h. Mit vier Geschwindigkeiten konnte die Zapfwelle arbeiten, nämlich 430, 540, 540E und 1000 Umdrehungen pro Minute. Die kleinste Geschwindigkeit war für Einsätze mit Ladewagen gedacht. Der 540E-Modus diente für Arbeiten mit niedrigerer Motordrehzahl. 2001 ersetzten der M 952 und der M 963 die beiden kleineren Modelle.

LINKS

Steyr ist die bedeutendste Traktorenmarke in Österreich. Ein anderes wichtiges Unternehmen der Landtechnikbranche in dem Alpenland ist Pöttinger, das vor allem Maschinen für die Heu- und Grünfutterernte herstellt. Dieses Bild zeigt einen Steyr M 975, der mit einem Zettkreisel vom Typ Eurohit der Firma Pöttinger arbeitet.

Die Baureihe M 900 hatte als Zielgruppe hauptsächlich kleinere und mittelgroße Betriebe, die ihre Schlepper im Grünlandbereich und zu Pflegearbeiten einsetzten. Die Traktoren wurden auch als „Multi-Trac" bezeichnet, was auf ihre flexible Verwendbarkeit hindeutete. Die Baureihe debütierte bereits 1994 mit der Produktion des ersten Modells M 968. 1996 erweiterten der M 948 und der M 958 die Serie. Den M 968 trieb ein MWM-Motor an. Die beiden nachfolgenden Typen waren mit Perkins-Motoren ausgestattet. Die Motorleistung wurde von den beiden letzten Ziffern der Typenbezeichnung wiedergegeben.

Valmet / Valtra

OBEN

Der Markenname Valtra steht für Valmet Traktoren. Valmet war ein in Finnland beheimateter Schlepperhersteller, der durch die Übernahme des schwedischen Unternehmens Volvo BM die Marktführerschaft in Skandinavien errang. Erfolg hatten die Valmet-Traktoren aber nicht nur im europäischen Norden, sondern auch in Südamerika, wo der Ableger des skandinavischen Unternehmens einen beträchtlichen Marktanteil erzielte.
1994 gliederte Valmet die Traktorensparte aus und verkaufte sie an den Nutzfahrzeughersteller Sisu. Der Name Valmet blieb jedoch bestehen. 1997 kam es zu einer weiteren Fusion. Aus den Sisu-Traktoren wurde nun Valtra Oyj, und auf den Traktoren stand die Bezeichnung „Valtra Valmet".
1990 startete Valmet die 8000-Serie zunächst mit einem Modell, dem 8100, das ein Sechszylindermotor mit einer Maximalleistung von 120 PS antrieb.

NACHFOLGENDE SEITE OBEN

1991 erweiterte Valmet die 8000-Reihe um das Modell 8000, das ebenfalls einen Sechszylindermotor mit 6,6 Litern Hubraum hatte. Die maximale Motorleistung lag bei 98 PS. Zwei Jahre später folgten die beiden Sechszylindermodelle 8200 mit 7,7 Litern Hubraum und 130 PS Leistung sowie 8400 mit 6,6 Litern Hubraum und 140 PS Leistung. Der Valmet 8400 erzielte die höhere PS-Zahl durch einen Turbolader.
Die Höchstgeschwindigkeit aller Modelle lag bei 40 km/h. Die ersten beiden Modelle der Baureihe, der 8100 und der 8000, waren mit einem 24V/24R-Wendegetriebe ausgestattet. Beim 8200 und 8400 kam ein Getriebe mit 36 Gängen in beide Fahrtrichtungen zum Einsatz.

DEMETER MULTISEED

LINKS UNTEN

Im Herbst 1998 wurde die Valtra-Valmet-Serie HiTech 6000 präsentiert. Die Baureihe basierte technisch auf den früheren Mezzo- und Mega-Serien. Der Zusatz „HiTech" sollte auf die moderne Elektronik anspielen. Die HiTech-6000-Reihe setzte sich ursprünglich aus den drei Modellen 6550 mit 100 PS, 6650 mit 110 PS und 6850 mit 120 PS Maximalleistung zusammen. Alle drei Schlepper besaßen als Antriebsaggregate Vierzylindermotoren mit Turbolader unter der Motorhaube. Der 6850 verfügte außerdem über Ladeluftkühlung. Der Hubraum hatte bei allen Mitgliedern der Baureihe eine Größe von 4,4 Litern. Ein Drehmomentanstieg von 28 bis 35 Prozent sorgte für eine gute Durchzugskraft. Der Kraftstofftank hatte wie bei den Vorgängern ein Volumen von 165 Litern.

OBEN

Die Modelle der HiTech-6000-Reihe waren in der Standardausführung mit einem 36V/36R-Wendegetriebe ausgestattet. Die Höchstgeschwindigkeit betrug 40 km/h. Die beiden Modelle 6650 und 6850 waren außerdem in Versionen verfügbar, die 50 km/h erreichten. Die niedrigste Geschwindigkeit bei Nenndrehzahl betrug 500 bzw. 600 Meter pro Stunde. Zur Standardausstattung gehörte auch eine Kabine. Im Vergleich zu den Vorgängermodellen hatten die HiTech-6000-Schlepper eine bessere Schallisolierung. Der maximale Lärmpegel unter Volllast lag im Bereich von 75 bis 78 dB(A).

Die erste Generation der HiTech-6000-Reihe wurde bis 2003 hergestellt und dann von den Modellen 6250Hi, 6350Hi, 6550Hi und 6850Hi abgelöst. Zu dieser Zeit wurde für die Schlepper nur noch der Markenname Valtra verwendet.

Das 21. Jahrhundert

Ein neues Jahrtausend der Landtechnik

Anfang des 21. Jahrhunderts hatte sich der Trend zur Konzentration und zur Konsolidierung in der Landtechnikbranche fortgesetzt.
Der globale Markt wird heute von vier großen Unternehmen beherrscht. An erster Stelle steht John Deere. Die grünen Traktoren mit dem springenden Hirsch im Logo haben sich zur weltweit wichtigsten Traktormarke emporgearbeitet. Auf dem deutschen Markt liefert sich John Deere bei den Neuzulassungen ein Kopf-an-Kopf-Rennen mit Fendt. Die mit Abstand größten John-Deere-Traktorenwerke sind Waterloo im amerikanischen Bundesstaat Iowa und das ehemalige Lanz-Werk in Mannheim.
Ein weiterer Global Player der Landtechnikbranche heißt Case New Holland (CNH). Das Fiat-Tochterunternehmen entstand 1999 aus der Fusion von Case IH mit New Holland. Die Traktormarken, die zu CNH gehören, sind Case IH, Steyr und New Holland (die Nachfolgemarke der Ford- und Fiat-Traktoren). Die ehemalige Großtraktorenmarke Steiger taucht manchmal noch in den Typenbezeichnungen der Case-IH-Schlepper der obersten Leistungsklasse auf. Die wichtigsten CNH-Werke sind das ehemalige Steyr-Werk in Sankt Valentin, Basildon in England und Racine in den USA.
Das erst 1990 entstandene Unternehmen AGCO erlebte einen rasanten Aufstieg zu einem der führenden Hersteller von Traktoren und Landmaschinen. Die wichtigsten AGCO-Traktormarken sind Fendt, Massey Ferguson und Valtra. In Europa weniger bekannt sind die gelben Traktoren der ehemaligen Caterpillar-Marke Challenger, die seit 2002 zu AGCO gehört. In den USA werden auch Traktoren unter dem Namen AGCO verkauft. Die wichtigsten AGCO-Traktorenwerke sind: das Fendt-Werk in Marktoberdorf und das Massey-Ferguson-Werk im französischen Beauvais.
Das vierte Mitglied der großen Vier ist Same Deutz-Fahr, zu dem die Traktormarken Same, Lamborghini, Hürlimann und Deutz-Fahr gehören, wobei letztere die mit Abstand wichtigste ist. Die größten SDF-Werke liegen im bayerischen Lauingen, wo hauptsächlich die Deutz-Fahr-Traktoren entstehen, und im italienischen Treviglio, wo Same, Lamborghini und Hürlimann-Schlepper von den Produktionsstraßen rollen.
Die im westfälischen Harsewinkel beheimatete Firma Claas ist das viertgrößte Unternehmen der Landtechnikbranche. Es sind allerdings hauptsächlich die Mähdrescher, mit denen sich Claas diesen Rang erkämpft hat. Auf dem Traktorenmarkt haben sich die Harsewinkeler durch die Übernahme von Renault Agriculture ein wichtiges Standbein geschaffen. Das Hauptwerk für die Traktorenproduktion befindet sich im französischen Le Mans.
Schließlich sollte nicht die italienische Argo-Gruppe vergessen werden. Zu ihr gehören die in der Landtechnikgeschichte so bedeutenden Namen Landini und McCormick. Mehr auf Sonderkulturen und kommunale Aufgaben spezialisiert sind die ebenfalls zu Argo gehörenden Valpadana-Traktoren.
Auch in technischer Hinsicht setzte sich im 21. Jahrhundert die Entwicklung fort, die bereits nach den Ende des Traktorbooms der 50er Jahre begonnen hatte. Die Traktoren wurden immer stärker. Selbst kleine Schlepper, die für Einsätze in Weinbergen und Obstplantagen konzipiert waren, konnten PS-Zahlen vorweisen, wie man sie noch vor wenigen Jahrzehnten nur von Schleppern der Mittel- oder Oberklasse kannte. Aber die Anforderungen an die Motoren stiegen nicht nur in Hinsicht auf die Leistung, sondern zunehmend auch in Bezug auf den Verbrauch und den Schadstoffausstoß. Die von den Umweltbehörden der USA und der EU verabschiedeten Abgasrichtlinien verlangten immer umweltfreundlichere Motoren. Druck kam aber auch von den Landwirten selbst, die mit ständig steigenden Kraftstoffpreisen zu kämpfen hatten.
Eine andere wichtige technische Entwicklung hatte ebenfalls schon in den 90er Jahren begonnen. Es handelte sich um den Einsatz stufenloser Getriebe. Kaum ein Hersteller konnte sich mehr dem Trend entziehen. Fendt hatte dabei mit dem Vario-Getriebe eine Vorreiterrolle gespielt. Die anderen Hersteller zogen nach. Anders als die stufenlosen Getriebe der kleinen Traktoren, die rein hydrostatisch arbeiten, beinhalten die Getriebe der großen Schlepper mechanische und hydrostatische Komponenten, die abhängig von der Belastung zum Einsatz kommen. Dadurch kann der Leistungsverlust, der ansonsten bei einer hohen Kraftanforderung auftreten würde, auf ein Minimum reduziert werden.
In den Traktoren wird immer mehr Elektronik verbaut. Dazu gehört auch der Computer, das Gehirn des modernen Schleppers. Die ersten Bordcomputer hielten bereits in den 80er Jahren als Teil der Fahrerinformationssysteme Einzug in die Traktorentechnik. Mittlerweile haben sich seine Aufgaben und Fähigkeiten bedeutend erweitert. Er kann mit angebauten Maschinen über das BUS-System kommunizieren, Betriebsdaten aufzeichnen und auswerten und vieles mehr.
Im neuen Jahrtausend hat sich auch die wirtschaftliche Situation für die Landtechnikbranche verändert. Die Butterberge sind abgebaut und die Milchseen ausgetrocknet. Die Landwirtschaft sieht sich von zwei Seiten mit einer wachsenden Nachfrage konfrontiert. Boomende Staaten wie China tragen zu einem erhöhten Verbrauch von Nahrungsmitteln bei, da sich mit dem steigenden Wohlstand auch das Ernährungsverhalten ändert. Zugleich gewinnt die Landwirtschaft als Lieferant nachwachsender Rohstoffe an Bedeutung. Profitieren werden von dieser Entwicklung auch die Hersteller der Landmaschinen und Traktoren, die für die Produktion der landwirtschaftlichen Güter nötig sind. Die Landtechnik gehört wieder zu den bedeutenden Zukunftsbranchen.

Antonio Carraro

Gartenanlagen, Sportplätzen und kommunalen Anlagen. Der Allradantrieb und der niedrige Schwerpunkt sorgen für eine gute Traktion und eine hohe Bodenhaftung.

UNTEN

Der große Bruder des Tigre ist der Tigrone 5500. Sein Vierzylindermotor erzielt eine Nennleistung von 48 PS. Er ist für den Einsatz in Hügelgebieten, im Gebirge und in Sonderkulturen konstruiert. Der Allradantrieb und die vier gleichgroßen Räder verleihen ihm eine hohe Standfestigkeit. Das Getriebe verfügt in der Standardversion über zwölf Vorwärts- und vier Rückwärtsgänge. Die neue Version Tigrone 5500 „Jona" verfügt über ein Wendegetriebe mit zwölf Gängen in beide Fahrtrichtungen. Ein Heckkraftheber und eine Zapfwelle mit 540/min gehören zur Standardausstattung.

OBEN

Während viele große Traktorenhersteller in den Zeiten der Landwirtschaftskrise und der Nachfragestagnation ums Überleben kämpften, konnten sich manche kleine Unternehmen ihre Existenz in Nischen sichern. Dazu gehörte die in dem venetischen Ort Campodarsego ansässige Firma Antonio Carraro. Der gleichnamige Unternehmensgründer war der jüngste der sechs Söhne des Schmieds Giovanni Carraro. Sein erster Traktor war ein Einachser mit der Bezeichnung „Scarabeo" (Käfer). Flink und wendig wie ein Käfer mussten auch die Traktoren sein, die aus Antonio Carraros Werkstätte kamen, denn ihre Einsatzgebiete waren Weinberge, Obstplantagen, Gemüsefelder und Kommunen. Sie sollten sich auf den steilen Berghängen, den schmalen Wegen und zwischen den engen Reihen der Sonderkulturen bewegen können. Einer dieser kleinen, flexiblen Traktoren ist der 26 PS starke Tigre 3200 (im Bild). Der kleine Schlepper wurde für vielfältige Einsätze konzipiert. Dazu gehören die Bewirtschaftung kleiner landwirtschaftlicher Flächen sowie die Pflege von Parks,

Case IH

OBEN

2002 startete Case IH die neue JXU-Reihe, die aus vier Vierzylindermodellen bestand. Dabei handelte es sich um Schlepper im Mittelklassebereich. Als Zielgruppe wurden mittelgroße landwirtschaftliche Betriebe und Grünlandbetriebe gesehen. Die Traktoren eigneten sich vor allem für die Heu- und Strohernte, für leichte Feld- sowie für Frontladerarbeiten. Der JX70U erbrachte mit seinem Hubraum von 3,6 Litern eine Leistung von 65 PS. Einen Hubraum von 3,9 Litern besaß der JX80U. Seine Höchstleistung wurde mit 75 PS angegeben.

Mit der gleichen Hubraumgröße sowie mit Turboaufladung waren die Modelle JX90U und JX100U ausgestattet. Ihre Maximalleistung lag bei 85 bzw. 95 PS.

Die JXU-Schlepper entstanden in der italienischen Stadt Modena. Die Motoren stammten von Iveco, einem Unternehmen, das wie Case New Holland zur Fiat-Gruppe gehört.

Alle Modelle waren wahlweise mit Allrad- und Hinterradantrieb verfügbar. Der geringe Radstand und der hohe Einschlagwinkel der Vorderräder ermöglichten einen kleinen Wendekreis, der bei der Allradausführung nur bei 7,8 bis 8,2 Metern lag.

Als Standardgetriebe kam eine Version mit 24 Vorwärts- und 12 Rückwärtsgängen zum Einsatz. Optional konnte ein 24V/24R- Wendegetriebe eingebaut werden. Das elektrohydraulische Powershuttle, das sich an der Lenksäule befand, ermöglichte einen leichten Wechsel der Fahrtrichtung durch das Betätigen des Hebels.

Alle JXU-Modelle fuhren bis zu 39 km/h schnell. Im untersten Gang betrug die Geschwindigkeit bei Nenndrehzahl 1,8 km/h. Zusätzliche Kriechgänge ermöglichten eine noch geringere Geschwindigkeit, nämlich bis zu 320 Meter pro Stunde.

Zur Standardausstattung der Schlepper gehörte eine Zapfwelle, die sich mit 540, 750 und 1000 Umdrehungen pro Minute drehen konnte. Die Hubkraft lag bei 4450 Kilogramm bei den drei kleineren Modellen sowie bei 5060 Kilogramm beim JX100U.

OBEN

Auf einem JX 80 friert der Fahrer selbst im tiefsten Winter nicht, denn die Kabine verfügt serienmäßig über eine Heizung. Auf Wunsch gibt es auch eine Klimaanlage. Der Schlepper kann mit sechs Arbeitsscheinwerfern ausgerüstet werden. So ist er auch einsatzbereit, wenn der Arbeitstag in den Erntemonaten lange andauert oder es im Winter früher dunkel wird. Große Haltegriffe ermöglichen ein sicheres Ein- und Aussteigen. Die Stufen sind selbstreinigend.

Aus den vier Modellen JX 60, JX 70, JX 80 und JX 90 bestand die neue Baureihe, die 2007 an den Start ging. Die maximalen Motorleistungen der einzelnen Modelle liegen im Bereich von 60 bis 88 PS. Zielgruppe für die Baureihe sind vor allem Nebenerwerbslandwirte, mittelgroße Ackerbau- und Grünlandbetriebe sowie Gewerbebetriebe. Abhängig vom Einsatzzweck lassen sich die JX-Traktoren jedoch individuell konfigurieren. Es stehen bis zu drei Getriebe zur Auswahl. Serienmäßig kommt ein 12V/4R-Getriebe bei den drei kleineren Modellen zur Verwendung. Zur Standardausstattung des JX 90 gehört dagegen ein 12V/12R-Getriebe. Auf Wunsch bekommt das JX-Modell ein 20V/12R-Getriebe. Für die beiden Modelle JX 70 und JX 80 steht zusätzlich noch das 12V/12R-Getriebe zur Auswahl. Für besonders langsame Arbeiten wie beim Gemüsebau können die Traktoren mit acht zusätzlichen Kriechgängen ausgerüstet werden.

UNTEN

Die kompakte Bauweise gehört zu den Vorteilen der JX-Serie, da dies eine hohe Wendigkeit zur Folge hat. Die JX-Modelle eignen sich deshalb auch sehr gut als Hoftraktoren. Die serienmäßige Heckzapfwelle kann mit 540/min im normalen oder im Eco-Modus mit reduzierter Motordrehzahl betrieben werden. Zur optionalen Ausstattung gehören eine Zapfwelle, die sich zusätzlich mit 1000/min drehen kann, sowie eine Wegzapfwelle, deren Drehzahl von der Schnelligkeit des Traktors abhängt.

LINKS
Case IH stellte die Puma-Reihe der Öffentlichkeit zuerst 2006 vor. Die offizielle Markteinführung erfolgte 2007 mit den Modellen 165, 180, 195 und 210. Die Zahl in der Typenbezeichnung entsprach ungefähr der Nennleistung, die im Bereich von 167 bis 213 PS lag. Die in Sankt Valentin und im englischen Basildon hergestellten Puma-Modelle eigneten sich für den Einsatz mit großen Maschinen zur Bodenbearbeitung, zum Drillen sowie für Pflegeaufgaben und für schwere Transportarbeiten. Diesem Einsatzzweck wurde die kraftvolle Hydraulik mit einer Hubkraft von 10.460 Kilogramm gerecht. Im Herbst 2007 rundete Case IH die Puma-Reihe mit drei weiteren Modellen nach unten ab. Es handelte sich um die Typen 125, 140 und 155, deren Nennleistung 127, 142 und 158 PS betrug. Die maximale Hubkraft lag bei den kleineren Pumas bei 8257 Kilogramm.

UNTEN
2009 erhielten die Puma-Modelle ein neues Design und technische Veränderungen. Im Mittelpunkt stand die neu gestaltete Motorhaube, die nun an

einen Haifisch erinnerte. Grund dafür war die Vergrößerung der Kühleransaugfläche. Die kleineren Modelle erhielten eine Motorstaubremse, die vorher den größeren Pumas vorbehalten war. Alle Puma-Modelle haben einen Sechszylindermotor mit Turboaufladung und Ladeluftkühlung. Die Hubraumgröße beträgt 6,7 Liter. Die Motoren stammen von CNH selbst. Für alle Modelle stehen drei Getriebe zur Auswahl. Zur Grundausstattung gehört das Semi-Powershift-Getriebe mit 16V/6R-Gängen und einer Höchstgeschwindigkeit von 40 km/h. Optional ist das Semi-Powershift-Getriebe 19x6 ECO, das in Versionen mit 40 und 50 km/h Höchstgeschwindigkeit verfügbar ist.

OBEN

Die neue Magnum-Reihe wurde 2006 mit vier Modellen eingeführt. Es handelte sich um die Modelle Magnum 225, 250, 280 und 310, deren Nennleistung 224, 252, 279 und 309 PS betrug. Die Höchstleistung lag im Bereich von 257 bis 345 PS. 2008 kam der Magnum 335 hinzu. Dieser bislang stärkste Magnum hatte eine Nennleistung von 335 PS und eine Maximalleistung von 368 PS. Im selben Jahr wurden die bereits vorhandenen Modelle einigen Änderungen unterzogen. Dazu gehörte eine neue gefederte, elektrohydraulisch gesteuerte Vorderachse, die für mehr Komfort und eine verbesserte Traktion sorgte. Die Vorderachsfederung wird ab einer Fahrgeschwindigkeit von 1,5 km/h automatisch aktiviert.

UNTEN

Die in Racine hergestellten Oberklassetraktoren der Magnum-Reihe verfügen trotz ihrer Größe über einen Wenderadius von nur 4,8 Metern. Die hohe Wendigkeit ermöglichen die taillierte Motorhaube und der Lenkeinschlag von bis zu 55 Grad. Alle Magnum-Modelle haben Sechszylindermotoren mit CommonRail-Technik, elektronischer Steuerung, Wastegate-Turboladern, Ladeluftkühlung und 24 Ventilen.
Sie erfüllen die neuesten Abgasvorschriften. Ein 682 Liter großer Kraftstofftank sorgt dafür, dass der Fahrer einen ganzen Tag lang arbeiten kann, ohne nachtanken zu müssen. Die Hubkraft beträgt bei den beiden stärksten Modellen 10.200 Kilogramm. Bei den dritt- und viertstärksten Modellen liegt dieser Wert bei 9130 Kilogramm. Und der Magnum 225 kann 8550 Kilogramm heben.

OBEN

Die Großtraktoren aus dem ehemaligen Steiger-Werk in Fargo sind heute nicht mehr auf die nordamerikanische Landwirtschaft beschränkt. Seit dem Fall des Eisernen Vorhangs sind sie zudem auf den großen Ackerflächen in Osteuropa präsent. Aber auch in Westeuropa, wo die Landwirtschaft traditionell kleiner strukturiert ist, sieht man sie zunehmend bei Lohnunternehmern, die Maschinen der obersten Größenklasse rentabel einsetzen können. Seit 2008 bietet Case IH den Steiger 385 sowohl in einer Ausführung mit Rädern als auch mit vier Bandlaufwerken an. Die Raupenversion wird als Quadtrac 385 vertrieben. Die Varianten sind mit einem 12,9 Liter großen Sechszylindermotor mit einer Nennleistung von 394 PS ausgerüstet. Die Ackergiganten sind für lange Einsätze konzipiert, weshalb der Kraftstofftank 1136 Liter fassen kann. Durch die Knicklenkung beträgt der Wenderadius beim Radschlepper nur 5,1 Meter und bei der Quadtrac-Version 5,7 Meter.

Die geräumige Kabine des Großtraktors steht in zwei Ausführungen zur Verfügung: Deluxe und Luxury, wobei sich letztere vor allem durch die exklusive Lederausstattung von der Deluxe-Version unterscheidet. Beide Ausführungen verfügen über große Fensterflächen, die einen ungehinderten Ausblick ermöglichen. Die Klimaautomatik stellt die passende Temperatur her. Die Sitzheizung und die Lendenwirbelstütze sorgen für einen gesundheitsschonenden Arbeitsplatz.

Eine Hochleistungshydraulik gehört zur Standardausstattung. Sie ist für die Lenkung, die Zusatzsteuergeräte, die Power-Beyond-Platte und das Dreipunkthubwerk zuständig. Die druck- und mengengesteuerte Axialkolbenpumpe verfügt über eine Förderleistung von 216 Litern pro Minute. Die durchgehende Hubkraft beträgt bei der Radversion 8900 und bei der Quadtrac-Ausführung 8949 Kilogramm.

RECHTE SEITE OBEN

Das Flaggschiff unter den Case-IH-Schleppern ist der Steiger 535. Auf dem nordamerikanischen Markt gibt es ihn sowohl mit Rädern als auch mit Raupen. Für die europäische Kundschaft steht nur die Quadtrac-Version zur Verfügung. Angetrieben wird der Gigant von einem Sechszylindermotor, der von Cummins geliefert wird, und dessen Nennleistung bei 548 PS liegt. Als Maximalleistung erreicht der Steiger 535 sogar 602 PS. Mit einem Drehmomentanstieg von 40 Prozent besitzt er eine hohe Durchzugskraft.

In Hinsicht auf die Abmessungen unterscheidet sich der Steiger 535 nicht von den anderen Modellen der Baureihe. Er besitzt wie der 385 und der 485 einen Radstand von 391 Zentimetern. Der Wenderadius liegt bei der Quadtrac-Version des 535 bei 5,7 Metern. Die Breite des Fahrwerks der Raupenausführung beträgt standardmäßig 76 Zentimeter. Optional ist ein breiteres Fahrwerk mit 91 Zentimetern verfügbar.

UNTEN

Wegen seiner Geländegängigkeit, der hervorragenden Traktion und der hohen Motorleistung kommt der Quadtrac 535 nicht nur in der Landwirtschaft, sondern auch in anderen Bereichen zum Einsatz. Dazu gehören der Tiefbau und die Forstwirtschaft. Eine spezielle Scraper-Ausführung steht für Erdarbeiten zur Verfügung. Diese Version verfügt über schwere Achsen, hochbelastbare Zugstangen und integrierte Rahmengewichte. Zur serienmäßigen Ausstattung gehören auch ein Rückfahrwarnton, Zugkabel und Rundumleuchten. Sie verfügen darüber hinaus über die notwendigen Zertifizierungen, die den Einsatz auf Baustellen erlauben. Für alle Arbeiten, die eine hohe Zugleistung erfordern, ist der Quadtrac 535 die ideale Maschine.

CASE IH
535
9300

535
CASE IH

Challenger

OBEN

Caterpillar setzte eine kleine Revolution in Gang, als der Baumaschinenspezialist 1987 mit den Challenger-Großtraktoren, die auf Raupen liefen, auf den Markt kam. Bisher waren Schlepper mit Gleiskettenlaufwerken vor allem auf kleinere Modelle beschränkt, die für ein schwieriges Gelände konzipiert waren. Aber Caterpillar hatte ein neues Laufwerk entwickelt, bei dem das Fahrzeug auf einem Gummiband lief. Dies war bedeutend bodenschonender und ermöglichte höhere Geschwindigkeiten als herkömmliche Gleisketten. Aber andere Traktorenhersteller folgten dem Beispiel der Challenger-Traktoren, und Caterpillar verlor das Interesse an der Schlepperbranche. 2002 ging Challenger in den Besitz von AGCO über. Unter dem Dach des großen Landtechnikspezialisten wurde die Marke Challenger ausgebaut. Zu den Raupentraktoren kamen Radtraktoren, Mähdrescher, Ballenpressen und andere Landmaschinen hinzu.
Der Challenger MT765B wurde 2005 präsentiert. Der Sechszylindermotor des Raupentraktors stammte von Caterpillar. Der Hubraum lag bei 8,8 Litern, und die Nennleistung betrug 320 PS. 330 PS wurden als Maximalleistung angegeben. Der Motor erreichte einen Drehmomentanstieg von 42 Prozent.

RECHTE SEITE OBEN

Der Challenger MT865B lief ebenfalls 2005 vom Stapel. Er war Teil der MT800B-Reihe, mit der Challenger in die obersten Leistungsbereiche vorstieß. Sein Sechszylindermotor von Caterpillar konnte eine Nennleistung von 510 und eine Maximalleistung von 534 PS vorweisen. Der Hubraum umfasste 18,1 Liter. Ein Tank in der Größe von 1249 Litern ermöglichte lange Einsätze ohne Tankpausen.

UNTEN

Gegenüber den großen Raupentraktoren wirkt der Radschlepper MT455B relativ bescheiden. Das im französischen Beauvais gebaute Modell kam 2004 auf den Markt. Angetrieben wurde es von einem Vierzylinder-Caterpillar-Motor, der eine Leistung von 99 PS erbrachte. Der Käufer hatte die Wahl

zwischen einer Version mit Hinterradantrieb und einer mit Allradantrieb. Standardmäßig verfügte der Traktor über ein Getriebe mit 16 Gängen in beide Fahrtrichtungen. Ein Fahrtrichtungswechsel konnte einfach durch die Betätigung eines Hebels vorgenommen werden. Die Höchstgeschwindigkeit lag bei 40 km/h. Die Hubkraft des Heckkrafthebers betrug in der Standardausführung 5000 Kilogramm. Auf Wunsch war eine Version mit 6000 Kilogramm maximaler Hubkraft verfügbar.

UNTEN

Der MT465B war das stärkste Modell der MT400B-Reihe. Er stammte ebenfalls aus dem AGCO-Werk in Beauvais, in dem hauptsächlich Massey-Ferguson-Schlepper hergestellt werden. Die Motorleistung lag bei 115 PS. Das Antriebsaggregat von Caterpillar verfügte über vier Zylinder, einen Hubraum von 4,4 Litern, Turboladung und Ladeluftkühlung. Zur Standardausführung gehörte das 16V/16R-Getriebe. Auf Wunsch waren zusätzliche Kriechgänge und Superkriechgänge erhältlich. Die Kabine verfügte über eine Heizung sowie optional über eine Klimaanlage und eine Luftfederung des Fahrersitzes. Die Hubkraft betrug wie beim MT455B in der Grundausführung 5000 Kilogramm und auf Wunsch 6000 Kilogramm. Ein Frontkraftheber und eine Frontzapfwelle gehörten ebenfalls zur optionalen Ausstattung.

RECHTS

Die ersten Modelle der MT500B-Serie wurden bereits 2002 eingeführt. Eine Neugestaltung und Erweiterung der Baureihe erfolgte 2007. Bei der in Beauvais produzierten Baureihe MT500B handelte es sich um Radtraktoren im Leistungsbereich von 118 bis 186 PS.

Als Antrieb kamen bei allen sechs Modellen Sechszylindermotoren von Caterpillar mit einem Hubraum von 6,6 Litern zum Einsatz. Das stufenlose TechStar-CVT-Getriebe ermöglichte die Anpassung der Fahrgeschwindigkeit ohne Schaltung. Die Höchstgeschwindigkeit lag bei 40 km/h. Als niedrigste Geschwindigkeit wurden 300 Meter pro Stunde angegeben. Alle MT500B-Modelle waren optional mit Hinterrad- oder mit Allradantrieb erhältlich. Die Hubkraft betrug bei den drei stärksten Modellen 6479 Kilogramm. Die drei kleineren MT500B-Schlepper verfügten über eine maximale Hubkraft von 4950 Kilogramm.

Challenger
BECO

Challenger
Challenger

LINKS

2005 löste die MT600B-Serie die Vorgänger-Modelle des Typs MT600 ab: mit neuen Motoren, einem neuen Getriebe und einer höheren Motorleistung. Die Motoren wurden auch bei dieser Baureihe von Caterpillar geliefert. Die vier Modelle deckten das Leistungsspektrum von 180 bis 240 PS ab (an der Zapfwelle gemessen). Der Hubraum lag bei den beiden kleineren Modellen bei 7,4 Litern. Den beiden größeren MT600B-Schleppern standen 8,4 Liter Hubraum zur Verfügung.

Neu war auch das stufenlose Getriebe, mit dem ohne zu schalten eine Höchstgeschwindigkeit von 40 km/h erreicht werden konnte. Der Cockpit für den Fahrer war besonders geräumig. In der gefederten und schallisolierten Kabine erreichte der Geräuschpegel unter Volllast höchstens 71 dB(A). 2009 wurden die MT600B-Schlepper durch die MT600C-Serie ersetzt.

NACHFOLGENDE SEITE OBEN

Die MT700C-Reihe befindet sich seit 2009 auf dem Markt. Die Baureihe besteht nur aus drei Modellen, die jedoch in Hinsicht auf die Leistung zur absoluten Oberklasse zählen. Der MT745C kann eine Nennleistung von 269 PS und eine Maximalleistung von 290 PS vorweisen. Auf eine Nennleistung von 301 PS und eine Maximalleistung von 334 PS bringt es der MT755C. Das stärkste Modell der Baureihe ist der MT765C mit 320 PS Nennleistung und 355 PS Maximalleistung. Alle drei Modelle werden von Sechszylinder-Caterpillar-Motoren mit 8,8 Litern Hubraum angetrieben. Das Getriebe verfügt über 16 Vorwärts- und vier Rückwärtsgänge. Trotz ihres Raupenlaufwerks erreichen die Ackergiganten eine Höchstgeschwindigkeit von 40 km/h. Auf Wunsch ist für die MT700C-Modelle ein Getriebe mit zusätzlichen Kriechgängen erhältlich.

UNTEN

2009 kam eine weitere Reihe von Challenger-Großtraktoren auf den Markt: die MT800C-Serie. Diese Reihe von Raupentraktoren befindet sich im Leistungsspektrum eine Stufe oberhalb der MT700C- Serie. Sie besteht aus den Modellen MT845C mit 430 PS Nennleistung und 473 PS Maximalleistung, MT 855C mit 460 PS Nennleistung und 506 PS Maximalleistung, MT 865C mit 510 PS Nennleistung und 583 PS Maximalleistung sowie MT875C mit 570 PS Nennleistung und 609 PS Maximalleistung. Der Hubraum der Caterpillar-Motoren liegt bei den beiden kleineren Modellen bei 15,2 Litern. Die beiden stärksten Modelle verfügen über einen Hubraum von 18,1 Litern. Der Kraftstofftank der Modelle MT865C und MT875C kann 1250 Liter Diesel fassen. 1150 Liter passen in den Tank des MT845C und des MT855C. Auf Wunsch sind diese Modelle jedoch auch mit dem größeren Tank erhältlich.

RECHTE SEITE OBEN UND UNTEN

Nicht alle Challenger-Modelle der obersten Leistungsklasse hatten Bandlaufwerke. Die Schlepper der Baureihe MT900B fuhren auf Rädern, meist mit Doppel-, manchmal auch mit Dreifachbereifung. Um trotz der gleichgroßen Räder an den Vorder- und Hinterachsen steuern zu können, verfügten die Großtraktoren über eine Knicklenkung. Die MT900B-Reihe kam 2007 auf den Markt. Produziert wurde sie in Jackson, im amerikanischen Bundesstaat Minnesota. Sie setzte sich aus den Modellen MT945B mit 430 PS, MT955B mit 460 PS, MT965B mit 510 PS und MT975B mit 570 PS Nennleistung zusammen. Die Höchstleistung reichte von 464 PS beim kleinsten bis zu 615 PS beim stärksten Modell. Der Hubraum betrug 15,2 Liter bei den beiden kleineren Modellen und 18,1 Liter bei den beiden stärksten M900B-Schleppern. Die MT900B-Reihe wurde 2009 von der MT900C-Serie abgelöst. Die Anzahl und die Nummern der einzelnen Modelle blieben gleich. Die Nennleistung stieg im Vergleich zur vorhergehenden Generation bei jedem Modell um 10 bis 15 PS. Das stärkste Mitglied der Baureihe und damit auch das Flaggschiff der Challenger-Traktoren ist seitdem der MT975C mit einer Nennleistung von 585 PS und einer Maximalleistung von 631 PS. Der Hubraum hat sich im Vergleich zu den Vorgängern nicht verändert. Die Ackergiganten bringen ein beträchtliches Gewicht auf die Waage. Die beiden kleinsten Modelle, der MT945C und der MT955C, haben ein Transportgewicht von ungefähr 17,8 Tonnen. Etwas über 18 Tonnen wiegen der MT965C (im Bild) und der MT975C. Die Länge der MT900C-Schlepper liegt bei 7569 Millimetern.

Claas

OBEN

Der Mähdrescher- und Erntemaschinenhersteller Claas war zwar schon seit längerem einer der wichtigsten Produzenten der Landmaschinenbranche, reihte sich unter die bedeutenden Traktorenbauer aber erst 2003 mit der Übernahme von Renault Agriculture ein. Die im französischen Le Mans gebauten Traktoren kamen nun mit saatengrünem Lack und dem Markennamen Claas auf den Markt. Aus den Renault-Baureihen wurden Claas-Schlepper. Zu den bereits unter dem Namen Renault hergestellten Reihen gehörte auch die Ares-Serie. Eine neue Generation dieser Baureihe stellte Claas im August 2005 mit der Serie Ares 500 vor. Sie bestand aus den Vierzylindermodellen Ares 547 mit 92 PS, Ares 557 mit 102 PS, Ares 567 mit 112 PS und Ares 577 mit 121 PS Nennleistung. Der Hubraum betrug bei allen vier Modellen 4,5 Liter.

Die Ares-500-Modelle besaßen in der Grundausführung die ATZ-Kabine. Dabei handelte es sich um eine Kabine, die auf vier federnden Elementen gelagert war. Fast alle Vibrationen, die von der Achse und dem Fahrwerk ausgingen, konnte die Federung abfangen. Optional war die Klimaautomatik, die unabhängig von den außen herrschenden Wetterbedingungen die gewünschte Temperatur innerhalb der Kabine erzeugte. Der Lärmpegel betrug höchstens 73 dB(A). Um Einsätze selbst bei Dunkelheit zu gewährleisten, konnten die Ares-Schlepper mit bis zu zehn Arbeitsscheinwerfern ausgestattet werden.

Die Ares-Traktoren besaßen einen Radstand von 256 Zentimetern. Der Wenderadius lag trotzdem nur bei 4,4 Metern, der unter anderem durch den Einschlagwinkel der Vorderräder von bis zu 55 Grad erreicht werden konnte.

OBEN

Da Frankreich bedeutende Weinanbaugebiete besitzt, hatte Renault Agriculture viel Erfahrung in der Produktion von Schmalspurschleppern, die für den Einsatz in Sonderkulturen geeignet sind. Dieses Know-how war auch nach der Übernahme durch Claas wichtig. 2004 kam die Nectis-Reihe auf den Markt, mit der die vorhergehenden Schmalspurschlepper ersetzt wurden. Produziert wurden die Nectis-Schlepper jedoch nicht in Le Mans, sondern von Agritalia, einem Tochterunternehmen von Carraro, in der italienischen Stadt Rovigo. Die Baureihe setzte sich aus den Modellen Nectis 227, 237, 247, 257 und 267 mit einer Nennleistung von 68 bis 101 PS zusammen.
Alle Modelle waren in der VL-Ausführung verfügbar, die sich für weiträumigere Weinberge eignete. Den Nectis 227 und den Nectis 237 gab es außerdem in der VE-Version, deren Mindestbreite bei 103 Zentimetern lag und die für enge Weinberge gedacht war. Die F-Variante, in der alle Modelle außer dem Nectis 237 zur Verfügung standen, besaß eine breitere Spur und eine höhere Standfestigkeit, was vor allem bei Arbeiten in Obstplantagen wichtig ist.

UNTEN

Bei der Nexos-Baureihe handelt es sich um die Nachfolger der Nectis-Schlepper. Die 2010 eingeführte Typenreihe besteht aus den Modellen Nexos 210, 220, 230 und 240 in den Ausführungen VE für enge Weinberge, VL für größere Reihenabstände und F mit einer Außenbreite von 1,46 Metern. Der Nexos 240 steht nur in den Versionen F und VL zur Verfügung. Die anderen Modelle gibt es in allen drei Ausführungen.
Angetrieben werden die Nexos-Schlepper von Vierzylindermotoren mit einem Hubraum von 4,5 Litern beim Nexos 240 und 3,2 Litern bei den anderen Typen der Baureihe. Motorenlieferant ist die Fiat-Tochter FPT. Alle Modelle sind optional mit Kabine oder mit einer offenen Fahrerplattform verfügbar.

NACHFOLGENDE DOPPELSEITE

2003 brachte Renault Agriculture die neuen Celtis-Traktoren noch in oranger Farbe unter dem Renault-Namen auf den Markt. Ab 2004 wurden sie nur noch als Claas-Schlepper verkauft. Die Baureihe bestand ursprünglich aus den Modellen Celtis 426 mit 72 PS, Celtis 436 mit 77 PS, Celtis 446 mit 87 PS und Celtis 456 mit 97 PS Nennleistung. 2004 wurden die Modelle verbessert. Die Motorleistung steigerte sich auf 72, 89, 90 bzw. 100 PS.
Als Getriebe standen 10V/10R- und 30V/30R-Versionen zur Auswahl. Alle vier Modelle hatten Allradantrieb. Die drei kleineren Modelle waren außerdem mit Hinterradantrieb erhältlich. Die Höchstgeschwindigkeit der hinterradgetriebenen Modelle betrug 30 km/h. Bis zu 40 km/h schnell fuhren die Traktoren mit Vierradantrieb.

CLAAS

AXOS
CLAAS
CLAAS

VOHERGEHENDE SEITE OBEN

Die Elios-Reihe besteht aus den drei Modellen Elios 210 mit 72 PS, Elios 220 mit 78 PS und Elios 230 mit 88 PS Nennleistung. Die Motoren stammen auch bei dieser Baureihe von FPT. Alle Modelle verfügen über vier Zylinder, Turboladung und, mit Ausnahme des Elios 210, über Ladeluftkühlung. Zum Konzept der Elios-Schlepper gehören die kompakten Maße, die vergleichsweise geringe Höhe und der niedrige Schwerpunkt. Diese Bauweise gibt ihnen eine hohe Standfestigkeit auf abschüssigem Gelände, macht sie leicht navigierbar und ermöglicht ihnen die Einfahrt auch durch niedrige Tore, wie etwa von Ställen, Scheunen, Gewächshäusern oder Lagerhallen. Der Radstand liegt bei 210 Zentimetern. Er ermöglicht gemeinsam mit dem großen Einschlagwinkel der Vorderräder einen Wenderadius von nur 3,73 Metern.

UNTEN

Die Axos-Reihe wurde von Claas 2008 eingeführt. Sie besteht aus dem Modellen Axos 310, 320, 330 und 340 mit einem Leistungsspektrum, das von 75 PS beim Axos 310 bis zu 102 PS beim Axos 340 reicht. In Hinsicht auf die Leistung konkurrieren die beiden kleineren Axos-Schlepper mit der Elios-Reihe, sind jedoch weniger kompakt. Bei den Axos-Modellen handelt es sich um Allzweck-Traktoren für den mittelgroßen landwirtschaftlichen Betrieb. Sie sind wendig genug, um auch als Hoftraktoren zu fungieren. Besonders für Frontladerarbeiten eignen sie sich. Die Modelle besitzen einen Randstand von 249 Zentimetern und einen Wenderadius von 4,3 Metern bzw. 4,4 Metern beim Axos 340.

Die Schlepper der Axos-Baureihe sind mit und ohne Kabine lieferbar. Die Standardausführung mit Kabine besitzt ein Niedrigdach. Ein Hochdach ist auf Wunsch erhältlich. Eine Heizung gehört bei allen Kabinenausführungen zur Standardausstattung. Eine Klimaanlage gibt es gegen Aufpreis. Bei hohen Außentemperaturen kann man zur Frischluftversorgung die Heckscheibe ausstellen. Eine ausstellbare Frontscheibe wird auf Wunsch auch eingebaut. Damit dem Fahrer bei langen, monotonen Fahrten oder Arbeiten nicht langweilig wird, gehört zur optionalen Ausstattung der Kabine zudem ein Radiogerät mit zwei Lautsprechern. Der Fahrersitz ist mechanisch gefedert, steht aber in einer optionalen Ausführung mit Luftfederung zur Verfügung.

Der Heckkraftheber besitzt eine maximale Hubkraft von 5100 Kilogramm beim Axos 340, 4200 Kilogramm bei den Axos-Modellen 330 und 320 sowie 3300 Kilogramm beim Axos 310. Auf Wunsch können die Schlepper zusätzlich mit einem Frontkraftheber, der eine Hubkraft von 2800 Kilogramm erreicht, ausgestattet werden.

OBEN

Über Vierzylindermotoren verfügen die Modelle der Baureihe Arion 500. Die vier Schlepper mit der Typenbezeichnung Arion 510, 520, 530 und 540 erbringen bei einer Nenndrehzahl von 2200/min eine Leistung von 110 bis 135 PS. Sie gehören damit zur oberen Mittelklasse. Der Hubraum aller Modelle liegt bei 4,5 Litern. Die Motoren sind neben der Turboladung außerdem mit Ladeluftkühlung, externer Abgasrückführung, Vierventiltechnologie und dem CommonRail-Einspritzsystem ausgestattet. Das Claas Power Management beim Arion 540 kann die Leistung bei bestimmten Arbeiten um bis zu 20 PS erhöhen, sodass der Schlepper auf eine Höchstleistung von 155 PS kommt.

Das Hexashift-Getriebe verfügt über 24 Vorwärts- und 24 Rückwärtsgänge. Die Höchstgeschwindigkeit beträgt abhängig von der Ausführung 40 oder 50 km/h. Eine Ausnahme ist der Arion 510, der nur 40 km/h erreicht. Die minimale Geschwindigkeit liegt bei 1,6 km/h.

UNTEN

Die Baureihe Arion 600 besteht aus den vier Sechszylindermodellen Arion 610 mit 120 PS, 620 mit 135 PS, 630 mit 145 PS und 640 mit 155 PS Nennleistung. Das größte Modell der Baureihe, der Arion 640, verfügt über das Claas Power Management,

mit dem er bei bestimmten Arbeiten eine Höchstleistung von 175 PS erreichen kann. Der Hubraum aller Modelle liegt bei 6,8 Litern. Die modernste Motorentechnologie sorgt dafür, dass die Schlepper der Oberklasse kraftstoffsparend arbeiten und die neuesten Abgasvorschriften erfüllen.
Der Heckkraftheber erzielt bei den beiden kleineren Modellen eine maximale Hubkraft von 6500 Kilogramm. Beim Arion 630 liegt dieser Wert bei 6900, und eine Leistung von 8000 Kilogramm schafft der Arion 640. Die Schwingungstilgung gehört zur Standardausstattung.

OBEN
Claas stellte die Baureihe Axion 800 im Oktober 2006 vor. Die fünf Modelle werden von 6,8 Liter großen Motoren angetrieben. Die Nennleistung beträgt 170 PS beim Axion 810, 189 PS beim Axion 820, 203 PS beim Axion 830, 212 PS beim Axion 840 und 233 PS beim Axion 850. Die Maximalleistung liegt im Bereich von 180 bis 238 PS. Mit dem Claas Power Management können je nach Modell Werte von 209 bis 260 PS erzielt werden.
Alle Modelle der 2006 vorgestellten Serie waren mit dem 24V/24R-Hexashift-Getriebe ausgestattet. Die Höchstgeschwindigkeit konnte abhängig von der Ausführung 40 oder 50 km/h betragen. Die niedrigste Geschwindigkeit mit dem untersten Kriechgang betrug 430 Meter pro Stunde bei den beiden kleineren Modellen, 420 Meter pro Stunde bei den Axion-Modellen 830 und 840 sowie nur 390 Meter pro Stunde beim Axion 850.
Auf der Agritechnica 2007 stellte Claas die drei Axion-Schlepper 810, 820 und 840 mit dem neuen stufenlosen CMATIC-Getriebe vor. Wie bei den meisten stufenlosen Getrieben anderer Hersteller handelt es sich auch beim CMATIC um ein leistungsverzweigtes System, bei dem die Kraftübertragung sowohl mechanisch als auch hydrostatisch erfolgt.

Das CMATIC bietet nicht nur einen hohen Fahrkomfort, da einfach mit dem Drücken des Fahrpedals die gewünschte Fahrgeschwindigkeit erreicht werden kann, es ermöglicht auch eine besonders niedrige Geschwindigkeit, nämlich 50 Meter pro Stunde bei Nenndrehzahl. Die Endgeschwindigkeit von 40 oder 50 km/h kann mit einer kraftstoffsparenden reduzierten Drehzahl gefahren werden.
Neben der Einführung des stufenlosen Getriebes bei einigen Axion-Modellen, kam es 2007 im Zuge der Produktpflege zu einigen anderen Verbesserungen. Dazu zählten eine neue Lenksäule, ein serienmäßiger Blinkerrücksteller, neue Hydraulikanschlüsse am Heck und andere Detailverbesserungen.

UNTEN
Der erste Xerion kam 1997 auf den Markt. Damit unternahm Claas ein doppeltes Wagnis. Zum einen stieg das Harsewinkeler Unternehmen erstmals seit dem Huckepack wieder in den Traktorenbau ein, zum anderen handelte es sich bei dem neuen Modell um einen Systemtraktor. Dieser Traktortyp fiel durch seinen Allradantrieb, die gleich großen

Räder an der Vorder- und der Hinterachse und die zusätzlichen Anbauräume auf. Mehrere Hersteller hatten sich an die Produktion von Systemtraktoren gewagt. Dazu zählten Mercedes-Benz mit dem MB-Trac, Klöckner-Humboldt-Deutz mit dem Intrac und natürlich Fendt mit dem Xylon. Der große Erfolg blieb jedoch aus.
Was den Xerion von Claas von den Systemtraktoren anderer Hersteller unterschied, war dessen Position in der obersten Leistungsklasse, im Bereich von 250 bis 350 PS. Damit besaß er genügend Leistung, um mit großen Geräten und Maschinen arbeiten und die Möglichkeiten seiner Anbauräume ausnutzen zu können. Die Zielgruppe setzte sich aus großen landwirtschaftlichen Betrieben, Lohnunternehmern, den Kommunen, der Forst- und der Bauwirtschaft zusammen.
Den Xerion gibt es in einer Version mit einer mittig positionierten Kabine, sowie in einer Ausführung, bei der sich die Kabine oberhalb der Vorderachse befindet, die sogenannte Saddle-Trac-Version.
Zu den neuesten Modellen der Xerion-Reihe gehört der Xerion 3300, der 2004 eingeführt wurde. Er verfügt über einen 8,8 Liter großen Motor von Caterpillar, der eine Nennleistung von 305 PS und eine Maximalleistung von 335 PS erbringt. 2007 stellte Claas auf der Agritechnica den stärkeren Bruder des Xerion 3300 vor: den Xerion 3800. Der Sechszylindermotor dieses Giganten stammte ebenfalls von Caterpillar. Die Nennleistung lag bei 344 PS, mit 379 PS wurde die Maximalleistung angegeben. Neben der Normalausführung gibt es beide Modelle in der Version „Trac VC", bei der sich die Kabine in weniger als 30 Sekunden drehen lässt. Dadurch ist ein problemloses Arbeiten in beide Fahrtrichtungen möglich.

OBEN

Der Xerion 3300 ist neben der Trac-Version mit der mittleren Positionierung der Kabine auch als Saddle Trac verfügbar. Die Kabine dieser Version befindet sich oberhalb der Vorderachse. Dadurch entsteht ein großer Aufbauraum hinter der Kabine, der für das Aufsatteln von Geräten oder Behältern genutzt werden kann. Der Xerion 3300 Saddle Trac wird vor allem zum Transport großer Mengen von Gülle, Silage, Getreide oder Zuckerrüben benutzt. Der Xerion 3300 Saddle Trac ist in Vollrahmenbauweise gebaut. Dies bedeutet, dass der Rahmen das gesamte Gewicht trägt und der Motor sowie das Getriebe schwingungsfrei gelagert sind. Der Schlepper ist standardmäßig mit einem stufenlosen Getriebe, das von ZF geliefert wird, ausgestattet. Die Höchstgeschwindigkeit liegt bei 50 km/h.

NACHFOLGENDE SEITE

Traktoren der Oberklasse wie der Xerion 3300 Saddle Trac sind nur rentabel, wenn große Flächen zu bewirtschaften und die Einsatzzeiten lang sind. Um einer schnellen Ermüdung des Fahrers vorzubeugen, wird deshalb auch viel Wert auf ein komfortables Cockpit gelegt. Im Fall des Xerion 3300 Saddle Trac ist sie schwingungsfrei gelagert, sodass keine Vibrationen von der Maschine auf den Fahrer übertragen werden. Die Kabine verfügt über eine Klimaautomatik, die zu allen Jahreszeiten und bei jeder Außentemperatur für eine gleich bleibende Raumtemperatur sorgt. Auf Wunsch kann unter dem Beifahrersitz eine Kühlbox für Proviant und Getränke untergebracht werden. Da der Xerion manchmal bei Dunkelheit oder schlechten Sichtverhältnissen eingesetzt wird, verfügt er, außer über die normalen Fahrlichter, über sechs Arbeitsscheinwerfer im Frontbereich und zwei Scheinwerfer für die Beleuchtung des Heckbereichs. Zusätzlich kann er jeweils mit zwei weiteren Scheinwerfern für die Front- und Heckbeleuchtung ausgestattet werden.

lomma.
XERION 3300

Deutz-Fahr

OBEN

Wie der Name andeutet, handelt es sich bei den Agrokid-Modellen um Kleintraktoren. Trotz der geringen Abmessungen sollte man die kleinen Traktoren jedoch nicht unterschätzen. Die neueste Generation wird von 35 bis 47 PS starken Vierzylindermotoren aus dem Hause Mitsubishi angetrieben. Durch den Lenkeinschlag von bis zu 57 Grad und den kleinen Radstand beschränkt sich der Wenderadius auf 2,60 Meter. Eine besondere Flexibilität bei den Einsatzmöglichkeiten verleihen dem Agrokid die drei Anbauräume für Front-, Zwischenachs- und Heckanbaugeräte. Gebraucht wird der Kleinschlepper von Deutz-Fahr vor allem in Garten- und Landschaftsbaubetrieben, Baumschulen, bei Kommunen, auf Höfen oder auch in Gewerbebetrieben. Die Einfahrt in Gewächshäuser, Ställe und Scheunen ist mit dem Multi-Talent meist kein Problem.

VOHERGEHENDE SEITE UNTEN

In Bezug auf die Leistung steht die Agrolux-Serie zwischen den Reihen Agrokid und Agroplus. Zu den Zielgruppen gehören kleine und mittlere landwirtschaftliche Betriebe, Kommunen und Gartenbaubetriebe. Die ersten beiden Agrolux-Modelle führte Deutz-Fahr 2001 ein. Angetrieben wurden sie von luftgekühlten Deutz-Motoren.

Die zweite Generation bestand ebenfalls aus zwei Modellen. Diesmal sorgten flüssigkeitsgekühlte Lamborghini-Motoren für den Antrieb. Die dritte Generation folgte in den Jahren 2008 und 2009. Sie kam aus dem Deutz-Fahr-Werk in Indien. Die neueste Generation der Baureihe besteht wieder aus zwei Grundmodellen, die jeweils in zwei Versionen mit unterschiedlichen Getrieben und Geschwindigkeiten verfügbar sind. Mit einem 8V/2R-Getriebe sind der Agrolux 65 und 75 ausgestattet, über ein 15-Gang-Werndegetriebe verfügen der Agrolux 310 und 320.

OBEN UND RECHTS

Auf der Landwirtschaftsmesse Sima in Paris stellte Deutz-Fahr die Agroclimber-Reihe zum ersten Mal der breiten Öffentlichkeit vor. Das Besondere an den kleinen Schleppern waren die Gleisketten, die als Laufwerk dienten.

Zielgruppe waren Obst- und Weinbaubetriebe vor allem in Südeuropa, wo sie wegen ihrer hohen Traktion und guten Standfestigkeit auf abschüssigem Gelände nützlich waren. Aber auch für normale landwirtschaftliche Tätigkeiten wie Bodenbearbeitung waren die Agroclimber-Modelle geeignet. Insgesamt fünf Modelle umfasste die Baureihe, wobei die Modelle V70 und V80 mit einer Motorleistung von 70 und 76 PS für die Weinberge geeignet waren, denn ihre Breite lag bei nur 118 bis 160 Zentimetern.

Die Agroclimber F 90 und F 100 waren für den Obstbau geeignet. Die Breite betrug je nach Ausführung 136 bis 175 Zentimeter. Die Vierzylinder-Turbomotoren der beiden Modelle erbrachten eine Maximalleistung von 87 und 95 PS. Die Ausstattung mit dem 16-Gang-Wendegetriebe war bei beiden Raupentraktoren identisch. Das fünfte Modell der Baureihe war der Agroclimber 105 mit einer Breite von 180 Zentimetern und einer Motorleistung von 102 PS. Die Obstbautraktoren und der Agroclimber 105 verfügten über eine leistungsstarke Hydraulikanlage mit einer Hubkraft von 3000 Kilogramm sowie über eine Zapfwelle mit den Geschwindigkeiten 540 und 540E. Eine Kabine war für die Modelle nicht vorgesehen. Der Fahrerstand besaß einen Sicherheitsbügel oder optional einen Überrollkäfig.

NACHFOLGENDE SEITE OBEN

Die Agrofarm-Reihe wurde 2006 der Öffentlichkeit vorgestellt. Die Baureihe bestand ursprünglich aus zwei Modellen: dem Agrofarm 85 und 100 mit einer Nennleistung von 76 bzw. 90 PS. Sie waren speziell als Grünland- und Pflegetraktoren sowie für Hofeinsätze entworfen worden. Zum Konzept gehörten eine kompakte Bauweise, eine große Wendigkeit, ein niedriger Schwerpunkt und flexible Einsatzmöglichkeiten. Mit einem Radstand von 231 bzw. 234 Zentimetern und einem Wenderadius von nur 3,50 Metern konnten sie auch unter beengten Verhältnissen gut navigieren. Deutz-Motoren mit vier Zylindern und einem Hubraum von vier Litern dienten als Antrieb.

Die zweite Generation der Agrofarm-Traktoren ging 2009 an den Start. Sie bestand zunächst aus den

Modellen Agrofarm 410 und 420. Ein Nachzügler war der Agrofarm 430. Die Motorleistung der drei Modelle, für die wieder Vierzylinderaggregate von Deutz verantwortlich waren, lag bei 85, 99 und 109 PS. Alle Motoren erfüllten die dritte Stufe der von europäischen und amerikanischen Umweltbehörden erlassenen Abgasrichtlinien, Tier III genannt. Getriebevarianten mit 15, 20 und 40 Gängen standen zur Verfügung.

Ende 2009 wurden zusätzliche Varianten der Modelle Agrofarm 420 und 430 eingeführt. Die ProfiLine-Ausführung bot eine dreifache Lastschaltung mit 60 Gängen in beide Fahrtrichtungen. Ein stufenloses Getriebe gehörte zur Ausstattung der TTV-Version der beiden Agrofarm-Modelle.

Der Heckkraftheber konnte auf Wunsch mit einem Schnellkuppler versehen werden. Die Hubleistung betrug beim Agrofarm 410 4300 Kilogramm. 5100 Kilogramm konnte der Agrofarm 420 heben, und beim Agrofarm 430 lag dieser Wert bei 5300 Kilogramm. Der optionale Frontkraftheber besaß eine Hubkraft von 1800 Kilogramm.

UNTEN

Mit der Baureihe Agrotron K löste Deutz-Fahr einige Mittelklassemodelle der vorhergehenden Agrotron-Reihe ab. Die Baureihe bestand aus den vier Modellen Agrotron K 90, K 100, K 110 und K 120. Der Agrotron K 110 wurde von einem Sechszylindermotor angetrieben. Die Motoren der anderen Modelle besaßen vier Zylinder. Die Nennleistung lag im Bereich von 84 bis 115 PS. Der Hubraum fasste beim Agrotron K 110 sechs Liter und bei den anderen Modellen vier Liter. Alle Motoren stammten von Deutz. Sie verfügten über Turboladung und Ladeluftkühlung.

Eine ProfiLine-Ausführung der Agrotron-K-Modelle erschien ebenfalls 2005. Unterschiede zur Normalversion bestanden in der Ausstattung. Die Kabinen der ProfiLine-Modelle waren beispielsweise serienmäßig mit eine Klimaanlage ausgestattet. Bei den normalen Modellen war sie gegen Aufpreis erhältlich. Auf Wunsch bekam die ProfiLine-Kabine außerdem eine Klimaautomatik.

Die zweite Agrotron-K-Generation erschien im Herbst 2007. Es handelte sich um die Modelle K 410, K 420, K 610 und K 430. Die drei Vierzylindermotoren und das Sechszylinderaggregat des K 610 erbrachten wie bei den Vorgängern eine Nennleistung von 84 bis 115 PS.

Von der Hydraulikanlage standen insgesamt drei Versionen zur Verfügung, nämlich die Ausführung A mit einer Fördermenge von 60 Litern pro Minute,

die Ausführung B mit 75 Litern pro Minute sowie die ProfiLine-Version mit 83 Litern pro Minute. Die Hubkraft am Heck betrug bei allen drei Modellen unabhängig von der Ausführung 6220 Kilogramm. 2500 Kilogramm schaffte der Frontkraftheber. Das Getriebe für die Baureihe Agrotron K lieferte die Zahnradfabrik Friedrichshafen. Für die Vorwärtsfahrt standen 24 und für die Rückwärtsfahrt acht Gänge zur Verfügung. Bei der Ausstattung mit zusätzlichen Kriechgängen ließen sich die Vorwärtsgänge auf 36 und die Rückwärtsgänge auf 12 erhöhen.

UNTEN

Die Baureihe Agrotron M wurde 2007 vorgestellt und Anfang 2008 auf dem Markt eingeführt. Es handelte sich um fünf Sechszylindermodelle: Agrotron 600, 610, 620, 640 und 650. Die Nennleistung lag im Bereich von 121 bis 181 PS. Als Maximalleistung wurden 132 bis 192 PS angegeben. Die Motoren verfügten über Turboladung, Ladeluftkühlung und CommonRail-Technik. Die Antriebsaggregate der beiden stärksten Modelle waren außerdem mit Vierventiltechnik ausgestattet.
Eine Erweiterung der Baureihe erfolgte 2009 mit den Modellen 410, 420, 615 und 625. Die Nennleistung lag bei 134 und 154 PS im Fall der beiden Vierzylinderschlepper 410 und 420 sowie bei 146 und 163 PS bei den beiden Sechszylindermodellen 615 und 625.
Die integrierte, schallisolierte Kabine der Agrotron-M-Traktoren sorgt dafür, dass der Fahrer einem Geräuschpegel von höchstens 70 bis 73 dB(A) ausgesetzt ist. Die Klimaanlage gehört zur Serienausstattung. Beim Öffnen einer Tür wird der Eingangsbereich der Kabine automatisch beleuchtet. Für eine gute Sicht bei Nachteinsätzen sorgen die standardmäßigen und optionalen Lichter. Bis zu 15 Haupt- und Arbeitsscheinwerfer im Front- und Heckbereich sind möglich. Sie können eine Fläche von 500 Quadratmetern rund um den Traktor beleuchten. Im Kabineneinstiegsbereich befindet sich ein klappbarer Beifahrersitz. Das Türschloss verfügt über eine Kindersicherung, um Unfälle mit kleineren Passagieren zu vermeiden.
Die Standardausführung des Getriebes verfügt über 24 Gänge in beide Fahrtrichtungen. Bei der Version mit zusätzlichen Kriechgängen liegt die Gangzahl bei 40. Die Höchstgeschwindigkeit beträgt je nach Ausführung 40 oder 50 km/h.
Bei allen Modellen der Agrotron-M-Reihe liegt die Hubkraft des Heckkraftheber bei 9200 Kilogramm. 4000 Kilogramm kann der Frontkraftheber heben. Im Fall des Agrotron M 650 sind es sogar 4500 Kilogramm. Um das An- und Abkuppeln von Anbaugeräten zu erleichtern, befinden sich am Heckkotflügel zusätzliche Bedienelemente für den Heckkraftheber.

RECHTE SEITE OBEN

Mehrere Traktorhersteller begannen in den 90er Jahren mit der Entwicklung stufenloser Getriebe für Traktoren im oberen Leistungsbereich. Deutz-Fahr entwickelte ein solches Getriebe gemeinsam mit der Zahnradfabrik Friedrichshafen. Das Ergebnis war das TTV-Getriebe, das 2001 bei der Agrotron-TTV-Reihe erstmals zum Einsatz kam. Wie bei den Entwicklungen anderer Hersteller bestand auch das TTV-Getriebe aus einem hydrostatischen und einen mechanischen Teil, die je nach Geschwindigkeit und Anforderung zusammenwirkten, um ein stufenloses Beschleunigen und Abbremsen zu ermöglichen.
Seit ihrer Einführung im August 2001 hat die TTV-Reihe mehrere Generationen durchlaufen. Bei den ersten drei Modellen handelte es sich um den TTV 1130, 1145 und 1160, die mit ihren Sechszylindermotoren eine Nennleistung von 125 bis 150 PS erbrachten. In den folgenden Jahren kam es zu einzelnen Verbesserungen. 2007 kamen die beiden Modelle Agrotron TTV 610 und 620 auf den Markt und ersetzten den TTV 1130 und den 1145. Die Nennleistung der beiden Schlepper lag bei 157 bzw. 165 PS. Der TTV 1160 wurde 2008 durch den TTV 630 ersetzt. Das neue Modell wartete mit einer Nennleistung von 203 und einer Maximalleistung von 224 PS auf. 2009 wurden die beiden kleineren Modelle noch einmal überarbeitet, mit einer neuen Kabine ausgestattet und anderen Detailverbesserungen unterzogen. Die Schallisolierung der Kabine konnte in der neuen Version noch einmal verbessert werden. Außerdem wurden in der Kabine die Schalteranordnung der rechten Bedienkonsole und der PowerCom-Bedienhebel verändert. Die TTV-Schlepper erreichen nun eine maximale Geschwindigkeit von 50 km/h bei einer reduzierten Motordrehzahl. Bei Transportfahrten auf gerader Strecke kann damit deutlich Kraftstoff gespart werden.

UNTEN

Die Agrotron-L-Reihe steht im Leistungsspektrum der Deutz-Fahr-Traktoren an zweithöchster Stelle. Die Baureihe besteht aus zwei Modellen. Der Agrotron L 720 wurde 2008 eingeführt. Die Nennleistung lag bei 197 PS. Mit seiner Maximalleistung von 220 PS stieß er über die 200-PS-Marke vor. Der Großschlepper wurde für schwerste Einsätze unter extremen Bedingungen konzipiert. Als Zielgruppe gelten große landwirtschaftliche Betriebe und Lohnunternehmer. Der Sechszylindermotor stammt von der Deutz AG. Er verfügt über ein neuartiges Hochdruckeinspritzsystem mit Siebenlochdüsen, elektronischer Motorregelung, Common-Rail-Technik und Turboladung. Als Kraftstoff lässt sich neben normalem auch Bio-Diesel verwenden. Zudem erfüllt das Kraftaggregat aus Köln die neuen Abgasrichtlinien nach Tier III. Der Hubraum beträgt 7,1 Liter.
Das Getriebe verfügt über drei Fahrbereiche und neun Lastschaltstufen, die für den schweren Ackereinsatz optimiert sind. Insgesamt stehen 27 Vorwärts- und Rückwärtsgänge zur Verfügung. 18 Gänge davon können bequem per Knopfdruck geschal-

tet werden. Die „Automatic Powershift"-Funktion ermöglicht die automatische Anwahl der besten Übersetzung abhängig von den Last- und Drehzahlbedingungen des Motors.

Über den Multifunktionsbedienhebel rechts vom Fahrer lassen sich mehrere Bedienfolgen abspeichern und bei Bedarf wieder aufrufen. Auf einem Info-Display werden die Funktionen in ihrer Reihenfolge angezeigt. Dies entlastet den Fahrer und vereinfacht die Arbeit mit dem Agrotron L.

Zu den Besonderheiten des Agrotron L gehört die spezielle Zugkraftgeometrie, die für eine optimierte Zugkraftverteilung bei schweren Arbeiten sorgt und ein Aufbäumen des Traktors verhindern soll. 2009 kam ein weiteres Modell der Baureihe hinzu: der Agrotron L 710.

NACHFOLGENDE DOPPELSEITE

Von Sechszylindermotoren aus der Deutz-Produktionsstätte in Köln werden die beiden Großtraktoren Agrotron X 710 und X 720 angetrieben. Mit einer Nennleistung von 219 und 262 PS sowie einer Maximalleistung von 250 und 275 PS stellen die Agrotron X die oberste Reihe im Leistungsspektrum des Deutz-Fahr-Programms dar.

Die Kabine der Agrotron-X-Schlepper gehört zu den größten ihrer Klasse. Die Kabinenverglasung nimmt eine Fläche von 6,5 Quadratmetern ein. Sie ermöglicht eine Rundumsicht von 320 Grad. Für Frontladerarbeiten ist das Dach zusätzlich mit einem Freisichtfenster versehen, um die Sicht nach oben zu ermöglichen. Der Innengeräuschpegel liegt bei höchstens 72,8 dB(A). Dafür sorgen nicht nur die ohnehin schon leisen Motoren, sondern auch die Verlagerung aller schallerzeugenden und schallübertragenden Elemente aus dem Kabinenbereich. Für eine zusätzliche Schalldämmung sorgt die Dämmwand zwischen dem Motorraum und der Kabine. Zwei Luftfilter helfen, eine Staub- und Schadstoffbelastung des Fahrers zu vermeiden. Durch die Belüftung wird in der Kabine zudem ein kleiner Überdruck erzeugt, der ein Eindringen von Staub verhindern soll.

Die Bedienung der Großtraktoren wurde so gestaltet, dass man die einzelnen Funktionen schnell versteht. Das ist vor allem bei Lohnunternehmern wichtig, wo die Fahrer häufig wechseln. Viele Funktionen können über den PowerComS-Bedienhebel und die Multifunktionsarmlehne vorgenommen werden, die auf der rechten Seite des Fahrersitzes integriert sind. Serienmäßig sind die Agrotron-X-Modelle mit einem 40V/40R-Getriebe ausgestattet. Von besonderer Bedeutung ist natürlich auch die Hydraulikleistung der Schlepper. Die Hubkraft des Heckkrafthebers liegt bei 10.500 Kilogramm. 5000 Kilogramm schafft der Frontkraftheber.

DEUTZ-FAHR
KG.1400

ACCORD MSC
6000

Fendt

OBEN

Die Baureihe Farmer 300 Ci fiel nicht durch eine besonders hohe Motorleistung oder durch die neueste Technik auf, trotzdem war sie eine der erfolgreichsten Baureihen der Marke Fendt. Der Farmer 309 Ci nahm sogar den Rang des meistverkauften Schleppers in Deutschland ein. Die Baureihe bestand nur aus drei Modellen, die 2003 in Serienproduktion gingen. Angetrieben wurden sie von Vierzylindermotoren mit einem Hubraum von vier Litern, die der Kölner Motorenbauer Deutz lieferte. Die Nennleistung betrug beim Farmer 307 Ci 92 PS.
Beim Farmer 308 Ci lag die Nennleistung bei 98 PS. 112 PS leistete der Motor des Farmer 309 Ci. Der 307 Ci und der 308 Ci waren wahlweise mit Hinterradantrieb oder mit Allradantrieb lieferbar. Der 309 Ci stand nur mit Vierradantrieb zur Verfügung.

UNTEN

Zur Standardausstattung der Modelle der Baureihe Farmer 300 Ci, die eine Fachzeitschrift „Wolf im Schafspelz“ nannte, gehörte ein Getriebe mit 21 Vorwärts- und sechs Rückwärtsgängen. Auf Wunsch war das Getriebe mit neun zusätzlichen Superkriechgängen für die Vorwärts- und drei für die Rückwärtsfahrt verfügbar. Eine weitere Alternative stellte das 21-Gang-Wendegetriebe dar. Für einen speziellen Fahrkomfort sorgte die Vario-Kabine, die auf Gummielementen gelagert war und durch die Schallisolierung ein besonders ruhiges und lärmarmes Arbeiten ermöglichte. Ein Schadstofffilter war für die Luftreinigung zuständig. Zur Standardausstattung gehörte außerdem eine Warmwasserheizung und auf Wunsch konnte eine Klimaanlage eingebaut werden. Durch die vorne abgerundete Motorhaube bestand eine hervorragende Sicht auf den Frontanbauraum.

OBEN
Für die Baureihe 200 Vario V/F/P bekam Fendt mehrere Auszeichnungen. Eine davon war der Titel „Tractor of the Year 2010", der auf der Agritechnica von einer Jury aus 20 Chefredakteuren führender europäischer Agrarmagazine vergeben wird. Ein Grund dafür war die Technik der Baureihe, wie man sie bei Spezialtraktoren vorher noch nicht gesehen hatte. Bei den Modellen der Serie handelt es sich um spezielle Ausführungen für den Wein-, Obst-, Hopfenbau, für andere Sonderkulturen, kommunale Aufgaben sowie für Arbeiten, die eine geringe Abmessung der Traktoren erfordern.
Bei den V-Varianten der Modelle handelt es sich um klassische Weinbautraktoren. Die Außenbreite liegt bei nur 107 Zentimetern, sodass sie in schmalen Anlagen mit Reihenabständen von 1,5 bis 2,2 Metern arbeiten können. Die F-Varianten sind mittelbreite Spezialtraktoren für den Einsatz in Weingärten mit einem größeren Reihenabstand, in Obstplantagen, im Gemüsebau und in Gewächshäusern. Die Außenbreite beträgt mindestens 132 Zentimeter. Über eine breitere Spur und eine größere Kabine verfügen die P-Modelle der 200-Vario-Baureihe. Sie sind für Einsätze im Obst- und Weinbau mit Weitraumanlagen sowie für den Hopfenbau geeignet. Die P-Versionen besitzen eine Außenbreite von mindestens 168 Zentimetern.

UNTEN
Mit einer Goldmedaille wurde die Baureihe 200 Vario V/F/P auf der Intervitis Interfructa 2010 ausgezeichnet, der Technologiemesse für Wein, Obst, Fruchtsaft und Spirituosen. Der Grund dafür war die stufenlose Getriebetechnik, die erhöhte Sicherheit und die umweltfreundliche Motortechnik. Die Baureihe umfasst die fünf Modelle Fendt 207, 208, 209, 210 (im Bild ein 210 F) und 211, die im Leistungsbereich von 60 bis 100 PS liegen. Alle Schlepper der Baureihe stehen in den Versionen V und F zur Verfügung. Die Modelle 209, 210 und 211 gibt es außerdem in der P-Ausführung.

OBEN

Die Modelle der Baureihe 200 stehen nicht nur als Ausführungen für Sonderkulturen, sondern in der Version 200 Vario auch als Standardtraktoren mit dem Vario-Getriebe zur Verfügung. Die Nennleistung liegt auch bei diesen Modellen im Bereich von 60 bis 100 PS. Schon bald nach dem Start der Baureihe wurde sie auf der Agritechnica als „Maschine des Jahres 2010“ in der Kategorie „Traktor untere Mittelklasse“ prämiert. Zur Zielgruppe der Baureihe zählen vor allem kleine und mittlere landwirtschaftliche Betriebe sowie Kommunen. Sie eignen sich für Aufgaben, die eine kompakte Bauweise und eine hohe Wendigkeit verlangen. Der Radstand liegt bei allen Modellen bei 2294 Millimetern. Die Vorderräder ermöglichen einen Radeinschlag von bis zu 52 Prozent. Mit der Lenkbremse ist dadurch ein Wenderadius von nur 3,98 Metern möglich.

RECHTE SEITE OBEN

Neben dem Heckkraftheber spielt auch der Frontkraftheber bei den Modellen der Baureihe 200 Vario eine wichtige Rolle, da die Schlepper oft (wie im Bild) für Mäharbeiten eingesetzt werden. Der Frontkraftheber und die vordere Zapfwelle zählen zur optionalen Ausstattung. Der Heckkraftheber verfügt über eine Hubkraft von etwa 4200 Kilogramm. Die maximale Ölfördermenge der Hydraulikpumpe liegt bei 48 Litern. Diese Leistung kann jedoch durch eine optionale Tandempumpe auf 76 Liter pro Minute erhöht werden. Die elektronische Hubwerksregelung gehört zur Standardausstattung. Zur Fahrsicherheit trägt die integrierte Schwingungstilgung bei. Bei Fahrten mit angebautem Heckgerät auf der Straße oder auf Feldwegen wirkt sie wie ein elektronischer Stoßdämpfer, da sie die Schwingungen ausgleicht, die das Gerät auslöst.

MITTE

Ende 2005 führte Fendt zunächst den 312 Vario ein. Ein Jahr später wurde die Baureihe 300 Vario mit den Modellen 309, 310 und dem hier gezeigten 311 ergänzt. Die neuen 300-Vario-Schlepper ersetzten die Baureihe 300 Ci.
Als Antrieb dienten ebenfalls wassergekühlte Motoren aus der Deutz-Produktion. Sie verfügten über vier Zylinder, einen Hubraum von vier Litern, Turboladung, CommonRail- und Vierventiltechnik, vollelektronische Motorregelung sowie über die Abgasrückführung AGRex, bei der die rückgeführten Abgase gekühlt werden, was den Kraftstoffverbrauch senkt. Durch die Kraftstoffverbrauchsmessung kann der Fahrer den durchschnittlichen Dieselverbrauch auf einer Anzeige in der Kabine ablesen. Die Nennleistung der vier 300-Vario-Modelle liegt im Bereich von 80 bis 110 PS. Die Maximalleistung beträgt 99 bis 129 PS.

UNTEN

Die Baureihe 300 Vario zählt im Leistungsbereich zur Mittelklasse. Die Modelle 309 Vario und 310 Vario werden mit Hinterrad- und Allradantrieb angeboten. Nur mit Allradantrieb sind die Modelle 311 Vario und 312 Vario verfügbar. Auf der Straße sind die Schlepper bis zu 40 km/h schnell. Die niedrigste Geschwindigkeit liegt bei nur 0,02 km/h, was bei Arbeiten von Bedeutung ist, die eine möglichst langsame Fahrt erfordern. Standardmäßig verfügen die 300-Vario-Schlepper über eine Heckhydraulik mit 540, 750 und 1000 Umdrehungen pro Minute. Die Hubkraft des Heckkrafthebers beträgt 5280 Kilogramm. Annähernd 3000 Kilogramm schafft der Frontkraftheber. Mit 540 und 1000 Umdrehungen pro Minute arbeitet die optionale Frontzapfwelle.

FENDT
FENDT 211
FELLA

FENDT 311
FENDT
AMAZONE

LINKS

Fendt hatte das Vario-Getriebe bereits 1999 mit der 400-Reihe bei den Traktoren im mittleren Leistungsbereich eingeführt. Im Herbst 2006 präsentierte das Unternehmen die zweite Generation der Baureihe 400 Vario. Die überarbeitete Serie bestand aus fünf Typen. Modelle mit der Bezeichnung 411 Vario und 412 Vario hatte es bereits bei den Vorgängern gegeben. Aber die Motorleistung der neuen Generation lag um zehn PS niedriger, nämlich bei 100 und 110 PS. Äquivalente für die drei weiteren Modelle, 413 Vario, 414 Vario und 415 Vario (im Bild), gab es in der ersten Generation nicht. Mit ihnen positionierte Fendt die Baureihe im Leistungsspektrum weiter oben. Ihre Motorleistung lag bei 120, 130 und 140 PS. Als Höchstleistung wurden beim stärksten Modell 155 PS angegeben.

LINKE SEITE UNTEN

Alle Modelle der Baureihe 400 Vario waren mit modernsten Vierzylindermotoren von Deutz ausgerüstet. Der Hubraum fasste vier Liter. Auf der Straße erreichten die Vario-Schlepper eine Höchstgeschwindigkeit von 50 km/h. In Rückwärtsfahrt waren bis zu 40 km/h möglich. Für eine ruhige Fahrt sorgte die Kabinenfederung, die in der Standardausführung mechanisch war, auf Wunsch aber auch pneumatisch sein konnte. Eine automatische Schwingungstilgung gehörte ebenfalls zur Standardausrüstung. Die Vorderachsfederung verfügte über eine Niveauregulierung. Auf Wunsch bekamen die Schlepper eine Druckluftbeschaffungsanlage. Gegenüber den Vorgängermodellen war der Tank von 165 auf 245 Liter vergrößert worden.

UNTEN

Ebenso wie die 400-Vario-Reihe erfuhr auch die Baureihe 700 Vario im Herbst 2006 eine Neuauflage. Die zweite 700-Vario-Generation setzte sich aus vier Modellen zusammen. Der 712 Vario (im Bild) schloss mit seinen 115 PS Nennleistung die Baureihe nach unten ab. Er war an die Stelle des 711 Vario der erste Generation getreten. Der zweite 700-Vario-Schlepper in der Leistungsskala war der 714 Vario mit 130 PS Nennleistung. Ein Modell mit der gleichen Typenbezeichnung hatte es ebenfalls bei den Vorgängern gegeben, allerdings mit einem zehn PS stärkeren Motor. Mit 150 PS Nennleistung konnte der 716 Vario aufwarten. In der ersten Generation hatte der Schlepper mit dieser Typenbezeichnung noch 160 PS geleistet. Die Baureihe erfuhr jedoch mit dem 165 PS starken 718 Vario eine Erweiterung im Leistungsbereich nach oben. In der Vorgängergeneration hatte es für diesen Typ kein Äquivalent gegeben.

LINKS

Für den Antrieb der Schlepper der Baureihe 700 Vario waren wieder Sechszylindermotoren aus dem Hause Deutz zuständig. Die Kraftgeneratoren verfügten über die modernste Motortechnik. Mit ihnen konnten die neuesten Abgasrichtlinien eingehalten werden und der Kraftstoffverbrauch sank. Die Hubkraft war gegenüber den Vorgängermodellen noch etwas besser. Sie erreichte jetzt 9256 Kilogramm beim 718 Vario und 8500 Kilogramm bei den anderen Modellen. Das Gewicht der Schlepper hatte um ungefähr 500 Kilogramm zugenommen. Das stärkste Modell wog 6985 Kilogramm. Das Gewicht der anderen Modelle lag bei 6605 Kilogramm. Eine mechanische Kabinenfederung gehörte zur Standardausstattung. Der Geräuschpegel in der Kabine erreichte höchstens 72 dB(A).

FENDT
TORRO

LINKS
Der 820 Vario erweiterte 2006 die Palette der leistungsstarken Fendt-Traktoren. Der Sechszylindermotor erbringt eine Leistung von 190 PS bei einer Nenndrehzahl von 2100 Umdrehungen pro Minute. Die maximale Leistung beträgt 212 PS. Motorlieferant ist auch bei diesem Modell die Deutz AG in Köln. Mit dem stufenlosen Getriebe lässt sich auf bis zu 50 km/h in der Vorwärtsfahrt beschleunigen. 0,02 km/h beträgt die langsamste Geschwindigkeit, die der Großschlepper leistet. Die Heckzapfwelle dreht sich mit den Geschwindigkeiten 540, 540E und 1000. Die optionale Frontzapfwelle kann mit 540 und 1000 Umdrehungen pro Minute betrieben werden. Trotz der Größe des Traktors liegt der Spurkreisradius ohne Lenkbremse nur bei 5,6 Metern. Der Radstand beträgt 272 Zentimeter.

OBEN
Die meisten Fendt-Traktoren werden in grüner Farbe für den landwirtschaftlichen Einsatz verkauft. In gelbem Lack kommen Schlepper bei kommunalen Aufgaben zum Einsatz. Auch der Fendt 820 Vario steht in dieser Farbgebung zur Verfügung. Der Frontkraftheber gehört bei der Kommunalausführung zur Standardausstattung. Ansonsten verfügt der 820 Vario über die modernste Technik, die auch bei der landwirtschaftlichen Version vorhanden ist. Dazu gehören das Traktor-Management-System TMS, das automatisch vorgegebene Drehzahlen und Geschwindigkeiten einhält, sowie das Vorgewendemanagement Variotronic, mit dem sich Bedienvorgänge abspeichern und bei Bedarf aufrufen lassen.
2008 ging der 820 Vario greentec in Serienfertigung. Diese Ausführung verfügt über einen 340 Liter großen Tank für Rapsöl und einen 80 Liter fassenden Dieseltank.

OBEN

Der 828 Vario wurde 2010 in das Fendt-Programm aufgenommen. 260 PS Nennleistung erbringt der Deutz-Motor des Großtraktors. Die Höchstleistung wird mit 287 PS angegeben. Die sechs Zylinder verfügen über einen Hubraum vom sechs Litern. Für einen besonders geringen Schadstoffausstoß sorgt die Abgasnachbehandlung durch die AdBlue-Technik. Aber der 828 Vario ist nicht nur stark, er ist auch schnell. Auf der Straße erreicht er eine Höchstgeschwindigkeit von 60 km/h.

Der Fendt 828 Vario steht in drei Ausführungen zur Verfügung: Power, Profi und Profi Plus. Die Power-Version ist für Großbetriebe gedacht, die vor allem eine hohe Zugleistung benötigen. Diese Ausführung verfügt über ein Varioterminal mit einer Bildschirmdiagonale von sieben Zoll. Durch die Touch-Technologie lassen sich über das Terminal Steuerfunktionen und Menüeinstellungen vornehmen. Ein umfangreicheres Ausstattungspaket gehört zur Profi-Version. Ein Teil davon ist das Varioterminal in der Größe von 10,7 Zoll. Die Profi-Plus-Version verfügt ebenfalls über das große Varioterminal. Mit ihm lässt sich alles einstellen, was im Zusammenhang mit der Traktor- und der Gerätebedienung steht, die Variotronic sowie die zusätzliche Ausstattung wie das Spurführungssystem Varioguide, das Farm-Management-System Variodoc und die externen Kameras.

Auf Wunsch ist der 828 Vario mit einer Rückfahreinrichtung lieferbar. Mit dieser Ausstattung kann der Fahrer seinen Sitz um 180 Grad drehen und mit Hilfe eines kleines Steuerrads in Rückwärtsfahrt arbeiten. Dies ist vor allem dann nützlich, wenn während der Arbeit eine gute Sicht auf das Heckanbaugerät erforderlich ist.

UNTEN

Fendt startete die erste 900-Serie 1996. Damals hießen die Schlepper der Oberklasse noch „Favorit". Die Baureihe wurde immer wieder überarbeitet und den neuesten technischen Entwicklungen angepasst. 2002 fiel der Name „Favorit" in der Typenbezeichnung weg und die Modelle hießen nur noch Fendt 900 Vario. Die jüngste Generation der 900-Vario-Reihe wurde 2006 vorgestellt. Sie besteht aus sechs Modellen der Oberklasse: 922 Vario mit 190 PS, 924 Vario mit 210 PS, 927 Vario (im Bild) mit 240 PS, 930 Vario mit 270 PS, 933 Vario mit 300 PS und 936 Vario mit 330 PS. Die Höchstleistung der 900-Modelle liegt im Bereich von 227 bis 366 PS. Die Motoren stammen von MAN. Sie verfügen über sechs Zylinder und einen Hubraum von 7,1 Litern.

RECHTE SEITE OBEN

Die Baureihe 900 Vario ist die erfolgreichste Großtraktorenreihe auf dem europäischen Markt. Die leistungsstarke und zuverlässige Technik findet bei den großen landwirtschaftlichen Betrieben und Lohnunternehmern Anerkennung und brachte Fendt mehrere Preise und Auszeichnungen ein. Dazu gehörten der Titel „Tractor of the Year", ein Design-Preis sowie der Reddot-Design-Preis „best of the best" für das Fendt-Flaggschiff 936 Vario (im Bild). Dabei wurden die „Leichtigkeit und emotionale For-

mensprache“ des Traktors gelobt. Mit „Leichtigkeit“ war dabei mehr die Wirkung gemeint als das tatsächliche Gewicht, denn der 936 Vario bringt immerhin ein Leergewicht von 10.360 Kilogramm auf die Waage. Das zulässige Gesamtgewicht kann je nach Ausstattung bis zu 18 Tonnen betragen.

UNTEN
Die Beschreibung der 900-Vario-Modelle würde ohne eine Erwähnung der Kabine zu kurz kommen. Der Fahrer kann im Cockpit auf einem luftgefederten Sitz Platz nehmen. Ein ruhiges Fahren ermöglicht die standardmäßige pneumatische Kabinenfederung mit integrierter Niveauregulierung, die außerdem für einen Brems- und Nickausgleich während der Fahrt sorgt. Zur Standardausstattung gehört eine Klimaautomatik, mit der sich die gewünschte Temperatur einstellen lässt. Die großzügige Verglasung ermöglicht einen horizontalen Sichtkreis von 320 Grad. Insgesamt nimmt das Glas eine Fläche von 5,5 Quadratmetern ein. Für Arbeiten in Rückwärtsfahrt ist eine Rückfahreinrichtung integriert.
Da die Großschlepper der Baureihe 900 Vario vor allem für Lohnunternehmer interessant sind, ist es wichtig, dass sie zügig an ihren Einsatzort gelangen. Sie sind bis zu 60 km/h schnell. Als der Fendt 936 Vario auf der Agritechnica 2005 erstmals einem breiten Publikum vorgestellt wurde, sorgte nicht nur seine Größe und seine Motorleistung für Aufsehen, sondern auch seine schwarze Lackierung. Das Sondermodell erhielt den Beinamen „Black Beauty“. Seit 2007 bietet Fendt eine exklusive „Design-Line“ für die Modelle der 900-Vario-Reihe an. Das Paket umfasst einen verchromten Haubenkopf, einen Edelstahlauspuff, ein spezielles Dieselross-Lenkrad und die Auswahl bei der Lackierung unter fünf Farben: Schwarz, Schwarz-Rot, Stahlblau, Tannengrün und das normale Fendt-Grün. Die Schlepperdaten werden in einer zentralen Datenbank gespeichert, damit sie dem 24-Stunden-Service im Notfall jederzeit zur Verfügung stehen.

JCB

OBEN

JCB weitete im neuen Jahrtausend das Angebot an Produkten für die Landwirtschaft bedeutend aus. Radlader, Teleskope und Anbaugeräte bereicherten das Programm. Auch die Zahl der angebotenen Fastracs vergrößerte sich. Wegen ihrer hohen Fahrgeschwindigkeit und den zusätzlichen Anbauräumen waren die Traktoren aber nicht nur für die Landwirtschaft interessant, sie eigneten sich auch für typische kommunale Aufgaben.

Im Juli 2007 kam der Fastrac 2155 auf den Markt. Er ersetzte das vorhergehende Modell 2140. Angetrieben wird der Fastrac 2155 von einem 160 PS leistenden Cummins-Motor mit sechs Zylindern, 6,7 Litern Hubraum, Turboladung und Ladeluftkühlung. Alle Motorkomponenten sind über die geteilte, aufklappbare Motorhaube für Wartungs- und Reinigungsarbeiten leicht zugänglich.

Zu den Großtraktoren zählt der Fastrac 3230 (im Bild). Der Sechszylindermotor von Cummins leistet mit seinen 6,7 Litern Hubraum 230 PS. Bei Problemen kann ein spezielles Diagnosesystem dem Fahrer oder Mechaniker helfen, den Fehler zu finden und zu beheben. Der neue Motor ist besonders kraftstoffsparend. Trotzdem besitzt der Fastrac einen 350 Liter großen Tank, um lange Einsätze durchführen zu können. Das Getriebe des Traktors verfügt über 54 Vorwärts- und 18 Rückwärtsgänge. Es lässt sich ohne Kupplungsbetätigung hoch und runter schalten, und selbst ein Fahrtrichtungswechsel ist ohne Betätigung des Kupplungspedals möglich. Informationen über Funktionen und Betriebszustände des Traktors zeigt das Überwachungssystem EMS (Electronic Monitoring System) an.

RECHTE SEITE OBEN

Auf der Agritechnica 2007 stellte JCB der Öffentlichkeit die Baureihe Fastrac 7000 vor. Zur neuen Fastrac-Reihe gehörten die Modelle 7170 mit 173 PS, 7200 mit 190 PS und 7230 (im Bild) mit 220 PS Nennleistung. Das stärkste Mitglied der Baureihe, der Fastrac 7270 mit 260 PS Nennleistung, wurde 2009 auf der Landtechnikmesse SIMA in Paris vorgestellt. Die Höchstleistung der 7000-Modelle liegt im Bereich von 178 bis 270 PS. Auch bei dieser Baureihe sind wieder Sechszylindermotoren von Cummins im Einsatz. Der Kraftstofftank hat eine Größe von 430 Litern. Das Getriebe verfügt über 24 Vorwärts- und 9 Rückwärtsgänge. Eine der Stärken der 7000er-Fastracs ist natürlich die Geschwindigkeit, die bis zu 70 km/h betragen kann.

UNTEN

Das neue Flaggschiff unter den JCB-Traktoren ist der Fastrac 8250. Der 8,3 Liter große Cummins-Motor erzielt eine Nennleistung von 248 PS und eine Maximalleistung von 260 PS. Abgesehen von der Leistung gehört das stufenlose Getriebe zu den Besonderheiten des Fastrac 8250. Getriebegrundvorgänge, wie Beschleunigung, Geschwindigkeitsverringerung und Fahrtrichtungswechsel, lassen sich über einen Joystick steuern. Mit dem Joystick lassen sich außerdem der Front- und der Heckkraftheber steuern, die vordere und hintere Zapfwelle ein- und ausschalten, der Allradantrieb, die Differenzialsperre sowie Zusatzsteuergeräte bedienen. Der Heckkraftheber verfügt über eine Hubkraft von 10.000 Kilogramm. Zur Zusatzausstattung gehört der Frontkraftheber, der über eine Hubkraft von 3500 Kilogramm verfügt.

John Deere

OBEN

Der John Deere 5603 wurde ab 2007 in Augusta produziert. Anhand der Typenbezeichnung hätte der Schlepper eigentlich zur Baureihe 5003 gezählt, die in Indien hergestellt wurde. Er unterschied sich von den anderen 5003er-Modellen aber nicht nur in Hinsicht auf den Produktionsort, sondern auch durch seine Ausstattung und Daten.

Der 5603 war eher mit dem ebenfalls in Augusta hergestellten 5625 verwandt. Beide Modelle hatten einen 4,5 Liter großen Vierzylindermotor. Dank des Turboladers leisteten sie 99 PS. Unterschiede bestanden in der Ausstattung. Der 5603 besaß standardmäßig ein Wendegetriebe mit zwölf Gängen in beide Fahrtrichtungen. Auf Wunsch war der Schlepper auch mit anderen Getrieben erhältlich. Der Allradantrieb und die geräumige Kabine gehörten ebenfalls zur Standardausstattung. Die Heckzapfwelle drehte sich mit 540 Umdrehungen pro Minute. Zur optionalen Ausstattung gehörte ein spezieller luftgepolsterter Fahrersitz.

Der John Deere 5603 war als Allzwecktraktor für den kleinen Betrieb, als Hoftraktor und für Baustellen konzipiert. Ein Wenderadius von 3,10 Metern verlieh ihm eine hohe Manövrierfähigkeit, die beispielsweise bei Arbeiten mit dem Frontlader nützlich war. Mit dem Reversierer war ein leichter Wechsel der Fahrtrichtung möglich.

Seine Flexibilität machte den John Deere 5603 außerdem für die Bodenbearbeitung und für leichte Zugarbeiten einsatztauglich. Als Hoftraktor mit relativ kompakten Ausmaßen konnte er Arbeiten in Scheunen und Ställen verrichten.

RECHTE SEITE OBEN

Die Baureihe 5015 war eine Nachfolgerserie der europäischen 5000er-Modelle. Sie wurde ab 2004 bei Carraro in Rovigo gefertigt. Einzelne Bauteile wie den Motor lieferte John Deere. Das stärkste Mitglied der Baureihe war der 5515 mit einer Nennleistung des Motors von 80 PS. Andere Modelle der Serie waren die Dreizylinder-Modelle 5215 mit 55 PS und 5315 mit 65 PS sowie der Vierzylinderschlepper 5415 mit 72 PS. Die 5015er-Traktoren waren in Ausführungen mit Hinter- und Allradantrieb verfügbar. Der Fahrer nahm in einer komfortablen Kabine Platz. Die Schlepper waren jedoch auch mit offenem Fahrerstand mit Umsturzbügel oder einem Sicherheitsrahmen erhältlich.

Vom John Deere 5515 gab es neben der Standardausführung eine Hochradversion für Arbeiten in Rei-

henkulturen. Die Bodenfreiheit betrug bei der Hinterradausführung 78 Zentimeter und bei der Variante mit Allradantrieb 63 Zentimeter. Während die anderen Modelle nur mit einer unabhängigen Zapfwelle ausgestattet waren, verfügte der Hochradtraktor zusätzlich über eine Wegzapfwelle. Serienmäßig waren die 5015er-Modelle mit einem Wendegetriebe ausgestattet, das zwölf Gänge in beide Fahrtrichtungen bot. Auf Wunsch konnte die Anzahl der Gänge verdoppelt werden. In beiden Fällen war jedoch mit dem untersten Kriechgang eine Geschwindigkeit von 0,5 km/h möglich. Mit Normalausführung fuhr er bis zu 40 km/h.

RECHTS
2003 begann in Mannheim die Produktion von drei Modellen, die sich durch eine kompakte Bauweise in Verbindung mit einer hohen Leistungsstärke auszeichneten. Es handelte sich um den 5620, für den eine Nennleistung von 74 PS angegeben wurde, den 5720 mit 83 PS sowie den 5820 (im Bild) mit 91 PS. Die 5020-Baureihe war unter anderem für Frontladerarbeiten sowie für Aufgaben im Stall oder in der Scheune konzipiert. Dank des Wendegetriebes und PowerReversierers, eines Hebels, der sich links vom Lenkrad befand, ließ sich die Fahrtrichtung leicht ändern. Aber die Schlepper eigneten sich auch für Feldarbeiten. Zur Ausstattung gehörte sogar ein integriertes Vorgewendemanagement, bei dem bestimmte Vorgänge beim Wenden am Ende eines Feldes abgespeichert und automatisch aufgerufen werden konnten.

OBEN

Mit der Baureihe 6020 brachte John Deere 2002 eine neue Auflage der leistungsstarken Mittelklasseschlepper heraus, die mit der 6000-Reihe erstmals eingeführt worden waren. Die in Mannheim hergestellten Schlepper setzten den Erfolgskurs der Vorgänger fort. Die Modelle waren nicht zuletzt wegen der vielfältigen Ausstattung beliebt. Der Kunde konnte je nach Einsatzzweck das passende Getriebe wählen. Dazu gehörten das PowrQuad-Plus-Wendegetriebe, das 20 bzw. 24 Gänge in beide Fahrtrichtungen bot, das EcoShift, mit dem sich durch eine Verringerung der Motordrehzahl bis zu 15 Prozent Kraftstoff sparen ließ, das AutoQuad Plus, bei dem abhängig von der Motordrehzahl und der Last die Lastschaltstufen automatisch hoch- oder heruntergeschaltet wurde, sowie das stufenlose AutoPowr.

RECHTE SEITE OBEN

Die 6020er-Traktoren waren die wichtigsten Modelle, die in Mannheim, dem weltweit zweitgrößten John-Deere-Werk, hergestellt wurden. Die meisten produzierten Exemplare gingen in den Export.
In wärmeren Ländern wurden die 6020er-Schlepper auch ohne Kabine angeboten, im Norden Europas dagegen fast nur mit der TechCenter-Kabine. Neben der Heizung und einer optionalen Klimaanlage hatte diese Ausführung auch den Vorteil, dass sie den Fahrer vor Staub und Lärm schützte. Nur maximal 73 dB(A) drangen an die Ohren des Fahrers.
Die Modelle der 6020-Baureihe waren neben der normalen Version auch in einer preiswerteren SE-Ausführung erhältlich. Zusätzlich wurden das Vierzylindermodell 6420S und der Sechszylinderschlepper 6920S angeboten.
Der Motor dieser beiden Modelle zeichnete sich dadurch aus, dass er 10 PS mehr an Leistung erbrachte, aber in einem sparsameren Economy-Modus laufen konnte.

UNTEN

Die Baureihe 7020, die ab 2003 verfügbar war, stellte eine Weiterentwicklung der 7010-Reihe dar. Die wichtigste Neuerung war der Motor, der die neuesten Abgasrichtlinien erfüllte. Andere Änderungen betrafen die stärkere Hydraulik, die größere Kabine, den taillierten Rahmen, der die Wendigkeit erhöhte, sowie das leicht veränderte Styling. Gegenüber der Vorgängerreihe hatte sich die Anzahl der 7020er mit dem 7320 um ein Modell erhöht. Die Baureihe deckte nun ein Leistungsspektrum von 110 bis 200 PS ab. Die Modelle im unteren Leistungsbereich waren eher als amerikanische Gegenstücke zu den aus Mannheim stammenden 6020ern gedacht. Die stärksten Modelle wurden hingegen auch in Deutschland angeboten. Sie stellen in Hinsicht auf die Leistung eine Fortsetzung der 6020-Reihe nach oben dar.

GANZ OBEN

In den 90er Jahren hatten Großtraktoren auch in der europäischen Landwirtschaft immer mehr an Bedeutung gewonnen. Als ab 2002 in Waterloo die neue 8020-Serie von den Montagebändern lief, wurde sie deshalb in Europa genauso wie in Nordamerika angeboten. Als Zielgruppe galten die großen landwirtschaftlichen Betriebe und die Lohnunternehmer. Von den fünf 8020er-Modellen stand neben den bereiften Varianten jeweils auch eine Version mit Bandlaufwerk zur Verfügung. Allerdings waren diese Ausführungen in Europa seltener zu sehen als auf den großen Feldern jenseits des Atlantiks. Die 8020-Reihe deckte den Leistungsbereich von 200 bis 295 PS ab. Die Motoren verfügten über die modernen CommonRail- und Vierventil-Techniken und erfüllten die Abgasrichtlinien nach Tier II.

LINKS

Die Ackergiganten der 9020-Reihe rollten ab 2002 aus dem John-Deere-Werk in Waterloo. Gegenüber der vorhergehenden 9000-Reihe hatte sich die Anzahl der Modelle um zwei erhöht. Alle 9020er waren mit Sechszylindermotoren ausgestattet, die John Deere selbst herstellte. Der Hubraum betrug beim kleinsten Modell, dem 9120, 8,1 Liter. Bei den anderen 9020ern lag dieser Wert bei 12,5 Litern. Die Motorleistung deckte den Bereich von 280 bis 500 PS ab. Die Knicklenker waren standardmäßig an den Vorder- und Hinterachsen mit der Bereifung 800/70R38 versehen. Die Reifen hatten eine Höhe und 205 Zentimetern und waren damit größer als die allermeisten Fahrer. Das Gewicht des 9120 lag ohne Zusatzgewichte, Kraftstoff und angebaute Maschinen bei ungefähr 14 Tonnen. Der 9620 erreichte ein Eigengewicht von etwas über 16 Tonnen. Die empfohlenen Einsatzgewichte lagen jedoch höher.

RECHTE SEITE OBEN

In Waterloo wurden auch Varianten der 9020er-Modelle mit dem bodenschonenden Raupenantrieb hergestellt. Die Federung des Laufwerks milderte die Stöße, die bei Fahrten auf unebenem Boden auftraten. Für eine Dämpfung sorgte außerdem die Kabinenfederung. Schwingungen, die trotzdem im Cockpit auftraten, wurden von dem speziellen Hightech-Sitz abgefangen. Die Kabine der 9020er-Modelle war ein komfortabler Arbeitsplatz, der den Fahrer an langen Arbeitstagen entlastete. Auf der Straße war mit der Reifenausführung eine Höchstgeschwindigkeit von etwas über 40 km/h zu erreichen. Bei den Raupentraktoren lag die Höchstgeschwindigkeit bei rund 32 km/h.

UNTEN

Schon 2007 wurden die 6020er-Modelle von der Baureihe 6030 abgelöst. Es handelte sich dabei um drei Vierzylinder- und vier Sechszylindermodelle. Sie erbrachten eine Nennleistung von 100 bis 155 PS. Im folgenden Jahr wurde die Baureihe um das neue Modell 6130 sowie um abgespeckte Varianten der bereits vorhandenen Modelle erweitert. Die neuen Versionen hatten die gleiche Typenbezeichnung wie die sieben bereits vorhandenen Modelle. Die neuen 6030er hatten allerdings eine etwas geringere Motorleistung, die im Bereich von 80 bis 150 PS lag, sowie eine kostengünstigere Ausstattung. Die früheren Modelle bekamen nun den Zusatz „Premium".

Die Mittelklasse-Traktoren eigneten sich nicht nur für landwirtschaftliche Arbeiten, sondern unter anderem auch für kommunale Aufgaben. Dieses Bild zeigt einen John Deere 6830 Premium mit einem Randstreifenmäher von Kuhn. Das John-Deere-Grün wurde durch ein kommunales Orange ersetzt. Das Bild veranschaulicht auch die Bedeutung des Frontanbauraums bei modernen Traktoren des mittleren und oberen Leistungsbereichs.

LINKE SEITE
Der Start der neuen Baureihe 6030 begründete sich unter anderem durch den Einsatz verbesserter Motoren, die nun die Abgasrichtlinien nach Tier III erfüllten und sparsamer arbeiteten. Mit den neuen Modellen war eine Kraftstoffeinsparung von drei bis fünf Prozent möglich. Das optionale „Intelligente Power Management" sorgte bei bestimmten Anforderungen des Traktors für eine zusätzliche Motorleistung, zum Beispiel beim Beschleunigen, bei schweren Zugarbeiten oder bei großen Steigungen.

OBEN
Noch mehr Modelle und Auswahl als bei den Vorgängern bot die neue 7030-Reihe, die ab 2007 gleich an zwei Standorten hergestellt wurde, nämlich in Waterloo und in Mannheim. Die vier stärksten Modelle mit der Bezeichnung 7630, 7730, 7830 und 7930 kamen nach wie vor aus dem John-Deere-Werk in Waterloo. Die Modelle 7130, 7230 und 7330 wurden sowohl in Waterloo als auch in Mannheim gefertigt. Die aus dem deutschen Werk stammenden Schlepper erhielten den Zusatz „Premium". Im September 2007 gesellten sich zwei weitere Modelle aus der Mannheimer Produktion zur Baureihe: der 7430 Premium und der 7630 Premium (im Bild). Diese beiden Modelle gab es außerdem in der Ausführung „E Premium". Sie hießen auch „Microhybrid-Traktoren". Was sie auszeichnete, war ein spezieller Kurbelwellengenerator, der bis zu 20 kW elektrischer Energie für den Antrieb von Nebenaggregaten erzeugte. Dies erlaubte den Betrieb stationärer Elektrogeräte, die an zwei Steckdosen angeschlossen werden konnten. Vor allem gewerbliche und kommunale Betriebe kamen neben der Landwirtschaft als Zielgruppe für die E-Premium-Ausführung in Frage. Das Leistungsspektrum der 7030-Serie reichte von 121 PS beim 7130 bis zu 220 PS beim 7930. Einige Modelle verfügten zur Leistungssteigerung über das Intelligente Power Management. Für den amerikanischen Markt waren sechs Modelle auf Wunsch mit Hinterradantrieb verfügbar. Alle neun 7030er-Schlepper gab es mit Allradantrieb. Auf der Straße fuhren sie bis zu 50 km/h. Auf Wunsch konnte dieser Wert auf 40 km/h beschränkt werden.

OBEN

Aus fünf Radtraktoren bestand die 8030-Reihe, die ab 2006 in Waterloo hergestellt wurde. Die Motorleistung lag bei 225 bis 330 PS. Durch das Intelligente Power Management erhöhte sich die Leistung auf 250 bis 355 PS. Als Kraftquelle diente der 9 Liter große PowerTech-Motor, der über ein Hochdruck-CommonRail-Einspritzsystem, Vierventil-Technik, einen variablen Turbolader, eine externe Abgasrückführung sowie über das Kühlsystem VariCool verfügte. Der Kraftstofftank konnte 681 Liter fassen. Auf der Straße waren Höchstgeschwindigkeiten von 50 bzw. 40 km/h möglich.

Zwei Getriebe standen zur Auswahl: das Powershift-Getriebe mit 16 Vorwärts- und fünf Rückwärtsgängen sowie das stufenlose AutoPowr. Die Modelle 8230, 8330 und 8430 standen neben der Radausführung auch als Raupentraktoren zur Verfügung. Der John Deere 8330 in diesem Bild besitzt eine Zwillingsbereifung, die auf die Abstände in den Reihenfruchtfeldern eingestellt ist.

RECHTE SEITE OBEN

Die Modelle der 8030-Reihe heimsten mehrere Preise ein. Dazu gehörten die Auszeichnung „Traktor des Jahres 2007“ (die dem 8530 verliehen wurde), der Innovationspreis der spanischen Landwirtschaftsmesse FIMA, die DLG-Goldmedaille in Deutschland, der Techagro Grand Prix in der Tschechischen Republik sowie der Titel „Diesel des Jahres“ in Italien.

Die 8030er-Modelle beeindruckten nicht nur in technischer Hinsicht, sie boten auch einen komfortablen und gesundheitsschonenden Arbeitsplatz, von dem die Fahrer der früheren Bauernschlepper nicht einmal zu träumen gewagt hätten. Die Kabine verfügte über Annehmlichkeiten, die man ansonsten von modernen Pkw gewohnt war. Eine Klimaautomatik sorgte für angenehme Arbeitstemperaturen. Auf Wunsch konnte sogar ein Kühlschrank eingebaut werden.

UNTEN

Die CommandView-Kabine ist das Schalt- und Steuerzentrum der 9030er-Traktorenkolosse, die ab 2007 in Waterloo hergestellt wurden. Die großzügige Verglasung bot einen hervorragenden Ausblick auf die Umgebung. Durch zwei innen angebrachte Spiegel hatte man auch den Heckbereich im Blick, ohne sich umdrehen zu müssen. Zusätzlich konnte außen noch ein von innen verstellbarer Spiegel angebracht werden. Ein bequemer Sitz stand nicht nur für den Traktorlenker, sondern auch für einen Mitfahrer zur Verfügung. Zahlreiche Funktionen ließen sich über den CommandARM ausführen. Dabei handelte es sich um Schalter und Hebel, die in der rechten Armlehne des Fahrersitzes integriert waren. Der Fahrer musste nicht einmal den Arm heben, sondern konnte die Bedienung mit den Fingern durchführen.

8430
JOHN DEERE

9630

LINKS UND VORHERGEHENDE DOPPELSEITE

Die Baureihe 9030 bestand aus fünf Modellen. Das kleinste Mitglied der Serie war der 9230 mit einem Hubraum von 9 Litern und einer Nennleistung von 337 PS. Die anderen 9030er-Schlepper besaßen einen 13,5 Liter großen Hubraum. Der 9330 leistete 387 PS; auf eine Nennleistung von 439 PS kam der 9430, und beim 9530 lag dieser Wert bei 491. Das stärkste Modell der Baureihe war der 9630, der eine Leistung von 543 bei 2100 Umdrehungen pro Minute erreichte. Die Maximalleistung lag sogar bei 597 PS. Die drei stärksten Modelle waren zudem in Ausführungen mit Raupen verfügbar. Neben der Landwirtschaft und im Forstbereich kamen die drei größten Modelle in speziellen Ausführungen auch im Straßenbau zum Einsatz.

UNTEN

Die 5E-Serie besteht aus kompakten Traktoren für Neben- und kleinere Vollerwerbsbetriebe, Gartenbaubetriebe, Kommunen, Pferdehöfe sowie für Hobbyanwender. Die drei Modelle 5055 E, 5065 E und 5075 E im Leistungsbereich von 55 bis 75 PS wurden der Öffentlichkeit 2009 vorgestellt, die Einführung für den europäischen Markt erfolgte

2010. Zu den Besonderheiten dieser Baureihe zählt der Umstand, dass die Dreizylindermotoren nicht wie bei den Vorgängerreihen wasser-, sondern luftgekühlt sind. Sie verfügen über einen Turbolader, Ladeluftkühlung und einen Viscolüfter.
Zur Grundausstattung der 5E-Modelle gehört eine offene Fahrerplattform mit einem Überrollbügel. Auf Wunsch können die Schlepper auch mit einem Sonnenschutzdach versehen werden. Vibrationen und Motorgeräusche werden durch die Entkoppelung der Fahrerplattform vom Rest des Traktors verringert. Hergestellt werden die Schlepper in der indischen Stadt Pune.

OBEN
Zur Limited Edition der 5E-Reihe zählen die Vierzylindermodelle 5083 E, 5093 E und 5101 E, die im Leistungsbereich von 83 bis 101 PS liegen und damit schon zu den Mittelklasse-Traktoren zählen. Produziert werden sie im John-Deere-Werk von Augusta. Nicht nur in Bezug auf die Leistung, auch beim Getriebe sind sie besser ausgestattet als die normalen 5E-Schlepper. Anstelle des 9V/3R-Getriebes verfügen sie über ein Zwölfgang-Wendegetriebe mit dem PowrReverser, der einen leichten Wechsel der Fahrtrichtung ermöglicht.
Der Fahrer nimmt in einer komfortablen Kabine mit einem Klimakontrollsystem Platz. Der Sitz und das Steuerrad lassen sich den persönlichen Bedürfnissen anpassen. Zur serienmäßigen Ausstattung gehört eine Zapfwelle, die sich mit 540 Umdrehungen pro Minute dreht. Auf Wunsch wird eine Zapfwelle installiert, die zusätzlich mit 1000 Umdrehungen arbeiten kann.

RECHTS
Die 5M-Serie wurde 2008 in den Vereinigten Staaten und ein Jahr später diesseits des Atlantiks vorgestellt. In Augusta, Georgia, werden fünf Modelle mit der Bezeichnung 5065M, 5075M, 5085M, 5095M und 5105M hergestellt. Die Motorleistung liegt im Bereich von 65 bis 105 PS. Standardmäßig verfügen diese Schlepper über einen offenen Fahrerstand. Eine Kabine und eine Deluxe-Kabine gehören zur optionalen Ausstattung.
Aus Mannheim kommen die Modelle 5070M, 5080M, 5090M und 5100M. Sie können mit einer Nennleistung von 70 bis 100 PS aufwarten. Zur Standardausstattung gehört eine kippbare Kabine. Auf Wunsch kann diese Ausführung noch mit einer Glasdachluke und zusätzlichen Arbeitsscheinwerfern geliefert werden. Das Getriebe stammt für beide 5M-Serien von dem John-Deere-Werk in der chinesischen Stadt Tianjin.

OBEN

Als Zielgruppe für die 5M-Serie gelten kleine und mittelgroße Viehbetriebe. Für Mäharbeiten, den Betrieb von Ballenpressen, Transporttätigkeiten, Düngerstreuen und so weiter sind sie gut gerüstet. Sie eignen sich aber auch als Hoftraktoren, für die Futterverteilung und dank des stabilen Stahlrahmens für ausgedehnte Frontladerarbeiten. Eine spezielle Version ist der 5105ML (im Bild). Seine geringe Höhe macht ihn ideal für Arbeiten zwischen Bäumen, wie zum Beispiel in Obstplantagen, und für Tätigkeiten, die Fahrten in niedrige Gebäude wie Ställe oder Scheunen erfordern. Der Niedrigschlepper steht in zweirad- und vierradgetriebenen Versionen zur Verfügung. Die Zapfwelle ist in der Grundausstattung mit der Ausführung mit 540 Umdrehungen pro Minute vorhanden.

LINKS

Aus Mannheim kommen die Modelle 5080R, 5090R und 5100R mit einer Nennleistung von 80 bis 100 PS. Die drei Mittelklasseschlepper, die als Nach-

folger der 5020-Reihe gelten, sind für Einsätze in kleinen Ackerbaubetrieben, in mittelgroßen Gemischtbetrieben und in Spezialbetrieben konzipiert. Der neue Brückenstahlrahmen ermöglicht den Schleppern im Vergleich zu den Vorgängern eine höhere Zuladung um ungefähr 20 Prozent. Dadurch ist der Anbau schwerer Geräte möglich. Alle drei Modelle besitzen ein Leergewicht von 3775 Kilogramm und ein zulässiges Gesamtgewicht von 6600 Kilogramm. Der Frontanbauraum spielt auch bei dieser Traktorenklasse eine wichtige Rolle, daher gibt es die 5R-Modelle auf Wunsch mit einem Frontkraftheber, mit einer Frontzapfwelle und mit verschiedenen Frontladern.

OBEN RECHTS

Für den Einsatz in Obstplantagen, Hopfengärten, Weinbergen und anderen Sonderkulturen steht die Schmalspurausführung 5RN zur Verfügung. Die 5RN-Schlepper verfügen über eine Gesamtbreite von höchstens 185 Zentimetern. Dadurch können sie in Kulturen mit Reihenabständen von 250 Zentimetern und mehr arbeiten. Die TechCenter-Kabine bietet eine hervorragende Aussicht und schützt den Fahrer vor Lärm, der höchstens 74 dB(A) beträgt, sowie vor Staub und Schadstoffen. Wahlweise ist die Kabine mit einer Glasdachluke verfügbar. Diese Option ist vor allem bei Arbeiten mit dem Frontlader vorteilhaft, da sie einen besseren Blick nach oben ermöglicht. Standardmäßig verfügen die 5RN-Schlepper über eine Hydraulikpumpe mit einer Förderleistung von 56 Litern pro Minute. Auf Wunsch wird der Traktor mit einer stärkeren Pumpe ausgestattet, die 65 Liter in der Minute leistet.

NACHFOLGENDE SEITE OBEN

In Saltillo, im mexikanischen Bundesstaat Coahuila, wird die Baureihe 6D hergestellt. Die 2009 zunächst für den amerikanischen Markt eingeführte Serie umfasst die Modelle 6100D, 6115D, 6130D und 6140D mit einem Leistungsspektrum von 100 bis 140 PS. Alle Modelle verfügen über einen Vierzylindermotor mit 4,5 Litern Hubraum sowie Turbolader. Die Motoren sind bei den drei stärksten 6D-Schleppern zudem mit Ladeluftkühlung ausgestattet. Der Käufer kann zwischen Ausführungen mit und ohne Kabine wählen. Das Steuerrad ist verstellbar und lässt sich der Größe und der Sitzposition des Fahrers anpassen. Zusätzlichen Komfort bietet ein optionaler luftgefederter Sitz, der als Alternative zum Standardsitz erhältlich ist. Für die passende Temperatur sorgen im Winter eine Heizung und im Sommer eine Klimaanlage.

Bei den Modellen 6100D und 6115D kann zwischen den Ausführungen mit Hinterradantrieb und Vierradantrieb gewählt werden. Die beiden stärksten Typen der Baureihe, der 6130D und der 6140D, sind nur mit Allradantrieb verfügbar. Die Allradvorderachse ermöglicht einen Radeinschlag von bis zu 52 Grad. Dies hat einen besonders kleinen Wendekreis zur Folge und verleiht den 6D-Schleppern eine Wendigkeit, die besonders unter beengten Verhältnissen vorteilhaft ist, etwa auf Höfen oder bei Ladearbeiten. Das Wendegetriebe mit neun Gängen in beide Richtungen gehört zur Standardausstattung aller 6D-Modelle. Der PowrReverser ermöglicht den leichten elektrohydraulischen Wechsel der Fahrtrichtung durch die Betätigung eines Hebels. Die Zapfwelle kann mit 540 und 1000 Umdrehungen pro Minute betrieben werden.

UNTEN
Für alle Modelle der 8R-Baureihe, sowohl für die Rad- als auch für die Raupentraktoren, steht das stufenlose AutoPowr-Getriebe zur Verfügung. Damit bietet John Deere erstmals auch für Schlepper mit dem Bandlaufwerk das stufenlose Getriebe an. Die Höchstgeschwindigkeit liegt, je nach Ausführung, bei 42 bzw. 50 km/h bei den Radtraktoren und bei 40 km/h bei den Raupentraktoren. Bei Bedarf kann die Geschwindigkeit stufenlos auf 0,5 km/h gedrosselt werden.

Lamborghini

OBEN

Lamborghini gehört zu den Traktormarken, die zwar überlebt haben, weil sie aufgekauft wurden, anders als Landini aber keinen eigenen Produktionsstandort mehr haben. Die Lamborghini-Traktoren werden heute vor allem in dem Same-Stammwerk in Treviglio hergestellt. Die Marke Lamborghini stand zumindest außerhalb Italiens immer für große, leistungsstarke Traktoren. Auf dem alpenländischen Markt werden jedoch auch kleinere Schlepper angeboten. Dazu gehört der C 110, bei dem es sich um einen Raupentraktor handelt, der für Einsätze im schwierigen Gelände konzipiert ist. Der niedrige Schwerpunkt und die große Auflagefläche der Raupen verleihen ihm eine hohe Standfestigkeit. Angetrieben wird der Schlepper von einem Vierzylindermotor von Same Deutz-Fahr (SDF). Die Nennleistung liegt bei 102 PS.

NACHFOLGENDE DOPPELSEITE

Zu den landwirtschaftlichen Traktoren der Mittelklasse zählte der Lamborghini R6.120. Mit einem turboaufgeladenen Deutz-Vierzylindermotor mit Ladeluftkühlung und vier Litern Hubraum verfügte er über eine Leistung von 120 PS. In der Standardausführung besaß der R6.120 ein Getriebe mit 36 Vorwärts- und 12 Rückwärtsgängen. Auf der Straße erreichte der Schlepper eine Höchstgeschwindigkeit von 50 km/h. Eine Beschränkung auf 40 km/h war aber ebenfalls möglich. Der Heckkraftheber erreichte eine maximale Hubkraft von 6200 Kilogramm. Zur Standardausstattung gehörte eine Zapfwelle mit den Geschwindigkeiten 540 und 1000/min, die auch im Modus mit reduzierter Drehzahl betrieben werden konnte.

R6.120
Lamborghini

Landini

OBEN

Landini gehört zu den ältesten heute noch existierenden Traktormarken. Eine wirklich bedeutende Rolle spielte die Marke vor allem in Italien. Das Unternehmen wurde bereits im 19. Jahrhundert in dem kleinen Ort Fabbrico von dem Schmied Giovanni Landini gegründet. Landini beschäftigte sich schon früh mit dem Glühkopfmotor. Aber es waren seine Söhne, denen es 1925 gelang, einen solchen Antrieb für einen Traktor zu verwenden. In den 1930er Jahren stieg Landini zum wichtigsten Traktorhersteller in Italien auf. Der Grund dafür war der Glühkopfmotor, der Altöl und andere billige Treibstoffe verbrennen konnte. Doch anders sah die Situation nach dem Zweiten Weltkrieg aus. Während sich überall in Europa der Dieselmotor durchzusetzen begann, hielt Landini zu lange an dem veralteten Glühkopf fest. Erst 1957 begann man in Fabbrico mit dem Umstieg auf den Dieselantrieb durch die Lizenzherstellung von Perkins-Motoren. Aber der Schaden war nicht mehr zu beheben. Zu lange hatte man der Konkurrenz die Vorfahrt gelassen. 1960 übernahm Massey Ferguson das angeschlagene Unternehmen. Damit waren der Markenname Landini und der Produktionsstandort Fabbrico gerettet, wenn auch nicht die Selbständigkeit des Unternehmens. Ein weiterer wichtiger Wendepunkt in der Geschichte Landinis kam in den 80er Jahren, als der Mutterkonzern Massey Ferguson in finanzielle Schwierigkeiten geriet und seine Anteile an Landini zum größten Teil verkaufen musste. 1994 stieg die italienische Argo-Gruppe bei der Firma aus Fabbrico ein und wurde zum wichtigsten Teilhaber. Zu den modernen Baureihen von Landini gehört die Alpine-Serie. Die Reihe setzt sich aus den drei Mittelklassetraktoren Alpine 70 (im Bild), Alpine 80 und Alpine 85 zusammen. Die Höchstleistung liegt im Bereich von 69,5 bis 81,2 PS. Als Antrieb dienen Motoren von Yanmar. Alle Modelle werden mit Allradantrieb und Kabine angeboten.

OBEN
Die Powerfarm-Reihe ist mit und ohne Kabine im Angebot. In beiden Fällen umfasst die Baureihe die Modelle Powerfarm 80, Powerfarm 90, Powerfarm 100 (im Bild) und Powerfarm 105 mit einer Höchstleistung, die von 74 PS beim kleinsten Modell bis zu 98,6 PS beim stärksten Mitglied der Baureihe reicht. Die Motoren stammen von Perkins. Sie verfügen bei allen Modellen über vier Zylinder und einen Hubraum von 4,4 Litern. Beim Getriebe stehen zwei Versionen zur Auswahl, nämlich das „Speed Four“ mit 12 Vorwärts- und 12 Rückwärtsgängen sowie das darauf aufbauende „Power Four“ mit 32 Vorwärts- und 12 Rückwärtsgängen. Mit dem optionalen Power Shuttle sind eine einfache Gangschaltung und eine Reversierung der Schaltstufen ohne die Betätigung des Kupplungspedals möglich.

UNTEN
Die Powermax-Serie gehörte im Leistungsspektrum zur oberen Klasse. Die Baureihe bestand ursprünglich aus den Modellen Powermax 145 und 165, die eine Leistung von 145 bzw. 162 PS erbrachten. Die Sechszylindermotoren stammten von NEF. Im Februar 2009 stellte Landini auf der Landtechnikmesse Sima in Paris ein drittes Modell vor: den Powermax 185 mit 185 PS Leistung. Der Hubraum betrug bei allen Powermax-Modellen 6,7 Liter. Zur Grundausstattung gehörte ein Getriebe mit 32 Vorwärts- und 24 Rückwärtsgängen. Auf Wunsch war das Getriebe in einer 48V/40R-Version mit zusätzlichen Kriechgängen verfügbar. Für eine hohe Wendigkeit sorgte der Einschlagwinkel der Vorderräder von bis zu 55 Grad. Der Wenderadius betrug 4,9 Meter.
Auf der Agritechnica im Oktober 2009 hatten mit der Serie 7 die Nachfolgemodelle der Powermax-Reihe ihre Premiere.

NACHFOLGENDE SEITE OBEN
Die Powermondial-Serie besteht aus drei Allzwecktraktoren für den mittleren landwirtschaftlichen Betrieb. Sie setzt sich aus den Modellen Powermondial 100 mit 92,5 PS, Powermondial 110 mit 101,9 PS und Powermondial 115 mit 110,2 PS Maximalleistung zusammen. Angetrieben werden die Schlepper von Vierzylinder-Perkins-Motoren mit einem Hubraum von 4,4 Litern. Die Ladeluftkühlung und die modernste Motortechnik sorgen dafür, dass die Powermondial-Schlepper die Abgasbestimmungen nach Tier III einhalten. Lange Einsatzzeiten ohne nachzutanken ermöglicht der 180 Liter fassende Kraftstofftank.
Die Powermondial-Modelle sind in den Ausführungen „Techno“ und „Top“ verfügbar, die ein unterschiedliches Getriebe haben. Die Techno-Version verfügt über 15 Gänge und bietet mit optionalen Kriechgängen insgesamt 20 Vorwärts- und 20 Rückwärtsgänge. Die Top-Ausführung besitzt ein Zwölfganggetriebe, das kombiniert mit einem hydraulischen Three-Shift-Getriebe (T Tronic) die Schaltstufen des Basisgetriebes verdreifacht und damit auf 36 Vorwärts- und 12 Rückwärtsgänge kommt. Mit einem optionalen hydraulischen Wendegetriebe und zusätzlichen Kriechgängen lässt sich die

Gesamtanzahl der Schaltstufen auf 48 Vorwärts- und 16 Rückwärtsgänge erweitern.

UNTEN

Die Zapfwelle der Powermondial-Schlepper ist in der Standardausführung mit den Geschwindigkeiten 540 und 750/min vorhanden. Optional kann sie in einer Version mit 540 und 1000/min oder mit allen drei Geschwindigkeiten eingebaut werden. Der Heckkraftheber verfügt über eine Hubkraft von 5150 Kilogramm. Auf Wunsch ist er in einer stärkeren Version mit einer maximalen Hubleistung von 5650 Kilogramm verfügbar. Zur Sonderausstattung gehören eine Fronthydraulik, eine Frontzapfwelle sowie ein spezieller Frontlader.

RECHTE SEITE

An große landwirtschaftliche Unternehmen und Lohnunternehmer richtet sich die Landpower-Reihe. Sie besteht aus den Modellen Landpower 125 mit 117 PS, Landpower 135 mit 133 PS, Landpower 145 mit 141 PS und Landpower 165 mit 157 PS Maximalleistung. Die Sechszylindermotoren von NEF verfügen über einen Hubraum von 6,7 Liter. Ein 260 Liter großer Tank sorgt für die nötigen Kraftstoffreserven.
Die Techno-Ausführung der Landpower-Schlepper ist mit einem 36V/36R-Wendegetriebe ausgestattet. Über 108 Vorwärts- und 36 Rückwärtsgänge verfügt die Comfort-Version. Bei dieser Ausführung ermöglicht eine Wendeschaltung den Fahrtrichtungswechsel durch die einfache Betätigung eines Hebels. Über die „Cruise Control" lässt sich eine Geschwindigkeit einstellen, die automatisch eingehalten wird. Die Zuschaltung der Zapfwelle erfolgt bei der Techno-Version mechanisch über einen Hebel. Bei der Comfort-Variante erfolgt dies elektrohydraulisch.
In der Standardausführung arbeitet die Zapfwelle bei allen Modellvarianten mit 540 und 1000 Umdrehungen pro Minute. Das Heckhubwerk verfügt über eine Hubkraft von 7000 Kilogramm. Ein Fronthubwerk und eine Frontzapfwelle gehören zur Zusatzausrüstung. Die Kabine ist standardmäßig mit einer Heizung, Lüftung und Klimaanlage ausgerüstet. Die aufstellbare Dachluke dient nicht nur zur Frischluftversorgung, sie erleichtert bei Ladearbeiten auch die Sicht auf den Frontlader. Die Silent-Blöcke, auf denen die Kabine gelagert ist, reduzieren Schwingungen und Vibrationen. Wer es noch komfortabler haben möchte, kann sich anstelle der mechanischen Federung des Fahrersitzes eine Luftfederung einbauen lassen.

LANDPower
165

Lindner

LINKS
Zu den Traktorherstellern, die ihre Unabhängigkeit bewahren konnten, indem sie sich auf die Bedürfnisse einer bestimmten Zielgruppe spezialisierten, gehört die Firma Lindner in der Tiroler Marktgemeinde Kundl. Die ersten Traktoren wurden bei Lindner 1948 in Handarbeit gefertigt.
1953 erlangte das Unternehmen mit dem ersten Allradschlepper Österreichs Berühmtheit. Ersten kommerziellen Erfolg hatte Lindner aber mit der Marke „Bauernfreund". Es ist die von kleinen und mittelgroßen Betrieben geprägte mitteleuropäische Landwirtschaft, die man bei Lindner als hauptsächliche Zielgruppe ansieht.
Geotrac nennt Lindner seit 1996 seine Traktoren. Zur Serie 3 zählt der Geotrac 93, der unter seiner Haube einen Perkins-Motor mit vier Zylindern und 4,4 Litern Hubraum hat. Die Nennleistung des Schleppers liegt bei 93 PS.

RECHTS
Lindner stellte der Öffentlichkeit den Geotrac 94 im Oktober 2009 vor. Auf dem Markt erhältlich ist das Modell, mit dem Lindner die Serie 4 nach unten erweitert hat, seit März 2010. Auch dieser Geotrac wird von einem Vierzylinder-Perkins-Motor angetrieben. Die Nennleistung liegt bei 102 PS. Durch seine relativ geringe Höhe von 2,50 Metern kann der Schlepper auch in viele Ställe und Scheunen fahren. Zu den Neuerungen zählt das Frontlader-Freisichtfenster, das sich an der Vorderseite des Kabinendachs befindet, um die Sicht auf den gehobenen Frontlader zu ermöglichen. Das Zentralinfoboard informiert den Fahrer anhand der digitalen Anzeigen über die verschiedenen Betriebszustände und Einstellungen des Traktors. Für eine hohe Bremskraft sorgt das Opti-Stop, das beim Bremsvorgang automatisch den Allradantrieb einschaltet.

LINKS

Der Geotrac 103 ist das stärkste Modell der Serie 3. Sein wassergekühlter Vierzylindermotor von Perkins weist eine Leistung von 102 PS vor. Der Hubraum wird mit 4,4 Liter angegeben. Zur Standardausstattung des Modells gehört ein Lastschaltgetriebe mit 16 Gängen in beide Fahrtrichtungen. Die Höchstgeschwindigkeit beträgt 40 km/h. Die standardmäßige Heckzapfwelle lässt sich mit vier Geschwindigkeiten betreiben: 430, 540, 750 und 1000 Umdrehungen pro Minute. Über eine maximale Hubkraft von 4900 Kilogramm verfügt der Heckkraftheber. Auf Wunsch ist ein Frontkraftheber mit einer Hubkraft von wahlweise 2000 oder 3500 Kilogramm verfügbar. Das Eigengewicht des Geotrac 103 beträgt 3720 Kilogramm. Als Nachfolger des Geotrac 103 gilt der 2009 vorgestellte Geotrac 94.

OBEN

Der Geotrac 124 ist nicht nur das stärkste Modell der Serie 4, sondern auch das Flaggschiff unter den Lindner-Traktoren. Mit seinem 4,4 Liter großen Vierzylinder-Perkins-Motor erzielt er eine Leistung von 126 PS. Das Lastschaltgetriebe von ZF-Steyr verfügt über 24 Vorwärts- und 8 Rückwärtsgänge. Auf Wunsch ist das Getriebe mit zusätzlichen Kriechgängen erhältlich. In dieser Version ist es mit 36 Vorwärts- und 12 Rückwärtsgängen ausgestattet. Auf der Straße ist der Geotrac 124 bis zu 50 km/h schnell. Die standardmäßige Heckzapfwelle kann mit den 540, 750, 1000 und 1400 Umdrehungen pro Minute arbeiten. Eine zusätzliche Wegzapfwelle gehört zur optionalen Ausstattung. Auf Wunsch gibt es auch eine Frontzapfwelle und einen Frontkraftheber.

Massey-Ferguson

OBEN

Bei der 3600-Reihe handelt es sich um wendige und leistungsstarke Traktoren, die in mehreren Ausführungen und für unterschiedliche Aufgaben zur Verfügung stehen. Die Baureihe kam 2007 auf den Markt. Gebaut wird sie jedoch nicht in einem AGCO-Werk, sondern von der Carraro-Tochter Agritalia in Rovigo. Motorenlieferant ist der finnische Hersteller Sisu, der sich ebenfalls unter dem Dach des AGCO-Konzerns befindet. Die vier 3600-Modelle werden von Dreizylindermotoren mit einem Hubraum von 3,3 Litern angetrieben. Die Nennleistung beträgt 58 PS beim MF 3615, 69 PS beim MF 3625, 80 PS beim MF 3635 und 92 PS beim MF 3645 (im Bild). Alle Modelle stehen mit Hinterrad- und Allradantrieb zur Verfügung. Außerdem sind sie mit und ohne Kabine erhältlich.

RECHTE SEITE OBEN

Neben der Standardversion gibt es die 3600-Modelle in den Ausführungen S (Sonderkulturen), V (Weinbau), F (Flex) und GE (Niedrigbauweise). Die verschiedenen Varianten unterscheiden sich unter anderem in Hinsicht auf die Außenbreite. Mit 1000 bis 1616 Millimetern ist die Weinbau-Ausführung am schmalsten. Etwas breiter ist die Version für Sonderkulturen mit 1300 bis 1704 Millimetern. Die Modelle in der Flex-Ausführung besitzen eine Breite von 1450 bis 2076 Millimetern. Sie sind für den Einsatz in großflächigen Weinanbaugebieten, Obstplantagen und engen Ställen konzipiert. Die Schlepper mit der Niedrigbauweise GE sind 1150 bis 1520 Millimeter breit. Die Höhe beträgt mit der Kabine 2250 Millimeter. Damit sind sie fünf Zenti-

meter niedriger als die anderen Sonderausführungen. Den 100 PS starken MF 3655 (im Bild) gibt es nur in der F-Ausführung.

UNTEN

Aus Beauvais stammte die 4400-Reihe, die 2004 auf den Markt kam. Die Mittelklassebaureihe bestand nur aus den drei Modellen MF 4435 (im Bild) mit 74 PS, MF 4445 mit 88 PS und MF 4455 mit 98 PS Nennleistung. Als Antrieb kamen nicht mehr Motoren von Perkins, sondern von Sisu zum Einsatz. Der Hubraum betrug beim kleinsten Modell 3,3 Liter. Die beiden anderen Schlepper schöpften ihre Kraft aus 4,4 Liter Hubraum. Die drei Modelle waren wahlweise mit Allrad- oder mit Hinterradantrieb verfügbar. Zur Standardausstattung gehörte ein Zwölfgang-Wendegetriebe. Der Fahrtrichtungswechsel funktionierte durch einen Hebel links vom Fahrersitz aus. Dadurch war die rechte Hand zum Lenken und zum Bedienen anderer Funktionen frei, was beispielsweise bei Frontladerarbeiten sehr vorteilhaft war.

Die Höchstgeschwindigkeit der 4400-Modelle betrug 40 km/h. Als langsamste Geschwindigkeit bei Nenndrehzahl konnten 0,9 km/h gefahren werden. Die maximale Hubkraft des Heckkrafthebers lag beim MF 4435 bei 2900 Kilogramm. 3300 Kilogramm war die Hubleistung bei den Modellen MF 4445 und MF 4455.

OBEN

Die Modelle der 4400-Reihe waren mit geräumigen, von beiden Seiten zugänglichen Kabinen ausgestattet. Der Käufer konnte anstelle der Standardversion eine Forst- oder eine LoProfile-Kabine wählen. Als Zusatzausstattung standen eine ausstellbare Windschutzscheibe, eine Klimaanlage, ein luftgefederter Komfortsitz und ein Heckscheibenwischer zur Verfügung. Vor allem in wärmeren Ländern wurden die 4400er-Schleppe auch mit offener Fahrerplattform vertrieben.

UNTEN

Ab 2003 wurde in Beauvais die 5400-Reihe produziert. Die Baureihe bestand aus den sechs Modellen MF 5425, MF 5435, MF 5445, MF 5455 (im Bild), MF 5460 und MF 5465, die den Leistungsbereich von 75 bis 120 PS abdeckten. Die Motoren kamen von Perkins. Die Vierzylindermodelle besaßen einen Hubraum von 4,4 Litern. Eine Ausnahme stellte der MF 5465 dar, den ein Sechszylindermotor mit 6 Litern Hubraum antrieb. 2006 ergänzte ein weiteres Modell die Baureihe. Es handelte sich um den MF 5470, der mit einem 125 PS starken Vierzylindermotor mit 4,4 Litern Hubraum ausgestattet war. Das Antriebsaggregat stammte in diesem Fall von Sisu.
Mit dem MF 5475 und dem MF 5480 erfolgte 2007 eine erneute Erweiterung nach oben. Beide Modelle leisteten 135 PS. Der MF 5475 hatte jedoch einen Sechszylinder-Perkins-Motor, während beim MF 5480 ein Vierzylindermotor von Sisu unter der Motorhaube arbeitete.

LINKS

Eine Überarbeitung der 5400-Reihe erfolgte im Herbst 2007. Die Neuerungen betrafen vor allem die Motoren der älteren Modelle. Sie bekamen neue Antriebsaggregate mit Vierventil- und CommonRail-Technik, die nun die neuesten Abgasbestimmungen erfüllten und für eine Leistungssteigerung von 5 bis 9 PS sorgten.

Die kleineren Modelle, vom MF 5425 bis zum MF 5460, waren wahlweise mit einem offenen Fahrerstand oder mit Kabine erhältlich. Die größeren Modelle gab es nur mit Kabine. Wer sich für das geschlossene Cockpit entschied, war einem Lärmpegel von höchstens 75 dB(A) ausgesetzt. Die Seiten- und das Heckfenster ließen sich für die Frischluftzufuhr aufklappen. Zur Sonderausstattung gehörten ein Glasdach und eine aufklappbare Frontscheibe.

MITTE

Aus insgesamt zwölf Modellen bestand die 6400-Reihe, die in Beauvais hergestellt wurde. Die meisten Modelle gingen 2003 in Produktion, die beiden stärksten Mitglieder der Baureihe, der MF 6497 und der MF 6499, folgten 2004. Vier der Schlepper besaßen Vierzylindermotoren, die restlichen acht wurden von Achtzylindermotoren angetrieben. Perkins war der Motorenlieferant für die sieben kleineren Modelle, die den Leistungsbereich von 90 bis 145 PS abdeckten.

Die fünf stärksten Schlepper, die 155 bis 215 PS leisteten, waren mit Dieselaggregaten von Sisu ausgerüstet. Der Hubraum lag bei den Vierzylindermodellen bei 4,4 Litern, bei den Sechszylindermodellen bei 6,6 und im Fall des MF 6499 bei 7,4 Litern. Die drei kleinsten Schlepper wurden wahlweise mit Allrad- und Hinterradantrieb angeboten. Alle anderen Modelle standen nur mit Allradantrieb zur Verfügung.

UNTEN

Zur Standardausstattung der Modelle der 6400-Reihe gehörte eine geräumige Kabine, in der unter Last ein Geräuschpegel von höchstens 70dB(A) an die Ohren des Fahrers drang. Außerdem sorgte die Schallisolierung dafür, dass die Frequenz der Fahrgeräusche in einem angenehmen Bereich lag. Vibrationen und Bodenunebenheiten fing die zweistufige Kabinenfederung ab.

Nicht nur für mehr Komfort, sondern auch für eine erhöhte Sicherheit sorgte die neue Vorderachsfederung, die sich bei Bedarf zu- oder abschalten ließ. Das zahlte sich etwa beim Pflügen aus, wo eine gleichmäßige Arbeitstiefe erforderlich ist.

OBEN

Die 7400-Reihe ging 2004 in Beauvais an den Start. Sie bestand aus sechs Modellen im Leistungsbereich von 130 bis 220 PS. Damit konkurrierte sie in Bezug auf die Leistung teilweise mit der 6400-Reihe. Was sie aber von den 6400ern unterschied, war das stufenlose Getriebe. Das Dyna-VT-Getriebe, mit dem ohne Gangschaltung beschleunigt und die Geschwindigkeit verzögert werden konnte, stammte aus Marktoberdorf, wo Fendt mit dem Vario-Getriebe schon seit längerer Zeit Erfahrungen sammeln konnte. Wie bei den Vario-Traktoren von Fendt konnte der Fahrer bei den 7400ern mit einem in der rechten Armlehne integrierten Hebel die Geschwindigkeit kontrollieren. Das Getriebe verfügte über zwei Fahrbereiche, wobei sich einer für eine niedrige Geschwindigkeit unter hoher Last und der andere für schnelle Fahrten eignete. Die Höchstgeschwindigkeit lag bei 50km/h.

OBEN RECHTS

Die Modelle MF 7465, MF 7475 und MF 7480 (im Bild) hatten Perkins-Motoren mit sechs Zylindern und einen Hubraum vom 6 Litern. Die Nennleistung lag bei 130, 145 und 155 PS. Von Sisu-Motoren mit ebenfalls sechs Zylindern wurden die Modelle MF 7485, MF 7490 und MF 7495 angetrieben. Der Hubraum betrug bei diesen Schleppern 6,6 Liter. Die Leistung lag bei 165, 180 und 195 PS. 2007 bekamen alle Modelle modernere Motoren. Der Grund war die Anpassung an die neuesten Abgasbestimmungen. 2009 erfuhr die 7400-Reihe außerdem mit zwei Modellen eine Erweiterung nach oben. Der MF 7497 leistete mit einem Sechszylinder-Sisu-Motor 205 PS. Den gleichen Motor besaß der MF 7499, der eine Nennleistung von 220 PS vorwies. Der Hubraum beider Modelle lag bei 7,4 Litern.

RECHTS

Die 8400-Reihe stellte von 2004 bis 2008 die oberste Klasse der Massey-Ferguson-Schlepper dar. Eine Verbesserung gegenüber den Vorgängern, der 8200-Reihe, war zweifellos das stufenlose Getriebe Dyna-VT, das schon bei der 7400-Reihe Verwendung fand. Es wurde, ebenso wie die Hinterachse, aus Marktoberdorf geliefert. Die Vorderachse stammte dagegen von dem italienischen Zulieferer und Traktorenbauer Carraro. Vom finnischen Hersteller Sisu kamen die Motoren. Alle vier Großschlepper hatten Sechszylindermotoren. Die Baureihe bestand aus den Modellen MF 8450 mit 215 PS, MF 8460 (im Bild) mit 235 PS, MF 8470 mit 260 PS und MF 8480 mit 290 PS Nennleistung.

Der Hubraum war bei den kleinen Modellen 7,4 Liter groß. Bei den beiden stärksten Mitgliedern der Baureihe besaß der Hubraum ein Volumen von 8,4 Litern.

MASSEY FERGUSON

MASSEY FERGUSON
8460

OBEN

2005 erhielten die Traktoren der 8400-Reihe neue Motoren. Die Leistungsdaten änderten sich nicht. Aber durch die Verwendung neuester Technologien, wie der elektronischen Motorregelung, erfüllten sie die Tier-III-Abgasstandards. Auf der Straße waren die Großschlepper abhängig von der Ausführung 40 oder 50 km/h schnell. Nach Erreichen der Höchstgeschwindigkeit konnte auf die effizienteste Drehzahl heruntergeschaltet und so der Kraftstoffverbrauch gesenkt und die Fahrgeräusche vermindert werden. Die Vorderachsfederung ließ sich durch einen Knopfdruck nach Bedarf ein- oder abschalten. Ebenso ließ sich die Kabinenfederung durch einen Tastendruck einstellen und so den Bodenverhältnissen anpassen. Die niedrigste Geschwindigkeit lag bei 300 Metern pro Stunde. Mit dem Tempomat konnte die gewünschte Vorwärts- oder Rückwärtsgeschwindigkeit voreingestellt werden.

LINKE SEITE UNTEN

2008 ersetzte die 8600-Reihe die Großtraktoren der 8400-Serie. Die neuesten Massey-Ferguson-Supertraktoren kommen wieder aus Beauvais. Das französische Werk hat sich zum mit Abstand bedeutendsten Produktionsstandort der Marke entwickelt. Beauvais hat nicht nur von den hohen Investitionen in die Produktion und Entwicklung profitiert, sondern auch von der Schließung des Werks in Coventry im Jahr 2003. Die Produktion der Mittelklasseschlepper, die auf der englischen Seite des Kanals stattgefunden hatte, war in den Aufgabenbereich von Beauvais übergegangen.
Die 2008 erschienene 8600-Reihe besteht aus den Modellen MF 8650 mit 240 PS, MF 8660 mit 265 PS, MF 8670 mit 290 PS, MF 8680 mit 320 PS und MF 8690 mit 340 PS Nennleistung. Mit zwei Modellen hat die neue Baureihe die 300-PS-Marke überschritten. Die Höchstleistung der 8600-Modelle liegt bei 270 bis 370 PS.

UNTEN

Alle Modelle der 8600-Reihe werden von Motoren des finnischen Herstellers Sisu angetrieben. Die Sechszylinder-Aggregate besitzen einen Hubraum von 14,5 Litern. Die Vierventil- und CommonRail-Technik sowie die AdBlue-Abgasbehandlung reduzieren den Schadstoffausstoß und entsprechen so den neuesten Abgasstandards. Ihre Leistungsstärke stellen die 8600-Schlepper auch bei der Hydraulik unter Beweis. Die maximale Hubkraft des Heckkrafthebers beträgt 12.000 Kilogramm. Trotz ihrer Größe benötigen die Modelle der Oberklasse nur einen Wendekreis von 7,4 Metern bei Verwendung der Bremsen und von 8,4 Metern ohne Bremsen.
Die 8600-Modelle verfügen über das stufenlose Dyna-VT-Getriebe, mit dem ohne Schaltung eine Höchstgeschwindigkeit von 50 km/h erreichbar ist.

McCormick

OBEN

McCormick gehört zu den berühmtesten Namen der Landtechnikgeschichte, obwohl es ihn als offiziellen Markennamen für Traktoren erst seit 2000 gibt. Der Name gewann einen weltweiten Ruf, weil der Amerikaner Cyrus McCormick zu den Erfindern gehörte, die im 19. Jahrhundert den Getreidemähern und Mähbindern zum Durchbruch verhalfen. Er baute in Chicago eine der größten Landmaschinenproduktionen der USA auf. Nach seinem Tod schloss sich das Unternehmen mit einigen Konkurrenten zur International Harvester Company (IHC) zusammen. Der Name McCormick stand weiterhin auf einigen Landmaschinen und nach dem Einstieg in die Traktorenproduktion 1910 auch auf einigen Schlepperbaureihen. McCormick verschwand mit der Zeit von den Motorhauben. 1985 fusionierte IHC mit Case zu Case IH. Als es 1999 zu einer weiteren Fusion kam, nämlich zwischen Case IH und New Holland zu Case New Holland, musste der neue Landtechnikgigant als Auflage der Wettbewerbshüter die Traktorenfabrik im englischen Doncaster verkaufen. Es war die italienische Argo-Gruppe, die das Werk, die dort gebauten Traktortypen und den traditionsreichen Namen McCormick übernahm. McCormick wurde zu einer offiziellen Traktormarke. 2007 musste das Doncaster-Werk allerdings schließen. Seitdem werden die McCormick-Traktoren im neuen Argo-Werk im italienischen Fabbrico hergestellt.
In Doncaster enstanden große landwirtschaftliche Traktoren. In Fabbrico werden jedoch auch kleine, für den Einsatz in Weinbergen und Obstplantagen konzipierte Traktoren für die Marke McCormick produziert. Der McCormick F90N ist eines dieser Modelle. Er besitzt eine Breite von 1213 bis 1313 Millimetern. Angetrieben wird er von einem Perkins-Motor mit vier Zylindern und 4,4 Litern Hubraum.

RECHTE SEITE OBEN

Die CX-Serie gehörte zu den Baureihen, die bereits 2000 in Doncaster hergestellt wurden. Die heutigen CX-Modelle sind in zwei Ausführungen im Angebot: mit dem XtraShift-Getriebe sowie als L-Serie mit Yanmar-Motoren und dem Synchrongetriebe „Speed Five“. Der CX100 nimmt in der Leistungsskala der normalen CX-Reihe den mittleren Platz ein. Sein Perkins-Motor erbringt mit seinen 4 Zylindern und dem Hubraum von 4,4 Litern eine Maxi-

malleistung von 92,5 PS. Er erfüllt die Abgasnormen nach Tier III. Das ExtraShift-Getriebe steht in der Standardausführung mit 24 Gängen in beiden Fahrtrichtungen zur Verfügung. Auf Wunsch ist es mit zusätzlichen Kriechgängen erhältlich, sodass die Gesamtzahl der Gänge bei 36 liegt. Der CX100 erreicht eine Höchstgeschwindigkeit von 40 km/h.

UNTEN
Zu den Mittelklassetraktoren von McCormick zählt auch der CX85L. Anstelle eines Perkins-Motors arbeitet bei diesem Modell ein Dieselaggregat des japanischen Herstellers Yanmar unter der Motorhaube. Die Nennleistung wird mit 81,2 PS angegeben. Der Hubraum des Vierzylindermotors liegt bei 3,3 Litern. Die neuesten Abgasvorschriften werden auch bei dieser Ausführung erfüllt.
Der CX85L wird in zwei Versionen angeboten: als SynchroShuttle und als PowerShuttle. Die Synchro Shuttle-Version verfügt über ein mechanisches Wendegetriebe, während die PowerShuttle-Ausführung eine zusätzliche lastschaltbare Wendeschaltung hat, die eine Fahrtrichtungsänderung ohne Betätigung des Kupplungspedals ermöglicht. In beiden Fällen liegt die Anzahl der Gänge bei 30.

UNTEN

Der CX105 gehörte zu den stärksten Modellen der CX-Reihe. Sein Vierzylindermotor erbrachte eine Höchstleistung von 102 PS. Der Hubraum des Turbomotors lag bei 4,4 Litern. Auf einen möglichst hohen Fahrkomfort war die geräumige Kabine ausgelegt. Die Bedienelemente waren ergonomisch und leicht erreichbar angeordnet. Bei Maximallast erreichte der Lärmpegel in der Kabine einen Wert von höchstens 73 dB(A).

Die großzügige Verglasung ermöglichte einen ungehinderten Blick in alle Richtungen. Um die Sicht des Fahrers nicht zu behindern, wurde der Auspuff vor die rechte vordere Kabinensäule verlegt. Die aus einem Stück bestehende Motorhaube ließ sich hochklappen, um einen einfachen Zugang zu den Wartungselementen zu gewährleisten.

RECHTS

Die MC-Reihe existiert bereits seit 2002 in der McCormick-Produktpalette. 2008 ergänzten zwei stärkere Modelle die Baureihe. Sie werden anstelle der Vierzylinder-Perkins-Aggregate von Sechszylindermotoren von Iveco NEF angetrieben. Der MC135 Power6 ist das stärkste der beiden Modelle. Seine Maximalleistung wird mit 126 PS angegeben. Der Motor verfügt über Turboladung, Abgasregelung und Ladeluftkühlung. 6,7 Liter fasst der Hubraum. Mit dem Radstand von 265 Zentimetern und dem Einschlagwinkel der Vorderräder von 55 Grad erreicht der MC135 einen Wenderadius von 4,8 Metern.

Für Arbeiten, die eine Einfahrt in niedrige Gebäude erfordern, steht die Kabine in einer speziellen niedrigen Ausführung zur Verfügung. Das Cockpit ist standardmäßig mit Heizung und Klimaanlage ausgestattet.

McCORMICK
MC135

UNTEN

Der TTX 230 ist das Flaggschiff der McCormick-Traktoren. Der BetaPower-Motor verfügt über sechs Zylinder und einen Hubraum von 6,7 Litern. Die Maximalleistung liegt bei 213 PS. Mit dem Power Management beträgt die Leistung bei bestimmten Einsätzen sogar 225 PS. Ein Kraftstofftank in der Größe von 350 Litern versorgt den Großschlepper mit Diesel.

Seine Leistungsstärke stellt der TTX 230 auch an anderer Stelle unter Beweis. Die maximale Hubkraft des Heckkrafthebers beträgt 10.950 kg. Auf viel Komfort und Platz ist die standardmäßige Deluxe-Kabine ausgelegt. Eine Klimaanlage gehört zu Grundausstattung. Auch die Luftfederung des Fahrersitzes ist im Preis inbegriffen. Bei der E-Plus-Version ist eine Multifunktionsarmlehne am Sitz integriert.

RECHTS

Der C105 Max ist ein leistungsstarker Mittelklassetraktor. Für die Nennleistung von 98,6 PS ist ein Vierzylindermotor von Perkins mit einem Hubraum von 4,4 Litern zuständig. Der C105 Max ist wahlweise mit offener Plattform oder mit Kabine zu haben. Der Allradantrieb gehört zur Grundausstattung. Das mechanische Wendegetriebe verfügt über 24 Vorwärts- und 12 Rückwärtsgänge. Auf Wunsch kann die Gangzahl mit zusätzlichen Kriechgängen auf 32 Vorwärts- und 16 Rückwärtsgänge erhöht werden.

Mit der Lastwendeschaltung „Reverse Power Shuttle" lässt sich die Fahrtrichtung ohne Betätigung des Kupplungspedals ändern. Sie kann über einen Hebel an der linken Seite des Lenkrads oder über einen orangefarbenen Knopf am Gangschalthebel erfolgen.

McCORMICK
C105 max
T3

New Holland

LINKS
Die Baureihe TL-A bestand aus vier Mittelklasse-Traktoren, von denen der TL90A das zweitstärkste Modell war. Der Vierzylindermotor des TL90A stammte aus der Entwicklungsabteilung der CNH Engine Corporation, die wiederum Teil der Fiat-Tochter CNH Global N. V. war.
Die Motoren der TL-A-Reihe erfüllten die Abgasvorschriften der EU-Norm II. Der Drehmomentanstieg der Motoren lag bei 37 Prozent, was für eine hohe Durchzugskraft sorgte. Die TL-A-Modelle waren Allzwecktraktoren. Sie eigneten sich für schwere Ackerarbeiten genauso wie für Transport- und Ernteeinsätze.

RECHTS
Das stärkste Mitglied der TL-A-Reihe war der TL100A. Die Nennleistung des Schleppers lag bei 100 PS. Wie der TL90A verfügte der TL100A über 4,5 Liter Hubraum und einen Turbolader. Einen langen Einsatz ohne Tankunterbrechung ermöglichte der 127 Liter große Tank, der auf Wunsch auf eine Größe von 167 Litern erweitert wurde. Als Getriebe standen drei Versionen zur Verfügung: eine Schaltung mit 12 Gängen in beide Fahrtrichtungen, eine Version mit 20 Gängen für die Vorwärtsfahrt und 12 Gängen für die Rückwärtsfahrt oder eine Variante mit 24 Gängen für beide Fahrtrichtungen. Je nach Ausführung war der Traktor 30 oder 40 km/h schnell. Als langsamste Geschwindigkeit fuhr man bei Nenndrehzahl mit der 30-km/h-Version 300 Meter pro Stunde und mit der 40-km/h-Ausführung 400 Meter pro Stunde.

OBEN

Die Produktion der TS-A-Serie begann 2003 in dem New-Holland-Werk im englischen Basildon. Die Baureihe hatte ihr Äquivalent bei Case IH mit der MXU-Reihe, die jedoch im österreichischen Sankt Valentin hergestellt wurde. Die TS-A-Baureihe bestand aus zwei Vierzylinder- und drei Sechszylindermodellen mit einer Leistung von 101 bis 136 PS. Der Motor stammte von NEF (New Engine Family). Das stärkste der beiden Vierzylindermodelle war der TS110A mit seiner Nennleistung von 116 PS. Die Maximalleistung lag bei 122 PS. Als Getriebe standen Versionen mit 12, 16 oder 24 Gängen in beiden Fahrtrichtungen zu Auswahl. Die Höchstgeschwindigkeit lag bei 40 oder 48 km/h. Die langsamste Geschwindigkeit bei Nenndrehzahl war 1,6 km/h.

UNTEN

In Racine, im amerikanischen Bundesstaat Wisconsin, befindet sich das einst größte Werk von Case IH. Seit der Fusion mit New Holland werden dort auch Schlepper im NH-Blau hergestellt. 2006 lief in Racine die zweite TG-Reihe vom Band. Sie war hauptsächlich für den nordamerikanischen Markt bestimmt und bestand aus den vier Modellen TG215 (im Bild) mit 175 PS, TG245 mit 200 PS, TG275 mit 225 PS und TG305 mit 255 PS Leistung, gemessen an der Zapfwelle. Der Drehmomentanstieg lag bei beachtlichen 51 bis 55 Prozent. Der Motor stammte ebenfalls aus der CNH-Produktion. Er besaß sechs Zylinder und einen Hubraum von 8,3 Litern. Alle Modelle waren nur mit Allradantrieb verfügbar. Als Schaltung standen Getriebe mit 18V/4R-, 19V/4R- und 23V/6R-Versionen zur Auswahl.

OBEN

Das CNH-Werk in der Stadt Basildon im südöstlichen England hat eine lange Geschichte. 1964 eröffnete Ford dort nach der Vereinigung seiner beiden Traktormarken Ford und Fordson ein neues Werk. Basildon war schon bald einer der wichtigsten britischen Produktionsstandorte für Traktoren, nachdem viele andere Werke schließen mussten. Die Produktion ging auch nach der Übernahme durch Fiat weiter, allerdings unter dem Markennamen New Holland. Seit der Gründung von Case New Holland rollen auch rote Case-IH-Schlepper aus dem Werk.

Zu den vielen Baureihen, die in Basildon entstanden, gehört die TM-Serie. Die ersten TM-Modelle gingen 1999 in Produktion. 2002 wurden sie durch die zweite Generation ersetzt.

LINKS

Die ab 2002 hergestellte zweite Generation der TM-Reihe bestand aus sechs Modellen: der TM120 mit 124 PS, der TM130 mit 131 PS, der TM140 mit 144 PS, der TM155 mit 155 PS, der TM175 mit 177 PS und der TM190 (im Bild) mit 194 PS Nennleistung. Als Antrieb diente jeweils ein Sechszylindermotor mit Turboladung und Ladeluftkühlung. Der Hubraum lag bei 7,5 Litern. Die beiden stärksten Modelle waren mit einem 18V/6R-Getriebe ausgerüstet. Die kleineren Modelle besaßen eine feinere Gangabstufung, nämlich 24 Vorwärts- und 12 Rückwärtsgänge. Die Höchstgeschwindigkeit betrug bei allen Mitgliedern der Baureihe 40 km/h. Der TM175 und der TM190 waren auf Wunsch auch in einer Version verfügbar, die es auf 50 km/h brachte.

UNTEN

In Jesi produzierte Fiatagri seit 1986 Traktoren. Heute sind es Schlepper der unteren und mittleren Leistungsklassen, die das Werk in der italienischen Region Marche verlassen. Dazu zählt auch die T5000-Reihe, die sich seit 2008 in Produktion befindet. Die T5000-Traktoren verfügen über relativ kompakte Abmessungen und genügend Leistungsstärke, um sie als flexible Allzweckschlepper einsetzen zu können. Die Höhe inklusive Kabine beträgt nur 2,54 Meter, sodass die T5000-Modelle auch Arbeiten bei niedrigen Gebäudedurchfahrten ausführen können. Ein Radstand von 235 Zentimetern und ein Einschlagwinkel der Vorderräder, der bis zu 60 Grad beträgt, ermöglichen einen Wenderadius von nur 4,05 Metern bei Standardbereifung. Die T5000-Modelle werden damit ihrem Anspruch auf Wendigkeit voll gerecht.

NACHFOLGENDE SEITE OBEN

Die T5000-Reihe besteht aus den Modellen T5030 mit 76 PS, T5040 (im Bild) mit 86 PS, T5050 mit 97 PS, T5060 mit 106 PS und T5070 mit 113 PS Nennleistung. Als Antrieb dienen NEF-Motoren mit vier Zylindern und einem Hubraum von 4,5 Litern. Der Drehmomentanstieg liegt im Bereich von 29 bis 39 Prozent.

Die Kabine gehört zur Standardausstattung der T5000-Modelle ebenso wie der Luftfedersitz, der Stöße und Vibrationen abfängt, um den Fahrer zu entlasten. Der Geräuschpegel in der Kabine erreicht höchstens 75 dB(A). Eine Klimaanlage gehörte zur

optionalen Ausstattung. Zur Unterhaltung während der Fahrt oder der Arbeit kann ein MP3-Bluetooth-Radio eingebaut werden. Eine gute Aussicht gewährt die großzügige Verglasung. Die Scheibenfläche beträgt insgesamt 5,3 Quadratmeter. Der Auspuff ist so montiert, dass er vor dem A-Holm der Kabine empor ragt und so die Sicht des Fahrers nicht behindert.

UNTEN

In Basildon werden seit 2007 die New-Holland-Traktoren der T6000-Reihe hergestellt. Die Baureihe besteht aus insgesamt acht Modellen, die teilweise in drei Ausführungen zur Verfügung stehen. Die Delta-Ausführung zeichnet sich durch eine preisgünstige Grundausstattung aus. Die Modelle T6020, T6030 und T6050 sind in den Delta-Version verfügbar. Mehr Komfort und eine höhere Leistung bietet die Plus-Version. Dazu gehören eine komfortablere und besser ausgestattete Kabine, ein leistungsfähigeres Hydrauliksystem und ein anderes Getriebe. In der Plus-Ausführung sind die Modelle T6010, T6020, T6030, T6050 und T6070 erhältlich. Die hochwertigste Ausstattung ist bei der Elite-Ausführung enthalten. Zur Elite-Konfiguration gehören das Elektronische Power Management, das die Leistung bei Transport- und Zapfwellenarbeiten um bis zu 30 PS steigern kann, ein Vorgewende-Management-System, mit dem sich bestimmte Bedienvorgänge abspeichern und per Knopfdruck ausführen lassen, sowie andere Spitzentechnologien.

OBEN

Von den acht Modellen der T6000-Reihe verfügen vier über Vierzylinder- und vier über Sechszylindermotoren. Bei den Vierzylinderschleppern handelt es sich um die Modelle T6010, T6020, T6040 und T6060. Über sechs Zylinder verfügen die Typen T6030, T6050, T6070 und T6080.
Alle Motoren sind mit CommonRail, Turboladung und Ladeluftkühlung ausgestattet. Abhängig von der Ausführung kommt bei den Motoren die Zwei- oder Vierventiltechnik zum Einsatz. Die Nennleistung liegt im Bereich von 90 bis 135 PS. Als Schaltung stehen zahlreiche Getriebevarianten zur Auswahl. Die Höchstgeschwindigkeit beträgt bis zu 50km/h.

NACHFOLGENDE SEITE OBEN

Ebenfalls aus dem englischen CNH-Werk kommt seit 2007 die T7000-Reihe. Die Baureihe steht heute in zwei Ausführungen zur Verfügung, nämlich mit dem Power-Command- oder mit dem Auto-Command-Getriebe. Letzteres ermöglicht eine einfachere Bedienung. Das Auto-Command-Getriebe bietet außerdem die Möglichkeit, im Bereich zwischen 30 und 50 km/h eine Sollgeschwindigkeit einzustellen, die automatisch eingehalten wird. Die vier ursprünglichen Modelle, mit denen die Baureihe 2007 startete, waren mit dem Power-Command-Getriebe ausgestattet. Die Auto-Command-Version wurde 2009 eingeführt. Gleichzeitig kam das neue Modell T7070 zu dieser Ausführung hinzu. Die Baureihe umfasst heute die Modelle T7030, T7040, T7050, T7060 und T7070 mit einer Nennleistung von 167 bis 224 PS.

UNTEN

In Racine werden seit 2007 die vier Modelle der T8000-Serie hergestellt. Der T8020 verfügt über eine Nennleistung von 248 PS. 273 PS leistet der T8030. Beim T8040 liegt dieser Wert bei 308 PS. Das stärkste Modell der Baureihe ist der T8050 mit 325 PS. Die maximale Leistung liegt im Bereich von 281 bis 359 PS.
Alle Modelle werden von einem Sechszylindermotor der CNH Engine Corporation angetrieben. Der Hubraum liegt bei 8,3 Litern. Der Tank mit der Größe von 682 Litern ermöglicht lange Einsätze ohne nachfüllen zu müssen.
Die Modelle der T8000-Serie sind mit dem Ultra-Command-Getriebe ausgestattet. Dabei handelt es sich um ein Volllastschaltgetriebe mit integrierter Wendeschaltung. In der Standardausführung verfügt das Getriebe über 19 Vorwärts- und 4 Rückwärtsgänge. Auf Wunsch ist eine 23V/6R-Version erhältlich. Die Höchstgeschwindigkeit beträgt 40 oder 50 km/h.

New Holland
T7060

UNTEN

Die Knicklenker der T9000-Reihe stellen die oberste Klasse im Leistungsspektrum der New-Holland-Traktoren dar. Sie sind für den Einsatz mit großen Gerätekombinationen in der weitflächigen Landwirtschaft konzipiert. Sie werden vor allem in den USA, Kanada, Australien, Afrika und sogar Großbritannien vertrieben, jedoch nicht in den mittel- und westeuropäischen Ländern wie Deutschland oder Frankreich. Diese Ackergiganten entstehen in dem CNH-Werk in Fargo, im amerikanischen Bundesstaat North Dakota, in dem ursprünglich die Steiger-Traktoren hergestellt wurden. Seit der Übernahme durch Case IH werden in dem Werk die größten Case-IH-Schlepper gebaut. Tatsächlich entspricht die T9000-Serie im Großen und Ganzen der Steiger-Baureihe von Case IH. Unterschiede bestehen hauptsächlich im Design und in der Ausstattung. Modelle mit Raupenlaufwerken bietet New Holland nicht an.

Die T9000-Reihe setzt sich aus fünf großen Knicklenkern zusammen: den Modellen T9020 mit 335 PS, T9030 mit 385 PS, T9040 mit 435 PS, T9050 mit 485 PS und T9060 (im Bild) mit 535 PS. Den Motor des stärksten Modells liefert Cummins. Die anderen T9000-Schlepper werden von New-Holland-Aggregaten angetrieben. Der Hubraum beträgt beim kleinsten Modell 9 Liter. Über 12,9 Liter Hubraum verfügen die Modelle T9030, T9040 und T9050. 15 Liter ist der Hubraum des T9060 groß. Standardmäßig sind die Ackergiganten mit einen 16V/2R-Getriebe ausgestattet. Auf Wunsch ist auch ein Getriebe mit 24 Vorwärts- und 6 Rückwärtsgängen erhältlich. Neben der Normalausführung stehen vier T9000-Modelle in einer Hochleistungsversion zur Verfügung. Diese Variante beinhaltet eine Hochleistungsachse für den Einsatz mit besonders anspruchsvollen Maschinen. Die selben vier Modelle werden außerdem in einer Tiefbauversion angeboten.

Same

OBEN

Die erste Dorado-Baureihe führte Same bereits 1995 ein. Es handelte sich dabei um Traktoren mit einer kompakten Bauweise, die jedoch die Leistung von Mittelklasseschleppern vorweisen konnten. Die zweite Dorado-Generation befand sich von 2000 bis 2004 im Bau. Anschließend folgte die dritte Generation, die zur Unterscheidung von den Vorgängern oft mit einer hochstehenden Drei geschrieben wird: Dorado^3. Die Baureihe bestand ursprünglich aus den Dreizylindermodellen Dorado^3 56 und Dorado^3 66 sowie aus den Vierzylindermodellen Dorado^3 76 und Dorado^3 86.
Die maximale Leistung lag im Bereich von 55 bis 87 PS. In der Grundausführung waren die Dorado-Traktoren mit offener Fahrerplattform verfügbar. Die Schlepper gab es jedoch auch mit einem Führerhaus.
2009 stellte Same auf der Agritechnica in Hannover die Dorado-Classic-Reihe vor. Die Baureihe ist als Ergänzung zu den bereits vorhandenen Dorado-Modellen gedacht. Die Baureihe besteht aus den Modellen Dorado 60 Classic mit einem Dreizylinder-Turbomotor und 63 PS Leistung, Dorado 80 Classic mit drei Zylindern, Turboladung, Ladeluftkühlung und 82 PS Leistung sowie dem Dorado 90 Classic mit vier Zylindern, Turboladung, Ladeluftkühlung und 86 PS Leistung. Das neue Hochdruckeinspritzsystem ermöglicht einen sehr hohen Einspritzdruck, was die Leistung erhöht und den Kraftstoffverbrauch reduziert. Die Motoren der Dorado-Classic-Reihe erfüllen die Abgasrichtlinien und sind auch für den Betrieb mit Biodiesel freigegeben. Zu den Neuerungen der Classic-Version gehört außerdem eine überarbeitete Kabine.

RECHTE SEITE OBEN

Bei der Explorer^3-Reihe handelt es sich um die dritte Generation der Explorer-Traktoren. Sie besteht aus den drei Modellen Explorer^3 85 mit 85 PS Nennleistung, Explorer^3 100 mit 99 PS Nennleistung und Explorer^3 110 und 109 PS Nennleistung. Die Motoren kommen von der Deutz AG, an der Same Deutz-Fahr seit 2003 einen bedeutenden Anteil besitzt. Alle Motoren verfügen über Turboladung und erfüllen die Tier-III-Abgasrichtlinien.

Die beiden stärksten Modellen haben außerdem eine Ladeluftkühlung.
Der Explorer³ 85 und der Explorer³ 100 sind wahlweise mit Hinterradantrieb oder mit Allradantrieb erhältlich. Der Explorer³ 110 steht nur mit Allradantrieb zur Verfügung. Außerdem kann der Käufer zwischen einer Version mit Fahrerplattform und einer Ausführung mit Kabine wählen. Zu der Fahrerplattform gehört ein Sonnenschutzdach.

RECHTS
Die Modelle der Explorer³-Reihe sind in der Standardausführung mit einem 20V/20R-Wendegetriebe ausgestattet. Optional ist das HI-LO-Lastschaltgetriebe verfügbar. Es ermöglicht, per Knopfdruck die Gänge zu untersetzen und dadurch die Anzahl auf 40 zu erhöhen. Geschaltet wird ohne eine Betätigung des Kupplungspedals über einen Knopf an einem Schalthebel, der sich links vom Lenkrad befindet.
Die Höchstgeschwindigkeit der Explorer³-Schlepper liegt bei 40 km/h. Das Vierradbremssystem ermöglicht ein schnelles Abbremsen. Für Sicherheit sorgt die Parkbremse, die sich automatisch schließt, wenn der Motor abgestellt wird. Beim Anlassen des Motors löst sich die Bremse wieder.

SAME
SAME

LINKS
Zu den Schleppern der Oberklasse aus Treviglio gehörte der Iron 200, der über eine Nennleistung von 214 PS verfügte. Das sechszylindrige Antriebsaggregat mit Turboladung und Ladeluftkühlung kam auch bei diesem Modell wieder von Deutz.
Das Getriebe verfügte über 27 Vorwärts- und Rückwärtsgänge. Auf der Straße erreichte der Großtraktor eine Geschwindigkeit von 40 km/h. Der Iron 200 fuhr im niedrigsten Gang jedoch auch sehr langsam, nämlich 620 Meter in der Stunde.
Eine leistungsfähige Hydraulik gehörte ebenfalls zur Standardausstattung. Die Hydraulikpumpe konnte 113 Liter pro Minute pumpen. Die Hubkraft des Heckkrafthebers lag bei 10 Tonnen; 4 Tonnen schaffte der Frontkraftheber.

OBEN
Iron Continuo nennt Same die Baureihe von Traktoren mit stufenlosem Getriebe. Die Reihe umfasst gegenwärtig die zwei Modelle Iron 150 Continuo und Iron 170 Continuo, die über eine Motorleistung von 165 und 169 PS verfügen. Der stufenlose Antrieb entspricht dem TTV-Getriebe, das bereits bei den TTV-Baureihen von Deutz-Fahr Verwendung findet. Die Iron-Continuo-Modelle basieren nicht nur auf der Deutz-Fahr-Technik. Auch sie enstehen im SDF-Werk in Lauingen. Was sie von den grünen Geschwistermodellen unterscheidet, sind die Motorhaube und die rote Lackierung. Die Schlepper lassen sich stufenlos auf eine Höchstgeschwindigkeit von 50 km/h beschleunigen. Die Hubkraft beträgt am Heck 9200 Kilogramm und beim Frontkraftheber 4000 Kilogramm.

Steyr

OBEN

Nach der Fusion von Case IH mit New Holland wurde aus der Case Steyr Landmaschinentechnik GmbH das Tochterunternehmen CNH Österreich GmbH. Das Werk in Sankt Valentin stellte weiterhin Traktoren für die Marken Steyr und Case IH und nun auch manchmal für New Holland her.

Der Start einer neuen Reihe von Mittelklassetraktoren fand 2003 statt. Die Profi-Reihe bestand aus fünf Modellen: 4100 Profi, 4115 Profi, 6115 Profi, 6125 Profi und 6135 Profi. Die erste Ziffer in der Typenbezeichnung gab die Anzahl der Zylinder wieder. Die drei letzten Ziffern entsprachen ungefähr der Nennleistung, die bei 101 bis 136 PS lag. Die Profi-Reihe gab es mit einer etwas anderen Ausstattung auch als Maxxum-Reihe unter dem Markennamen Case IH. Es handelte sich um die Modelle MXU100, MXU110, MXU115, MXU125 und MXU135. Alle fünf Modelle der Profi-Baureihe waren nur mit Allradantrieb verfügbar.

Bei Steyr sprach man im Zusammenhang mit der Profi-Reihe von „Stärke durch Intelligenz“. Dies war eine Anspielung auf die elektronische Ausstattung, die das Arbeiten mit den Profi-Modellen einfacher und produktiver machen sollte. Dazu gehörte das „Easy Tronic“, ein Vorgewende-Management-System. Mit dem Easy Tronic ließen sich Arbeitsschritte aufzeichnen und speichern, die beim Wenden am Ende eines Feldes notwendig waren. Um das abgespeicherte Programm bei Bedarf abzurufen, musste nur eine Taste am Bedienhebel „Multicontroller“ betätigt werden. Immer wiederkehrende Handgriffe ließen sich dadurch vermeiden, was den Fahrer entlastete.

Die erste Generation der Profi-Reihe wurde 2007 durch neue Modelle abgelöst.

UNTEN

Stufenlose Getriebe begannen sich in den 90er Jahren durchzusetzen. Case Steyr in Sankt Valentin entwickelte gemeinsam mit dem zum Magna-Konzern gehörenden Unternehmen Steyr Antriebstechnik ein Getriebe zum schaltfreien Fahren. Das S-matic, wie das Getriebe hieß, kam ab 2000 bei der neuen CVT-

Reihe zum Einsatz. Die Abkürzung CVT stand für „Continuously Variable Transmission“, was nichts anderes heißt als „stufenloses Getriebe“. Die CVT-Reihe erschien unter dem Markennamen Case IH auch als CVX-Serie.

Die erste Generation der CVT-Reihe wurde bis 2003 hergestellt. In jenem Jahr löste sie eine neue, aus fünf Modellen bestehende Generation ab. Die dritte CVT-Generation, die ebenfalls fünf Modelle umfasste, trat 2007 an die Stelle der Vorgänger.

OBEN
Die CVT-Reihe der dritten Generation besteht aus den Modellen 6140, 6150, 6160, 6170 und 6195. Die erste Ziffer gibt auch bei dieser Baureihe die Anzahl der Zylinder wieder. Die drei weiteren Ziffern stehen für die Nennleistung, die bei 141 bis 196 PS liegt. Das Power-Plus-Leistungsmanagement der Baureihe erbringt bei Arbeiten mit der Zapfwelle sowie bei bestimmten Transportfahrten eine zusätzliche Leistungssteigerung von bis zu 22 PS. Dadurch liegen die Leistungswerte der Baureihe im Bereich

von 163 PS im Fall des 6140 CVT bis 216 PS beim 6195 CVT. Auch diese CVT-Generation hat ihr Gegenstück bei den Case-IH-Reihen, nämlich die Modelle CVX 141, CVX 150, CVX 160, CVX 170 und CVX 195.

VOHERGEHENDE SEITE UNTEN

Der Name deutet eigentlich schon an, wofür die Steyr-Kompakt-Reihe steht. Es handelt sich um Modelle mit einer relativ kompakten Bauweise, die sich aber trotzdem in Bezug auf Leistung und Ausstattung mit Mittelklassetraktoren messen lassen. Die ersten Modelle der Kompakt-Reihe kamen 2004 auf den Markt.
Es handelte sich um Dreizylinderschlepper mit Iveco-Motoren. Die Leistung lag im Bereich von 59 bis 76 PS. 2005 folgten zwei Vierzylindermodelle mit einer Nennleistung von 82 und 90 PS, die von CNH-Motoren erbracht wurde. Ihr Gegenstück hatte die Kompakt-Serie als Baureihe JXC bei Case IH. Eine neue Generation der kompakten Schlepper kam 2008 auf den Markt. Die vier Modelle trieben Vierzylindermotoren aus der CNH-Produktion an. Als Quantum C verkauften sie sich unter dem Markennamen Case IH.

OBEN

Zur Klasse der leistungsstarken Mittelklassetraktoren gehört die Baureihe 9000 MT. Die Abkürzung MT steht für „Multi-Trac“. Die erste Generation der Baureihe, die Modelle 9080 MT, 9090 MT und 9100 MT, kam 2007 nach mehrjähriger Entwicklungsarbeit auf den Markt. Die Vierzylinderschlepper mit einer Nennleistung von 82 bis 98 PS wurden von Sisu-Motoren angetrieben. Alle Modelle verfügten standardmäßig über Allradantrieb.
Mit den Modellen 9085 MT, 9095 MT und 9105 MT erfolgte 2008 der Start der zweiten Generation. Ihre verbesserten Motoren brachten eine Leistungssteigerung von bis zu vier PS und erfüllten die neuesten Abgasrichtlinien.
Im roten Anstrich, mit einer anderen Motorhaube und einer etwas veränderten Ausstattung werden die Modelle der zweiten 9000-MT-Generation als Case IH CS 85 Pro, CS 95 Pro und CS 105 Pro verkauft.

RECHTE SEITE OBEN

Eine neue Baureihe mit der Bezeichnung „Profi Classic“ nahm Steyr 2009 in das Traktorenprogramm auf. Die jeweilige Nennleistung lag bei 112 PS (4110 Profi Classic), 126 PS (6125 Profi Classic) und 141 PS (6140 Profi Classic). Eines der Modelle hatte einen Vierzylindermotor und zwei ein Sechszylinderaggregat. Der Hubraum betrug beim kleineren Modell 4,5 Liter, während den beiden größeren Profi-Classic-Schleppern 6,7 Liter zur Verfügung standen. Auch diese Baureihe wurde mit einer etwas anderen Konfiguration als Case-IH-Schlepper verkauft, nämlich als Maxxum X-Line. Der 4110 Profi Classic entsprach dem Maxxum 110 X-Line; das Gegenstück des 6125 Profi Classic bei Case IH war der Maxxum 125 X-Line; und der 6140 Profi Classic war bei Case IH als Maxxum 140 X-Line zu bekommen.

MITTE

Die Modelle der Profi-Classic-Reihe stehen mit mehreren Getriebeoptionen zur Verfügung. Ein 16V/16R-Wendegetriebe gehört zum Standard. Die Anzahl der Gänge kann auf 24, 32 oder 48 erhöht werden. Die Höchstgeschwindigkeit liegt je nach Ausstattung bei 40 oder 50 km/h. Alle Profi-Classic-Traktoren verfügen über Allradantrieb. Verglichen mit früheren Modellen wurden die Schlepper der Profi-Classic-Reihe mit einer stärkeren Hydraulik versehen. 80 Liter pro Minute kann die Konstantpumpe fördern. Mit Druck- und Men-

gensteuerung liegt der Wert bei 113 Litern. Die Hubkraft beträgt bei den drei Modellen 7864 Kilogramm. Der Frontkraftheber kann 3700 Kilogramm heben.
Die Vorderräder lassen sich bis zu 55 Grad einschlagen. Der Wendekreis liegt dadurch im Fall des Vierzylindermodells bei nur 4,04 und bei den beiden Sechszylindermodellen bei 4,36 Metern.

UNTEN
2009 erweiterte Steyr die CVT-Reihe nach oben. Drei Modelle mit dem stufenlosen Getriebe stellten die neue Oberklasse der rot-weißen Marke dar. Die Sechszylindermotoren stammten von dem Fiat-Tochterunternehmen Iveco. Der 6200 CVT hatte eine Nennleistung von 197 PS. Der 6120 CVT überschritt mit seinen 213 PS sogar die 200-PS-Marke. Mit 224 PS Nennleistung war der 6225 CVT das Flaggschiff unter den Steyr-Traktoren. Die drei Modelle werden manchmal als „CVT-Reihe über 200 PS" bezeichnet, weil sie mit Hilfe des Leistungsmanagements Power Plus bei manchen Arbeiten eine höhere Leistung erzielen. Die mit Power Plus erzeugten Werte liegen bei 241, 242 und 251 PS. Der Hubraum der Motoren beträgt 6,7 Liter. Die Kraftgeneratoren verfügen über Turbolaufladung, CommonRail-Technik und Ladeluftkühlung.
Der 6200 CVT, 6125 CVT und 6225 CVT sind mit einer anderen Motorhaube und einer etwas unterschiedlichen Ausstattung als die Case-IH-Modelle Puma 195 CVX, Puma 210 CVX und Puma 225 CVX erhältlich. Neben der Leistungssteigerung punkten die neuen CVT-Modelle mit einer Optimierung der Bedienelemente in der Kabine. Ein Großteil der Funktionen lässt sich an der rechten Armlehne des Fahrersitzes ausführen.

Valtra

OBEN

Die C-Reihe der Valtra-Traktoren wurde im Herbst 2003 vorgestellt und ging im folgenden Jahr in Serienproduktion. Zur gleichen Zeit erfolgte die Übernahme von Valtra durch AGCO. Der Name Valmet wurde nicht mehr benutzt.

Die Valtra C-Serie bestand aus sechs Modellen im Leistungsbereich von 90 bis 147 PS. Die Schlepper verfügten über eine kompakte Bauform und waren vor allem für die Anforderungen von Veredelungsbetrieben entwickelt worden. Alle Modelle wurden von einem 4,4 Liter großen Motor von Sisu mit der Bezeichnung „Fortius“ angetrieben. Zur Ausstattung zählte ein Luft-zu-Luft Intercooler. Das Modell C 120 war zusätzlich mit einem Visco-Lüfter ausgerüstet. Bei der Entwicklung der Modelle legte man viel Wert auf Wartungsfreundlichkeit. Die Motorhaube ließ sich komplett öffnen, um einen Zugang zu den Wartungselementen zu ermöglichen.

RECHTS

Im Sommer 2003 stellte Valtra die neue M-Serie vor. Dabei handelte es sich um fünf Modelle im Leistungsbereich von 120 bis 150 PS. Für den Antrieb sorgte ein 4,4 Liter großer Motor mit Turbolader und Ladeluftkühlung. Die Modelle waren als Allzwecktraktoren für den größeren Betrieb konzipiert. Einen möglichst hohen Fahrkomfort bei langen Einsatzzeiten garantierte die geräumige Kabine. Der Geräuschpegel unter Volllast erreichte höchstens 73,5 bis 75 dB(A). Die luftgefederte Vorderachse fing die Stöße bei Fahrten über Äcker, Wiesen und Feldwege auf. Um die Sicht auf den vorderen Anbauraum zu optimieren, war die Motorhaube abgeschrägt worden. Der Auspuff befand sich seitlich, um die Sicht des Fahrers nicht zu beeinträchtigen.

RECHTE SEITE OBEN

Die erste Generation der A-Reihe kam 2002 auf den Markt. Es handelte sich um vier Modelle im Leistungsbereich von 64 bis 98 PS. Zwei der A-Schlepper hatten einen Dreizylindermotor unter der Motorhaube, die anderen zwei wurden von Vierzy-

auf 650/min reduziert wurde. Außerdem waren die N-Traktoren mit einem neuen Luftfiltersystem ausgerüstet. Es verfügte über eine größere Filterfläche und erlaubte eine höhere Luftgeschwindigkeit. Eine spezielle Eco-Ausführung des N 111 arbeitete mit niedrigeren Drehzahlen und ermöglichte damit eine Kraftstoffersparnis von 10 bis 15 Prozent.

NACHFOLGENDE SEITE OBEN

Aus sieben Modellen bestand die T-Serie, die Valtra im Herbst 2002 vorstellte. Alle T-Schlepper waren mit Sechszylindermotoren ausgestattet. Die vier kleinsten besaßen einen Hubraum von 6,6 Litern. Bei den drei stärksten war der Hubraum 7,4 Liter groß. Die Nennleistung reichte von 110 PS beim T 120 bis zu 200 PS beim T 190. Als Zielgruppe für die Baureihen wurden mittelgroße und große landwirtschaftliche Betriebe gesehen. Das Einsatzspektrum reichte vom Ackerbau über Grünlandbewirtschaftung bis zu Forstarbeiten und Transporten.

Eine Überarbeitung der Baureihe fand 2004 statt. Neben einem neuen Design und einem zusätzlichen Modell kam es auch zu technischen Änderungen. In Hinsicht auf die Hydraulik und das Getriebe konnten die Kunden nun zwischen verschiedenen Ausstattungsvarianten wählen.

linderaggregaten angetrieben. Eine Überarbeitung der Baureihe fand 2004 statt. Das kleinste Modell, der A 65, fiel weg. Die restlichen drei Modelle bekamen ein neues, den anderen Baureihen angeglichenes Design. Zu den technischen Neuerungen gehörte eine Mehrlamellenkupplung für die Allradschaltung. Sowohl die Allrad- als auch die Differenzialsperrenschaltung ließ sich nun elektrohydraulisch betätigen. Als Getriebe wurde die 12V/12R-Ausführung beibehalten. Die Vierradbremse sorgte für mehr Sicherheit beim Fahren.

UNTEN

Die N-Serie präsentierte Valtra Ende 2005. Die Vierzylinder-Sisu-Motoren, die zum Antrieb dienten, verfügten über die CommonRail-Einspritztechnik und einen zusätzlichen Transportboost, der die Leistungsstärke bei Transportarbeiten erhöhte. Der Hubraum lag bei den meisten Modellen bei 4,4 Litern. Eine Ausnahme bildete der N 141 mit einem 4,9 Liter Hubraum. Die Nennleistung reichte von 96 PS beim N 91 bis zu 144 PS beim N 141. Zu den Innovationen gehörte die niedrige Motorleerlaufdrehzahl, die bei eingelegter Handbremse

UNTEN

Die oberste Leistungsklasse wurde bei Valtra von der S-Serie vertreten. Die ersten Modelle der Baureihe gingen 2001 an den Start. Es handelte sich nur um zwei Schlepper, nämlich den S 230 mit 230 PS und den S 260 mit 260 PS Maximalleistung nach DIN. Beide Großtraktoren hatten Sechszylindermotoren von Sisu. 2003 wurde die erste Generation der S-Reihe von den Modellen S 260 und S 280 abgelöst. Die Maximalleistung dieser beiden Schlepper gab man mit 246 bzw. 280 PS nach ISO an. Sowohl die erste als auch die zweite Generation waren mit einem 40V/40R-Wendegetriebe ausgerüstet. Alle Modelle waren nur mit Allradantrieb verfügbar. Die Höchstgeschwindigkeit lag abhängig von der Ausführung bei 40 oder 50 km/h.